全国农业高等院校规划教材
农业部兽医局推荐精品教材

宠物药理

● 李继昌　罗国琦　主编

中国农业科学技术出版社

图书在版编目（CIP）数据

宠物药理/李继昌，罗国琦主编. —北京：中国农业科学技术出版社，2008.8
全国农业高等院校规划教材．农业部兽医局推荐精品教材
ISBN 978-7-80233-572-1

Ⅰ.宠… Ⅱ.①李… ②罗… Ⅲ.观赏动物—兽医学：药理学—高等学校—教材
Ⅳ.S859.7

中国版本图书馆 CIP 数据核字（2008）第 081274 号

责任编辑 朱 绯
责任校对 贾晓红 康苗苗

出 版 者 中国农业科学技术出版社
北京市中关村南大街 12 号 邮编：100081
电　　话 （010）82106632（编辑室）
传　　真 （010）82106626
网　　址 http：// www. castp. cn
经 销 者 新华书店北京发行所
印 刷 者 北京建宏印刷有限公司
开　　本 787 mm×1092 mm 1/16
印　　张 16
字　　数 368 千字
版　　次 2008 年 8 月第 1 版 2018 年 8 月第 3 次印刷
定　　价 32.00 元

《宠物药理》

编 委 会

主　　编　李继昌　东北农业大学

罗国琦　周口职业技术学院

副 主 编　崔晓文　黑龙江民族职业学院

关中辉　黑龙江畜牧兽医职业学院

何书海　信阳农业高等专科学校

编写人员　(按姓氏笔画排列)

丁良君　东北农业大学

王立明　黑龙江畜牧兽医职业学院

王成森　山东畜牧兽医职业学院

刘　红　黑龙江农业职业技术学院

欧阳慧英　黑龙江畜牧兽医职业学院

梁　立　黑龙江畜牧兽医职业学院

谢淑玲　辽宁农业职业技术学院

主　　审　丁岚峰　黑龙江民族职业学院

黄秀明　江苏畜牧兽医职业技术学院

前　言

随着人民生活水平的提高，宠物被越来越多的家庭和个人所接受、所喜爱。所以，宠物的健康与疫病防治已成为宠物饲养者和社会各界关注的事情，由此新兴了宠物医疗行业，并急需一大批宠物专业人才。宠物药理是宠物医学中一门实践性很强的专业基础课，也是连接宠物医疗基础与宠物临床的桥梁课程，可指导临床合理用药，防止不良反应等。

本书以全国高职高专教育思想为指导，根据高等职业院校宠物专业人才培养目标的要求和教学特点进行编写。从宠物临床应用角度构建内容体系，注重宠物用药技术的实用性和可操作性，贯彻理论联系实践原则，培养学生独立思考和创造能力。学生通过《宠物药理》学习，具备必需的药理学基本知识、基本技能，为学习专业课及从事宠物临床医疗工作打下坚实的基础。全书突出前瞻性、创新性和适用性，注意内容的深度和广度，并增加临床实践中确有疗效、经农业部批准生产使用的新药及已公认的新理论、新知识。全书包括药理学基础知识和实训两部分。基础知识部分突出宠物医疗高等职业教育的特色，注意学科间的衔接，对本学科大量的理论知识重新梳理调整，突出重点，以“适度、够用、实用”为原则，内容安排注重少而精，但又保证基本理论和基本知识的阐述。更重要的是与现有的《动物药理学》或《兽医药理学》相区别，重点突出宠物用药的特点。如在总论中增加宠物用药特点及特殊剂型（如饼剂、释药项圈、舔剂等）；在各论部分，参照2005年版《中华人民共和国兽药典》，按系统用药顺序编排，并根据专业特点，对重点药物及常用药物，单列出了药物相互作用和应用注意，增加合理用药知识。实训教程包括药理学实验的基本知识和技术，经典、实用的药理学实验及综合实验。重点进行宠物和实验动物用药技术的操作，注重实践训练与培养，突出动手能力，以满足高职高专技能型、综合型人才的需要。

本书为国内第一本适用于高等职业院校宠物医学专业学习的较为全面而系统的教材，信息量大、资料丰富、适用性强、通俗易懂、应用范围广泛，可供高职院校的师生及从事宠物养殖、兽药经营、药事管理等专业技术人员参考使用。

本书编写人员分工如下：李继昌负责绪论、第一章；罗国琦负责第六章；崔晓文负责第八章、第九章、第十章；关中辉负责第二章；何书海负责第五章；丁良君负责第九章；王立明负责第四章；欧阳慧英负责第十一章、第十二章、第十三章；梁立负责第三章、第十五章；谢淑玲负责第七章、第十四章；李继昌、何书海、谢淑玲、梁立、刘红、王成森负责实训部分。

本书为全国宠物专业系列教材之一，2007 年 8 月在东北农业大学举行主编会议，制定了编写计划和大纲。2008 年 1 月在东北农业大学召开了教材审稿会，除主编、副主编、部分编者外，中国农业科学技术出版社闫庆健主任、杜洪编辑等参加了会议，并对书稿提出了许多宝贵的修改意见。本教材由丁岚峰、黄秀明主审，从编写、修改到定稿，二位老师提出了许多指导性的意见。在此谨对上述专家、老师表示诚挚的谢意。

由于编者水平和能力有限，本书还可能存在不少缺点和错误，恳请广大师生和读者给予批评和指正。

编　者

2008 年 2 月

序

中国是农业大国，同时又是畜牧业大国。改革开放以来，我国畜牧业取得了举世瞩目的成就，已连续20年以年均9.9%的速度增长，产值增长近5倍。特别是“十五”期间，我国畜牧业取得持续快速增长，畜产品质量逐步提升，畜牧业结构布局逐步优化，规模化水平显著提高。2005年，我国肉、蛋产量分别占世界总量的29.3%和44.5%，居世界第一位，奶产量占世界总量的4.6%，居世界第五位。肉、蛋、奶人均占有量分别达到59.2千克、22千克和21.9千克。畜牧业总产值突破1.3万亿元，占农业总产值的33.7%，其带动的饲料工业、畜产品加工、兽药等相关产业产值超过8 000亿元。畜牧业已成为农牧民增收的重要来源，建设现代农业的重要内容，农村经济发展的重要支柱，成为我国国民经济和社会发展的基础产业。

当前，我国正处于从传统畜牧业向现代畜牧业转变的过程中，面临着政府重视畜牧业发展、畜产品消费需求空间巨大和畜牧行业生产经营积极性不断提高等有利条件，为畜牧业发展提供了良好的内、外部环境。但是，我国畜牧业发展也存在诸多不利因素。一是饲料原材料价格上涨和蛋白饲料短缺；二是畜牧业生产方式和生产水平落后；三是畜产品质量安全和卫生隐患严重；四是优良地方畜禽品种资源利用不合理；五是动物疫病防控形势严峻；六是环境与生态恶化对畜牧业发展的压力继续增加。

我国畜牧业发展要想改变以上不利条件，实现高产、优质、高效、生态、安全的可持续发展道路，必须全面落实科学发展观，加快畜牧业增长方式转变，优化结构，改善品质，提高效益，构建现代畜牧业产业体系，提高畜牧业综合生产能力，努力保障畜产品质量安全、公共卫生安全和生态环境安全。这不仅需要全国人民特别是广大畜牧科教工作者长期努力，不断加强科学研究与科技创新，不断提供强大的畜牧兽医理论与科技支撑，而且还需要培养一大批掌握新理论与新技术并不断将其推广应用的专业人才。

培养畜牧兽医专业人才需要一系列高质量的教材。作为高等教育学科建设的一项重要基础工作——教材的编写和出版，一直是教改的重点和热点之一。为了支持创新型国家建设，培养符合畜牧产业发展各个方面、各个层次所需的复合型人才，中国农业科学技术出版社积极组织全国范围内有较高学术水平和多年教学理论与实践经验的教师精心编写出版面向21世纪全国高等农林院校，反映现代畜牧兽医科技成就的畜牧兽医专业精品教材，并进行有益的探索和研究，其教材内容注重与时俱进，注重实际，注重创新，注重拾遗补缺，注重对学生能力、特别是农业职业技能的综合开发和培养，以满足其对知识学习和实践能力的迫切需要，以提高我国畜牧业从业人员的整体素质，切实改变畜牧业新技术难以顺利推广的现状。我衷心祝贺这些教材的出版发行，相信这些教材的出版，一定能够得到有关教育部门、农业院校领导、老师的肯定和学生的喜欢。也必将为提高我国畜牧业的自主创新能力和增强我国畜产品的国际竞争力做出积极有益的贡献。

国家首席兽医官
农业部兽医局局长

二〇〇七年六月八日

目　录

绪　论

一、兽药概念及宠物药特点

兽药是指用于预防、治疗、诊断动物疾病，或者有目的地调节动物生理机能的物质，包括血清制品、疫苗、诊断制品、微生态制剂、中药材、中成药、化学药品、抗生素、生化药品、放射性药品及外用杀虫剂、消毒剂等。兽药的使用对象包括家畜、家禽、宠物、水生动物、蜂、蚕及经济动物与食品动物等。

兽药按其来源可分成天然药物、合成药物和生物技术药物。天然药物是属于天然状态，加以简单调制而成的药物，主要包括植物、矿物、动物及微生物发酵产生的抗生素。合成药物是应用分解、结合、取代、合成等化学方法制成的药物，如磺胺类、喹诺酮类、维生素、激素等。生物技术药物，即通过细胞工程、基因工程等新技术生产的药物，如干扰素、细胞因子等。

任何药物在供临床使用之前，都必须制成安全、稳定和适于应用的形式，称为剂型，如散剂、注射剂、气雾剂、栓剂、丸剂、酊剂等。根据药典或药品规范将药物制成一定规格的剂型则称为制剂，具有一定的浓度和规格。如片剂中的阿司匹林片，注射剂中的葡萄糖注射液等。

犬、猫、鸽等作为观赏动物和伴侣动物，可使用的药物制剂和剂型多种多样，并有如下特点：①使用药剂品种不像其他动物那样需要计较经济成本。②经驯化的犬、猫，听人调教，投药比较方便，除使用内服或外用制剂外，注射剂及输液剂等也都便于应用。③某些制剂（如舔剂）可在临用前配制。④口服剂型（舔剂、液体剂型），犬常添加甜味剂（糖、蜂蜜），犬、猫都可加入肉质腥味物料。另外，宠物除与其他动物共用剂型，如粉剂、颗粒剂、片剂、丸剂、胶囊剂、液体制剂、注射剂、气雾剂外，还有一些特制的品种，如犬用饼剂、释药颈圈、舔剂等。释药（灭蚤）颈圈是专供犬、猫佩戴使用，其含有缓释杀虫药剂，可增进人与动物卫生保健（因犬、猫常与人为伴），还有将药物裹入肉中制成“肉囊剂”投喂。舔剂是将药物与赋形剂或调味剂制成的一种黏稠或面团状半固体剂型，适用于犬、猫自由舔食或以调药匙送达动物口腔舌根部让其咽下。

二、兽药管理法规和标准

兽药是特殊的商品，既要保证疗效，又要保证安全。所以必须对兽药的研制、生产、经营、使用过程等依法进行严格管理。

1. 兽药管理条例和配套法规

我国第一个《兽药管理条例》（以下简称《条例》）是 1987 年 5 月 21 日由国务院发布，它标志着我国兽药法制化管理的开始。《条例》自 1987 年发布以来，分别在 2001 年和 2004 年经过两次较大的修改。现行的《条例》于 2004 年 11 月 1 日起实施，对兽药的研制、生产、经营、进出口、使用、监督管理等做出规定。

为保障条例的实施，与《条例》配套的规章有：兽药注册办法、处方药和非处方药管理办法、生物制剂管理办法、兽药进口管理办法、兽药标签和说明书管理办法、兽药广告管理办法、兽药生产质量管理规范、兽药经营质量管理规范、兽药非临床研究质量管理规范和兽药临床试验质量管理规范等。

2.《中华人民共和国兽药典》

简称《中国兽药典》，是国家为了保证兽药产品质量而制定的具有强制约束力的技术法规，是兽药生产、经营、进出口、使用、检验和监督管理部门共同遵循的法定依据。

《中国兽药典》先后于 1990 年、2000 年和 2005 年出版发行。现行 2005 年版为了与国际接轨，更好地指导科学、合理用药，把 2000 年版一部标准中的“作用与用途”、“用法与用量”和“注意”等内容适当扩充，独立编写成《兽药使用指南》（化学药品卷）和《兽药使用指南》(生物制品卷)，作为兽药典的配套丛书。

《中国兽药典》的颁布和实施，对规范我国兽药的生产、检验及临床应用起到了显著效果。为我国兽药生产的标准化、管理的规范化、提高兽药产品质量、保障动物用药的安全有效、防治动物疾病等诸多方面都起到了积极作用，也促进了我国新兽药研制水平的提高，为发展畜牧养殖业提供了有利的保证。

3. 兽药标准

兽药国家标准是指国家为保证兽药质量所制定的质量指标、检验方法等的技术要求，包括国家兽药典委员会拟定的、国务院兽医行政管理部门发布的《中华人民共和国兽药典》和国务院行政管理部门发布的其他兽药标准。也就是说，兽药只有国家标准，不再有地方标准。兽药国家标准属法定的、强制性标准。强制性标准是必须执行的标准，是兽药生产、经营、销售和使用的质量依据，亦是检验和监督管理部门共同遵循的法定技术依据。

三、处方、兽用处方药和兽用非处方药

《条例》规定，兽药经营企业销售兽用处方药的，应当遵守兽用处方管理规定。处方系指兽医医疗和兽药生产企业用于药剂配制的一种重要书面文件，按其性质、用途，主要分为法定处方（又称制剂处方）和兽医师处方两种：①法定处方：系指兽药典、兽药标准收载的处方，具有法律约束力，兽药厂在制造法定制剂和药品时，均须按照法定处方所规定的一切项目进行配制、生产和检验。②兽医师处方：系指兽医师为预防和治疗动物疾病，针对就诊动物开写的药名、用量、配法及用法等的用药书面文件，是检定药效和毒性的依据，一般应保存一定时间以备查考。

兽医师处方作为临床用药的依据，反映了兽医、兽药、动物饲养者各方在兽药治疗活

动中的法律权利与义务，并且可以作为追查医疗事故责任的证据，具有法律上的意义；兽医师处方记录了兽医师对患病动物药品治疗方案的设计和正确用药的指导，具有技术上的意义；兽医师处方是兽药费用支出的详细清单，也可作为兽药消耗的单据及预算采购的依据，具有经济上的意义。因此，在书写处方和调配处方时，都必须严肃认真，以保证用药安全、有效与经济。

《条例》还规定，国家对兽药实行处方药与非处方药分类管理制度。兽用处方药是指凭执业兽医处方才能购买和使用的兽药；兽用非处方药是指由农业部公布的，不需要凭执业兽医处方就可以购买和使用的兽药。

兽用处方药和非处方药分类管理制度包括以下几个方面：①对兽用处方药的标签或者说明书的印制提出特殊要求：规定兽用处方药的标签或者说明书还应印有国务院兽医行政管理部门规定的警示内容，其中兽用麻醉药、精神药品、毒性药品和放射性药品还应印有国务院兽医行政管理部门规定的特殊标志；兽用非处方药的标签或者说明书还应印有国务院兽医行政管理部门规定的非处方药标志。②兽药经营企业销售兽用处方药的，应遵守兽用处方药管理办法。③禁止未经兽医开具处方销售、购买和使用国务院兽医行政管理部门规定实行处方管理的兽药。④开具处方的兽医人员发现可能与兽药使用有关的严重不良反应，有义务立即向所在地人民政府兽医行政管理部门报告。

《条例》规定，“兽药经营企业，应当向购买者说明兽药的功能、主治、用法、用量和注意事项。销售兽用处方药的，应当遵守兽用处方药管理办法。”批发销售兽用处方药和兽用非处方药的企业，必须配备兽医师或药师以上药学技术人员，兽药生产企业不得以任何方式直接向动物饲养场推荐、销售兽用处方药。兽用处方药必须凭兽医师或助理兽医师处方销售和购买，兽药批发、零售企业不得采用开架自选销售方式。

四、宠物药理学的性质和任务

宠物药理学属兽医药理学的一个分支学科，是研究药物与宠物机体之间相互作用规律的一门科学。主要研究药物效应动力学（简称药效学）和药物代谢动力学（简称药动学）两个方面，还包括药物的来源、性状、适应症、药物间相互作用、应用注意及用法与用量等。宠物药理学的主要任务是培养未来的宠物医师学会正确选药、合理用药、提高疗效、减少不良反应；并要提高宠物药理学自身水平，研制开发新药和新制剂。

（李继昌）

第一章　总　论

第一节　药物对机体的作用——药效动力学

药效动力学，简称药效学，是研究药物对机体的作用规律，阐明药物防治疾病的原理。

一、药物的基本作用

（一）药物作用的基本表现

药物作用是指药物小分子与机体细胞大分子之间的初始反应，药理效应是药物作用的结果，表现为机体生理、生化功能的改变，基本上表现为兴奋作用和抑制作用。

药物的兴奋作用是指机体在药物的作用下，使机体器官、组织的生理、生化功能增强。如咖啡因和麻黄碱能兴奋中枢神经系统而提高机体的机能活动性，使动物表现为兴奋，属兴奋药。药物的抑制作用是指使机体器官、组织的生理、生化功能减弱的作用。如水合氯醛和巴比妥类药物减弱中枢神经系统的机能活动，属抑制药。就整体来看，药物的兴奋和抑制常常不是单独存在的，可能同时存在于不同的组织、器官。如咖啡因对心脏呈现直接兴奋作用，加强心肌收缩力；而对血管却呈现扩张和松弛作用，表现为抑制作用。麻黄碱可使心脏收缩力加强、血管收缩、血压升高，表现为兴奋作用，但对支气管平滑肌却使之弛缓，表现为抑制作用。药物之所以能治疗疾病，正是通过其兴奋或抑制作用调节和恢复机体被病理因素所破坏的平衡。

除了功能性药物表现为兴奋和抑制作用外，有些药物如化疗药物则主要作用于病原体，可杀灭或驱除入侵的微生物或寄生虫，使机体的生理、生化功能免受损害或恢复平衡而呈现其药理作用。

（二）药物作用的方式

1. 直接作用和间接作用

从药物作用发生的顺序看，药物对直接接触的组织、器官所产生的原发作用称为直接作用，又称为原发作用。由药物直接作用所引起其他组织、器官的效应称为间接作用，又称为继发性作用。如洋地黄能直接作用于心脏而加强心肌收缩力，使心率减慢，改善心脏功能和血液循环，此为直接作用；由此作用而增加到肾脏的血流量，产生利尿作用，使心衰性水肿减轻或消除，此即洋地黄的间接作用。

2. 局部作用和吸收作用

从药物的作用部位看，在药物未吸收入血前对用药部位的直接作用称为局部作用。如普鲁卡因在其浸润的局部使神经末梢失去感觉功能，发挥局麻作用。药物被吸收入血后所出现的全身作用称为吸收作用，又称为全身作用。如解热镇痛药入血后选择性地作用于体温调节中枢，降低兴奋性，经排汗、血管扩张等途径增加散热，起到解热、镇痛的作用；内服巴比妥类药物经肠道吸收后分布在各组织和体液中，主要对网状结构上行激活系统有抑制作用，产生催眠作用。

（三）药物作用的选择性

药物吸收后对所有组织并不产生同等强度的作用。大多数药物在使用适当剂量时，只对机体某些组织或器官产生明显的作用，而对其他组织或器官作用极弱，甚至对相邻的细胞也不产生影响，此即药物作用的选择性。如洋地黄对心肌的作用；肾上腺素拟似药对肾上腺能受体的作用等。

（四）药物的治疗作用与不良反应

临床使用药物防治疾病时，可能产生多种药理或生理效应。对动物恢复健康有利的效应称为药物的治疗作用，对动物机体不利的效应称为不良反应（包括副作用和毒性作用等）。大多数药物在发挥治疗作用的同时，都存在程度不同的不良反应，此即药物作用的两重性。药物的治疗作用和不良反应一般是可以预期的，要分析使用药物治疗的利弊，在发挥药物治疗作用的同时，应该采取措施把不良反应尽量减少或消除。如犬、猫使用赛拉嗪时会产生呕吐，因此，要做好必要的预防措施。当然，有些不良反应如变态反应、特异性反应等是不可预期的，可根据动物反应的具体情况采取相应的防治措施。

1. 治疗作用

临床对疾病的治疗可分为对因治疗和对症治疗。

（1）对因治疗：针对疾病发生的原因进行的治疗称为对因治疗，即药物的作用在于消除原发致病因子。如抗生素和磺胺类药物杀灭入侵体内的病原微生物；解毒药促进体内毒物的消除；驱虫药驱除寄生于体内的寄生虫等；补充体内营养或代谢物质不足的叫补充治疗或替代疗法。

（2）对症治疗：针对疾病表现的症状进行的治疗称为对症治疗。这种治疗虽然不能根治疾病，但在休克、心力衰竭、惊厥等危急症状出现时，首先采取有效的对症治疗也是十分必要的，可防止疾病的恶化和发展。如有机磷农药敌百虫或敌敌畏中毒，可用阿托品解除副交感神经的兴奋症状，同理，休克时血压骤降应用升压药；剧烈性疼痛时用镇痛药；严重高烧时用退热药等。

对因治疗和对症治疗各有其特点，相辅相成，临床上往往同时采用这两种治疗方法，可促进动物更快恢复健康。

2. 不良反应

临床对疾病治疗时可能出现副作用、毒性作用、过敏反应、继发性反应及后遗效应等不良反应。

（1）副作用：是指药物在治疗剂量时所出现的与治疗目的无关或危害不大的不良反应，一般较轻微而易恢复。如阿托品作用广泛、复杂，用作平滑肌的松弛药和解痉药时，抑制腺体分泌引起口干即为副作用。相反地，用水合氯醛麻醉前给予阿托品可防止因水合氯醛对支气管腺的刺激而引起腺体分泌增加，防止异物性肺炎的发生，此为治疗作用。同时，又产生松弛胃肠道和膀胱平滑肌的作用，常导致术后肠臌气和尿潴留，此即为副作用。

副作用是药物本身所固有的，一般是可预见的，往往很难避免，临床用药时应设法纠正。如为解除麻黄碱对大脑皮层的兴奋作用，常与催眠药巴比妥配合，可克服过度兴奋的副作用。

（2）毒性作用：绝大多数药物都有一定的毒性，其作用的性质各药不同，但其严重程度常随剂量增加而加强。所谓毒性即药物引起机体各组织或器官生理、生化机能结构的病理变化，主要由于剂量过大、间隔时间过短或疗程过久而引起的。许多抗微生物药、抗寄生虫药在治疗剂量时，对机体就有一定的毒性，这时出现的与治疗目的无关的作用往往不称副作用，习惯上称毒性作用。如应用治疗剂量的氯霉素常抑制骨髓的造血功能，甚至导致再生障碍性贫血；某些解热镇痛药如氨基比林、安乃近、保泰松等也有此等毒性。

（3）过敏反应：又称变态反应，属免疫反应。药物作用常有个体差异，某些个体对某种药物的敏感性很高，所用剂量小于常用量就能发生与药物作用性质完全不同的反应，且不同的药物可能出现相似的反应。它不是药物固有作用的组成部分，用药物颉颃解救无效。过敏反应的症状有皮疹、发热、流涎、呕吐、哮喘、腹痛、腹泻、血管扩张、血压下降等，严重者发生过敏性休克，动物呼吸困难、缺氧、昏迷、抽搐乃至死亡。过敏反应与剂量无关，不易预知。对一般轻微者可给予苯海拉明等抗过敏药物治疗；对过敏性休克则应及时使用肾上腺素或糖皮质激素抢救。

（4）继发性反应：药物治疗作用引起的不良后果即为继发性反应。如长期使用广谱抗菌药时，对药物敏感的菌株受到抑制，菌群间相对平衡受到破坏，引起不敏感的细菌或真菌大量繁殖，可导致中毒性肠炎或全身感染，也称为二重感染。

（5）后遗效应：是指停药后血药浓度已降至阈值以下时的残存药理效应。如长期应用肾上腺皮质激素，停药后肾上腺皮质功能低下，数月内难以恢复。

二、药物的构效关系和量效关系

（一）药物的构效关系

药物的化学结构与药理效应或活性有着密切的关系。药理作用的特异性取决于化学反应的专一性，化学反应专一性取决于药物的化学结构，此即药物的构效关系。具有相同或相似基本结构的化合物一般能与同一受体或酶结合，产生相似（拟似药）或相反的作用（颉颃药）。如肾上腺素、麻黄碱、异丙肾上腺素为拟肾上腺素药，普萘洛尔为抗肾上腺素药，它们具有相似的化学结构。但基本结构的相似只能决定药物作用的性质，其作用的相对强度则是由基本结构上各个取代基团的性质决定的。磺胺类药物都有对位氨基的结构，但由于其他取代基的不同，该类药物的作用强弱有明显的差异。另外，许多化学结构完全相同的药物还存在光学异构体，其药理作用强度有很大差异，多数左旋体药物作用较强。

（二）药物的量效关系

对机体发生一定反应的药量称为剂量。在一定范围内，药物的药理效应随着剂量或浓度的增加而加强，这种剂量与效应之间的规律性变化称为量效关系。

药物剂量从大到小的增加引起机体药物效应强度或性质的变化。药物剂量过小，不产生任何效应，称为无效量；药物在体内浓度达到一定阈值时开始出现效应的剂量称为阈剂量或最小有效量；随着剂量增加，效应也逐渐增强，其中对50%个体有效的剂量称为半数有效量（ED_{50}）；临床上用于预防和治疗疾病的剂量称为常用量或治疗量；直至达到最大效应的剂量，称为极量；此时若再增加剂量，效应不再增强，反而机体开始出现中毒的征象。出现中毒的最低剂量称为最小中毒量；超过最小中毒量引起死亡的剂量称为致死量或中毒量；引起半数动物死亡的剂量称为半数致死量（LD_{50}）。

评价一个药物是否安全或毒性大小，一般常用治疗指数或化疗指数表示，即 LD_{50} 与 ED_{50} 的比值。治疗指数愈大，毒性愈小，疗效相对愈高。当其大于 3 时才有临床试用意义，大于 7 时临床才能应用。

三、药物作用机制

药物作用机制是揭示药物作用的本质，即研究药物是如何选择地作用于组织细胞而产生药效的。药物的性质不同，作用机制也是多种多样的。

（一）药物作用的受体机制

对特定的生物活性物质具有识别能力并可选择性与之结合的生物大分子称作受体，其组成可能是蛋白质或脂蛋白，也可能是核酸或酶的一部分，常存在于细胞膜上。根据药理实验，占领学说认为药物必须与受体结合才能显现作用，此结合是属于化学性的，即通过各种化学键（如范德华氏键、氢键、离子键、共价键等）与受体的活性基团（如巯基、羧基、氨基等）相结合。这种结合符合质量作用定律，是可逆的，即当药物的浓度减少或降低时，其结合键就断裂，此时药物的作用就停止，结合只是第一步反应，使反应的范围扩大，速度加快。

药物与受体结合后可能兴奋受体，也可能阻断受体，这主要取决于药物的“内在活性”，即与受体结合后能产生一定强度效应的药物称为激动剂。如果一个药物虽有与受体相结合的亲和力，但无内在活性，非但不能产生明显效应，而且由于该药占据或遮蔽了受体，从而阻碍激动剂或介质产生效应，这样的药物称为颉颃剂。

（二）药物作用的非受体机制

药物的化学结构多种多样，动物机体的功能也千变万化，因此决定了药物对机体作用的机制是十分复杂的生理、生化过程。药物作用除上述受体机制外，还存在以下各种非受体机制。

1. 对酶的作用

由于受体可能是酶或酶系的组成部分，药物的作用是通过受体影响酶的功能而实现的，包括对酶的诱导、抑制、激活、复活等作用。如苯巴比妥诱导肝微粒体酶；咖啡因抑制磷酸二酯酶；肾上腺素激活腺苷酸环化酶；碘磷定使磷酰化胆碱酯酶复活等。

2. 理化条件的改变

有些药物通过改变细胞周围环境的理化条件而产生药物作用。如抗酸药通过化学中和作用降低胃酸的酸度；高渗的甘露醇大量快注入血，由于高渗压吸水作用可清除脑水肿及利尿。

3. 影响离子通道

有些药物可直接作用于细胞膜上的 Na^+、K^+、Ca^{2+} 通道而产生药理效应，如普鲁卡因可阻断 Na^+ 通道而产生局麻作用。

4. 对核酸的作用

许多药物对核酸代谢的某一环节产生作用而发挥药效，如许多抗菌药物能影响细胞的核酸代谢。

5. 参与或干扰细胞代谢

如一些维生素、微量元素可直接参与细胞正常生理、生化过程，使缺乏症得到纠正；磺胺药由于阻断细菌的叶酸代谢而抑制其生长繁殖。

6. 影响免疫机能

有些药物通过影响免疫机能而起作用，如左旋咪唑有免疫增强作用。

7. 影响神经递质或体内活性物质

神经递质或体内自体活性物质在体内的生物合成、贮存、释放或消除的任何环节受干扰或阻断，均可产生明显的药理效应。如麻黄碱可促进去甲肾上腺素释放而发挥拟肾上腺素作用；解热镇痛药通过抑制前列腺素合成而发挥作用。

第二节　机体对药物的作用——药物代谢动力学

药物代谢动力学简称药动学，是研究药物在体内的浓度随时间发生变化规律的一门学科，即研究药物在体内的吸收、分布、代谢与排泄过程。药物在体内的吸收、分布及排泄统称为生物转运，而代谢过程称为生物转化。药动学在指导新药设计，优化给药方案，改进药物剂型，提供高效、速效、长效、低毒副作用的药剂等方面发挥重要作用。

一、药物的跨膜转运

生物膜的重要功能之一是参与膜内外的物质交换，对维持生命的正常活动十分重要。药物从给药部位进入全身血液循环，分布到各种器官、组织，经过生物转化后由体内排出要经过一系列的生物膜，此过程称为跨膜转运。药物转运有以下几种方式。

（一）被动转运

又称顺流转运。药物从浓度高的一侧向对侧扩散渗透，转运不需要能量，其转运速度与膜两侧药物浓度差的大小成正比。浓度梯度越大，扩散越容易。当膜两侧药物浓度达到平衡状态时就停止转运。一般包括简单扩散和滤过。

1. 简单扩散

又称被动扩散。大部分药物均通过这种方式转运，其特点是顺浓度梯度，不受饱和度与竞争性抑制的影响。扩散速率主要取决于膜两侧的浓度梯度和药物的脂溶性。浓度越高，脂溶性越大，扩散越快。简单扩散还可受药物解离度的影响，大多数药物是弱酸或弱碱，在溶液中解离型和非解离型混合存在，非解离部分脂溶性大，易透过生物膜。解离与非解离部分的多少，取决于 pKa 和溶媒的 pH 值的大小。酸性药物在酸的环境中解离少，脂溶度大，易被吸收；碱性药物在酸的环境中解离多，脂溶度低，不易被吸收。强酸、强碱及极性强的季铵盐均不易穿透生物膜。

2. 滤过

通过水通道滤过是许多小分子（相对分子量 150～200）、水溶性、极性和非极性物质转运的常见方式。各种生物膜水通道的直径有所不同，如毛细血管内皮细胞的膜孔较大，约 4～8nm，而肠道上皮和多数细胞膜仅为 0.4nm。药物通过水通道转运，对肾脏排泄、从脑脊髓液排除药物和穿过肝窦膜转运都是很重要的方式。

（二）易化扩散

又称协助扩散。与被动扩散相似，药物也是从高浓度处向低浓度处转运，不同的是此扩散需要膜上一种载体蛋白参与。易化扩散不能逆浓度梯度转运，也不消耗能量，是一种被动转运过程，其透过量有饱和现象，亦能受代谢抑制物的影响。葡萄糖进入红细胞、维生素 B_{12} 从肠道吸收均为易化扩散方式。

（三）主动转运

又称逆流转运，是一种载体介导的逆浓度（或电位）梯度转运的方式。细胞膜为转运提供载体，也有酶的参与并消耗能量，代谢抑制物能阻断此过程。载体对药物具有特异的亲和力并发生可逆性结合，生成复合物，由膜的一侧通过另一侧，再将药物释放出来，载体重新回到原位，再继续新的转运。以同一载体转运两种类似化合物时发生竞争性抑制。强酸、强碱或大多数药物的代谢产物迅速转运至尿液和胆汁都是主动转运机制；多数无机离子如 Na^{+}、K^{+}、Cl^{-} 的转运和青霉素、头孢菌素、丙磺舒等从肾脏的排泄均是主动转运过程。

（四）胞饮/吞噬作用

生物膜具有一定的流动性和可塑性，可主动变形将某些物质摄入细胞内或从细胞内释放到细胞外，此过程称为胞饮或胞吐作用，摄取固体颗粒时称为吞噬作用。大分子（相对分子量大于 900）药物进入细胞或穿过组织屏障一般为胞饮/吞噬作用，如蛋白质、脂溶性维生素、抗原、破伤风毒素、肉毒梭菌毒素等。

（五）离子对转运

高度亲水性药物在胃肠道内与某些内源性化合物结合。如与有机阴离子黏蛋白结合形成中性离子对复合物，既有亲脂性，又具亲水性，可通过被动扩散穿过脂质膜，此方式称为离子对转运。

二、药物的体内过程

（一）药物的吸收

药物的吸收是指药物从用药部位进入血液循环的过程。除局部用药或静脉注射药物直接进入血管外，其他的给药途径要经过细胞膜的转运从用药部位吸收进入血液循环。多数药物为被动转运，只有少数的营养代谢物是通过机体内的载体转运而吸收。

给药途径、药物剂型、pH 值、溶解度、胃排空状况等很多因素可影响药物吸收。在此重点讨论不同给药途径的吸收过程。

1. 内服给药

内服给药多以被动转运方式经胃肠黏膜吸收，主要吸收部位在小肠，小部分在胃吸收。不管是弱酸、弱碱或中性化合物均可在小肠吸收，酸性药物在犬、猫胃中呈非解离状态，也能通过胃黏膜吸收。

内服药物吸收慢，主要影响因素：①胃肠内容物充盈度：大量食物可稀释药物，使其浓度降低，影响吸收。②药物的相互作用：有些金属或矿物质元素如钙、镁、铁、锌等离子可与四环素类、氟喹诺酮类在胃肠道发生螯合作用，阻碍药物吸收或使药物失活。③首过效应：内服药物从胃肠道经门静脉系统进入肝脏，在肝药酶和胃肠道上皮酶的联合作用下进行首次代谢，使进入全身循环的药量减少，此现象称为首过效应，又称为第一关卡效应。强首过效应的药物若治疗全身性疾病，则不宜内服给药。④排空率：排空率影响药物进入小肠的快慢。⑤pH 值：胃肠液的 pH 值能明显影响药物的解离度，犬的胃内容物 pH 值为 3～4。一般酸性药物在胃液中多不解离容易被吸收，碱性药物在胃液中解离不易被吸收，要在进入小肠后才能被吸收。

2. 注射给药

①静注或静脉滴注：将药物直接输入静脉，不需吸收过程，药效出现迅速。②肌肉注射：药物的吸收和出现作用稳定。不同剂型的药物吸收速度有些差异，其中水溶液在局部扩散迅速、吸收快；油溶液形成球粒状逐渐散布，吸收慢。③皮下注射：将药液注入皮下疏松结缔组织中，与体液溶解后，经毛细血管或淋巴管缓慢持续吸收，作用持续时间较久。④腹腔注射：吸收面积大、速度快。

3. 直肠、阴道给药

药物发挥局部或全身作用，如用肥皂水灌肠治疗便秘，还可给不便内服或静注的患病动物补充营养，或将麻醉药水合氯醛灌肠作基础麻醉。

4. 皮肤、黏膜给药

药物在局部发挥作用，完整皮肤具有角质上皮和油脂分泌，一般药物不易通过皮肤吸收，但如果有损伤时，药物易经皮肤损伤部位和黏膜吸收。常用剂型有软膏、搽剂、糊剂等。

5. 呼吸道给药

气体、挥发性药物及气雾剂经由肺泡的毛细血管吸收，吸收快而完全。

（二）药物的分布

药物的分布是指药物吸收入血后，通过血液循环到达一定组织、器官的过程。药物在各组织中的浓度并不均匀，常处于动态平衡。影响药物分布的因素主要有：①药物与血浆蛋白的结合力：药物在血浆中与血浆蛋白结合常以游离型和结合型两种形式存在，两者常处于动态平衡。结合型药物不易穿透血管壁，暂无药理活性，也不易经肾脏排泄而使作用时间延长。当游离型药物被分布、代谢或排泄而使血药浓度降低时，结合型药物可释放游离药物，从而延缓了药物从血浆中消失的速度，使半衰期延长。因此，药物与血浆蛋白结合实际上是一种贮存功能。药物与血浆蛋白结合率的高低主要取决于化学结构，但同类药物中也有很大差异，如磺胺类的磺胺对甲氧嘧啶在犬的血浆蛋白结合率为81%，而磺胺嘧啶只有17%。另外，药物与血浆蛋白的结合能力是有限的，药物剂量过大超过饱和时，会使游离型药物大量增加，有时可引起中毒。②局部组织的血流量：肝、肾、心、脑等器官血流量大，药物容易通过血管壁而迅速达到较高浓度。③药物的理化性质：如脂溶性、pKa和分子量等。脂溶性或水溶性小分子药物易透过生物膜；非脂溶性的大分子或解离型药物难以透过生物膜，从而影响其分布。④药物对组织的亲和力：有些药物对某些组织有特殊的亲和力，使药物在其中分布较多。这种选择性分布对某些药物具有重要的临床意义，如碘可选择性分布于甲状腺，其浓度高于其他组织约1万倍，故可用于治疗甲状腺机能亢进；汞、砷、锑等重金属多沉积在肝、肾等内脏组织中，中毒时可对这些组织造成损害。药物的选择性分布器官不一定是其作用器官，如洋地黄选择性作用于心脏，表现为强心作用，但它主要分布于肝脏和骨骼肌中。⑤体内屏障：许多分子较大、极性较高的药物不能穿透血脑屏障进入脑内，与血浆蛋白结合的药物也不能进入。如治疗脑膜炎时，磺胺嘧啶为磺胺类药物中的首选药物，因为它与血浆蛋白的结合力低的缘故。初生动物血脑屏障发育不全或患脑膜炎的动物，其血脑屏障的通透性增加，药物进入脑脊液增多。如青霉素在正常情况下即使大剂量也很难进入脑脊液，但脑炎时则较易进入。脂溶性药物如全身麻醉药，可从母体血液进入胎儿血中，尤其要注意某些药物能通过胎盘屏障引起胎儿药物中毒或畸形的危害，故对妊娠动物用药要谨慎。

（三）药物的生物转化

药物在体内经化学变化生成更有利于排泄的代谢产物的过程称为生物转化或代谢。一般分两个阶段进行。

1. 第一阶段

包括氧化、还原、水解方式。多数药物经此阶段转化后生成药理活性降低或消失的代谢产物，但也有部分药物经此阶段转化后的产物才具有活性（如百浪多息）或作用加强（如非那西丁的代谢产物扑热息痛的解热镇痛作用）。

2. 第二阶段

第一阶段生物转化使药物分子产生极性基团，生成的极性代谢物或未经代谢的原形药物（如磺胺类）能与内源性化合物如葡萄糖醛酸、醋酸、硫酸和氨基酸等结合，形成极性更大、水溶性更高、更有利于从尿液或胆汁迅速排出的代谢物，药理活性完全消失，称为解毒作用。

药物生物转化主要在肝脏内进行。此外，血浆、肾、肺、脑、皮肤、胃肠黏膜和胃肠道微生物也能进行部分药物的生物转化。肝细胞滑面内质网内存在肝微粒体药物代谢酶系（也称为混合功能氧化酶系或加单氧酶系，简称药酶），主要催化药物等外源性物质的代谢。当肝功能不良时，药酶活性降低，可使有些药物的转化减慢而发生毒性反应。药酶的活性还可受药物的影响，有些药物能提高药酶的活性或加速其合成，使其他一些药物的转化加快，称为酶的诱导，常见药物有苯巴比妥、安定、水合氯醛、保泰松、苯海拉明等；相反，某些药物可使药酶的合成减少或酶的活性降低，称为酶的抑制，常见的药物有有机磷杀虫剂、乙酰苯胺、异烟肼等。

只有少数药物由非微粒体药酶系统（包括细胞浆、线粒体、血浆中酶系）代谢，凡属结构类似体内正常物质、脂溶性小、水溶性大的药物均由此组酶系代谢。如血浆中假性胆碱酯酶能水解琥珀胆碱和普鲁卡因。线粒体中单胺氧化酶可使儿茶酚胺类、5－羟色胺等体内活性物质和外源性胺类氧化成醛。

（四）药物的排泄

药物的排泄是指药物的代谢产物或原形通过各种途径排出体外的过程。多数药物经过生物转化和排泄两个过程从体内消除，但极性药物和低脂溶性化合物主要是从排泄消除，少数药物以原形排泄（如青霉素、氧氟沙星）。肾脏是重要的排泄器官，有些药物也可由胆汁、粪便、乳汁及呼出的气体排出。

1. 经肾脏排泄

肾脏是极性高的代谢产物或原形药物的重要排泄途径，排泄方式包括肾小球滤过、肾小管分泌和肾小管重吸收。

肾小球毛细血管通透性大，在血浆中的游离型和非结合型药物均可从肾小球基底膜滤过。肾小管也能主动转运药物，当两种药物通过同一载体转运时，彼此间产生竞争现象而延缓排泄，如青霉素自近曲小管分泌进入肾小管，几乎无重吸收，故排泄速度极快，如同时内服丙磺舒时，两药竞争同一载体，使青霉素的排泄减慢，作用时间延长。

从肾脏排泄的原形药物或代谢产物由于小管液水分的重吸收，生成尿液时可达到很高的浓度，有的产生治疗作用，如青霉素、链霉素大部分以原形从尿液排出，可用于治疗泌尿道感染；但有的可能产生毒副作用，如磺胺产生的乙酰磺胺因浓度高可析出结晶，引起结晶尿或血尿，尤其犬、猫尿液呈酸性更易出现，故应同时内服碳酸氢钠。

2. 经胆汁排泄

分子量300以上并有极性基团的药物主要从肝脏进入胆汁，随其至胆囊和小肠。某些脂溶性药物（如四环素）可在肠腔内又被重吸收，或葡萄糖醛酸结合物被肠道微生物的β一葡萄糖苷酸酶水解并释放出原形药物，然后被重吸收，由此形成“肝肠循环”，使药物作用时间延长，如红霉素、吗啡等。

三、药物代谢动力学的概念

药物代谢动力学主要应用高等数学的知识，将所测定的生物样本中不同时间的药物含量进行数学分析与运算，并根据药物浓度与时间变化函数关系的特征确定模型，求出理论值，计算出系列动力学参数，从而阐明药物在体内的吸收、分布、代谢与排泄的规律。为临床制定科学合理的给药方案及研究和寻找新药提供定量的依据与标准，也是临床药理学、药剂学及毒理学研究的重要工具。现介绍几个药动学基本参数及其意义。

（一）半衰期（$t_{1/2}$）

是指体内药物浓度或药量下降一半所需的时间，又称为生物半衰期或血浆半衰期。它反映药物在体内消除的速度，在临床具有重要意义。为了保持血中的有效药物浓度，半衰期是制定给药间隔时间的重要依据，也是预测连续多次给药时体内药物达到稳态浓度和停药后从体内消除时间的主要参数。如按半衰期间隔给药 4～5 次即可达稳态浓度，停药后经 5 个半衰期则体内药物消除约达 95%。

（二）药时曲线下面积（AUC）

是指以血药浓度为纵坐标，时间为横坐标作图所得的曲线下面积，反映到达全身循环的药物总量，即药物的吸收状态。大多数药物的 AUC 与剂量成正比，此常数常作为计算生物利用度和其他参数的基础。

（三）表观分布容积（Vd）

是指药物在体内的分布达到动态平衡时，药物总量按血浆药物浓度分布所需的总容积，为体内药量与血浆药物浓度的一个比例常数。Vd 值越大，药物穿透组织越多，分布越广，血中药物浓度越低。一般地，当 Vd 值大于 1.0L/kg 时，药物的组织浓度高于血浆浓度，药物在体内分布广泛，或者组织蛋白对药物有高度亲和性。

（四）峰浓度（C_{max}）和峰时间（t_{max}）

给药后达到的最高血药浓度称为血药峰浓度（简称峰浓度），与给药剂量、给药途径、给药次数及达到时间有关。达到峰浓度时所需的时间称为达峰时间（简称峰时），取决于吸收速率和消除速率。峰浓度、峰时和曲线下面积是决定生物利用度和生物等效性的重要参数。

（五）体清除率（Cl_B）

简称清除率，是指在单位时间内机体通过各种消除过程消除药物的血浆容积，用消除速率常数和半衰期来表示，单位以 ml/（min·kg）表示。Cl_B 与 $t_{1/2}$ 不同，它可以不依赖药物处置动力学的方式表达药物的消除速率。氨苄西林和地高辛对犬有相同的体清除率，即 3.9ml/（min·kg），前者的 $t_{1/2}$ 为 48min，后者为 1 680min。体清除率包括肾清除率（Cl_r）、肝清除率（Cl_h）和其他如肺、乳汁、皮肤清除率等。

（六）生物利用度

是指药物以一定剂型从给药部位吸收进入全身循环的速率和程度，是决定药物量效关系的首要因素。另外可根据生物利用度寻找促进吸收或延缓消除的药剂。

在相同动物、相同剂量条件下，内服或其他非血管给药途径所得的 AUC 与静注 AUC 的比值即为绝对生物利用度。静注所得的 AUC 代表完全吸收和全身生物利用度，如果药物的制剂不能进行静注给药，则采用参照标准的 AUC 作比较，即为相对生物利用度。

第三节　影响药物作用的因素及合理用药

药物的作用是药物与机体相互作用过程的综合表现，许多因素可能干扰或影响此过程，使药物的效应发生变化。这些因素包括药物方面、动物方面和环境方面。

一、药物方面的因素

（一）剂量

药物的作用或效应在一定剂量范围内随剂量增加而增强，如水合氯醛小剂量镇静，中剂量催眠，大剂量麻醉。但由于动物方面的差异，使相同药量产生不同程度的药理效应或毒性，如碘酊低浓度（2%）时杀菌（作消毒药），高浓度（10%）时表现为刺激作用（作刺激药）。因此，在临床用药时，不能机械套用某种剂量。除根据中国兽药典决定用药量外，还应根据药物的理化性质、毒副作用和病情发展的需要适当调整剂量。

（二）剂型

剂型是影响体内过程特别是药物吸收的一个重要因素。一般地，气体剂型和注射剂吸收快，固体剂型吸收最慢。宠物临床常用注射剂，要求配合易吸收的速效制剂，选用长效制剂以延长药效，减少给药次数，维持药物在体内的有效浓度。

（三）给药途径

不同的给药途径可影响药物的吸收量、吸收速度以及体内药物浓度与药物作用的持续时间。选择合适的给药途径不仅为临床带来很大方便，还可以达到速效或缓效的目的。临床上根据药物的特性和动物的生理、病理状况选择适宜的给药途径。

1. 内服给药

可经口投入或混入食物中给予。此法给药方便，适合于大多数药物，特别是能发挥药物在胃肠道内的作用。但胃肠内容物较多，吸收不规则、不完全，且易受消化道中消化酶、pH 值等影响和制约，所以药物吸收慢。有些易被消化道破坏的药物（如青霉素）或对胃肠道有强烈刺激的药物不宜内服给药。

2. 注射给药

静注或静脉滴注药效出现迅速、剂量准确、有效浓度确实，常用于对药量要求准确和能迅速出现药效的急性病例，但不宜连续、频繁、多次静脉给药。肌肉注射时药物吸收和出现作用稳定，操作方法比静注简单。刺激性极强的药物不适于肌肉注射，刺激性较轻的药物可采用深部肌肉注射。皮下注射药物作用持续时间较久，具有较强刺激性的药物、油类混悬剂及具有收缩血管作用的药物，不宜皮下注射。腹腔注射对不能内服或静注，但又必须补充大量液体时可选用，对补充必要的营养物质或大量补液可用此法，但刺激性药物不能腹腔注射。

3. 直肠给药

将药物灌注于直肠深部的方法（治疗便秘），发挥局部作用和吸收作用（如补充营养、解热镇痛）。

4. 皮肤、黏膜给药

将药物涂抹、喷洒、滴加于皮肤、黏膜局部，发挥局部作用（如治疗体外寄生虫病）。

5. 吸入给药

气体、挥发性药物及气雾剂经过吸入进入体内，发挥局部作用（如治疗呼吸道疾病）和吸收作用（如吸入麻醉）。此法方便易行，浓度易于掌握。

（四）药物相互作用

临床上能用一种药物治好某种疾病就不要用两种以上的药物，尤其不要使用两种以上的抗菌药物。两种或两种以上药物联合使用，可能产生有利的相互作用，也可能出现有害的相互作用。根据药物相互作用的性质和部位，可分为体外相互作用和体内相互作用。体外相互作用主要表现为“配伍禁忌”，体内相互作用又分为药动学相互作用和药效学相互作用。

1. 配伍禁忌

两种以上药物混合使用时，可能发生体外的相互作用，产生药物中和、水解、破坏失效等理化反应，这时可能出现浑浊、沉淀、产生气体及变色等异常现象，称为配伍禁忌。如将磺胺嘧啶钠与葡萄糖注射液混合，便可见液体中有微细的结晶析出，这是因为强碱性的磺胺嘧啶钠在 pH 值较低的溶液中析出的结果；又如外科手术时，如果将肌松药琥珀胆碱与麻醉药硫喷妥钠混合使用，虽然看不到外观变化，但琥珀胆碱在碱性溶液中可水解失效。所以，临床混合使用两种以上药物时应十分慎重，避免配伍禁忌。

2. 药动学相互作用

两种以上药物同时使用，一种药物可能改变另一种药物在体内的吸收、分布、生物转化或排泄，而使药物的半衰期、峰浓度和生物利用度等发生改变。

（1）吸收：吸收过程的相互作用主要在胃肠道发生，具体表现为如下几个方面：①物理化学相互作用：如胃中大量充盈的食物可稀释药物，影响其吸收；pH 值改变将影响药物的解离和吸收；四环素类、恩诺沙星等可与钙、铁、镁等金属离子发生螯合，影响吸收或使药物失活。②胃肠道蠕动功能的改变：如拟胆碱药可加快胃排空和肠蠕动，使药物迅速排出，吸收不完全。抗胆碱药如阿托品等则减少胃排空速率和减慢肠蠕动，可使吸收速率减慢，峰浓度降低，同时亦使药物在胃肠道停留时间延长，增加药物的吸收量。③肠道菌丛的构成或功能改变：胃肠道菌可参与某些药物的代谢，广谱抗菌药能改变或杀灭胃肠道内菌丛从而影响药物的代谢和吸收，如用抗生素治疗可使洋地黄在胃肠道的生物转化减少，吸收增加。④改变生物膜的完整性：有些药物可能损害胃肠道黏膜，使生物膜的完整性及功能受到破坏，影响吸收或阻断主动转运过程。

（2）分布：药物在分布上的相互作用主要是由药物竞争血浆蛋白的结合部位而产生的。因为药物与血浆蛋白结合是可逆的，具有较高蛋白亲和力的药物可以置换亲和力较弱的药物。如果高度蛋白结合（大于80%）的药物被其他高亲和力的药物置换，则可使其在血中的非结合药的浓度显著提高，从而增加了出现毒性的危险。如非甾体类抗炎药（阿司匹林等）的蛋白结合率超过90%，只要一小部分结合的药物被置换，就可能产生毒性的浓度。另外，能影响器官血流量的药物也可影响药物在器官组织的分布，因为药物在器官的摄取率与清除率取决于器官的血流量。如抗肾上腺素药心得安可使心输出量明显减少，从而减少肝脏的血流量，使强首过效应的药物（如利多卡因）的肝清除率降低，导致药物的血中浓度升高。

（3）生物转化：药物在生物转化过程中的相互作用主要表现为酶的诱导和抑制。许多中枢抑制药包括镇静药、抗惊厥药等均有酶诱导作用，如苯巴比妥能显著地诱导肝微粒体酶的合成，提高其活性，从而加速自身或其他药物的生物转化，降低药效。但是，因为增加了毒性代谢物的生成，毒性可能增加。相反，另外一些药物如糖皮质激素等能使药酶抑制，使药物的代谢减慢，提高血中药物浓度，使药效增强。药物代谢的酶抑制可能被用于治疗，如醋氨酚对猫有强的毒性，可用西咪替丁来减少毒性代谢物的生成。

（4）排泄：药物在排泄过程中的相互影响主要有两种表现，①由于改变肾小球的滤过和竞争肾小管的主动分泌（或两者），从而改变药物在尿液的排泄：如同时使用丙磺舒与青霉素，由于丙磺舒竞争近曲小管的主动分泌，可使青霉素的排泄减慢，提高血浆浓度，延长半衰期。②能影响尿液pH值的药物：可使另一药物的解离度发生改变，从而影响其在肾小管的重吸收，如用碳酸氢钠碱化尿液可加速水杨酸盐的排泄，用氯化铵酸化尿液则可加速碱性药物的排泄。

3. 药效学相互作用

同时使用两种以上药物，由于药物效应或作用机制的不同，可使总效应发生改变，称为药效学的相互作用。两药合用的效应大于单药效应的代数和，称协同作用，例如青霉素与链霉素合用可产生协同作用。两药合用的效应等于它们分别作用的代数和，称相加作用，如四环素类和磺胺类合用可产生相加作用。两药合用的效应小于它们分别作用的和，称为颉颃作用，如β一内酰胺类抗生素与快速抑菌剂四环素类等合用可能产生颉颃作用。临床上常利用协同作用以加强药效，如磺胺类与抗菌增效剂TMP合用；而利用颉颃作用以减少或消除不良反应，如用阿托品可以对抗有机磷杀虫剂的副交感神经兴奋症状。另外，不良反应也能出现协同作用，如头孢菌素的肾毒性可因合用庆大霉素而增强。一般来说，用药种类越多，不良反应发生率也越高。所以临床上应避免同时使用多种药物，尤其要避免使用固定剂量的联合用药，因为它使兽医师失去了根据动物病情需要去调整药物剂量的机会。

（五）给药方案

对患病动物进行合理治疗的关键，在于选择药物和制定给药方案。一旦决定对动物疾病进行药物治疗，就必须制定周密的治疗计划，包括选定首选药物（或制剂）和确定给药方案。当几种药物可供兽医师选用时，应根据疾病的病理学过程、药物的动力学特征和药效的强弱等来决定选择的药物。选择抗菌药物治疗动物的感染性疾病时，在用药前要尽可能进行药敏试验，能用窄谱抗生素的就不用广谱抗生素。选择功能性药物时，应密切注意动物种属的药动学差异，如当犬和猫选用相同剂量的阿司匹林（10mg/kg体重）时，犬的给药间隔为12h，而猫则为48h，因为猫缺乏葡萄糖苷酸酶，对阿司匹林的代谢速率很低。一般情况下不应标签外用药，即在给药途径、剂量、疗程、种属、适应症方面应与批准药物的标签说明一致。

给药方案包括给药的剂量、间隔时间、途径和疗程。剂量是指对动物一次给药的数量，2005年版《中国兽药典》不再标示药物的使用剂量，应按《兽药使用指南》确定用药的剂量。给药间隔时间是由药物的药动学、药效学决定的，每种药物或制剂有其特定的作用持续时间。如地塞米松的抗炎作用时间比氢化可的松长很多，所以，前者的给药间隔较长。药物的给药途径主要受制剂的限制，如片剂、胶囊供内服，注射用混悬剂只能皮下、肌肉注射，不能静脉注射。但选择给药途径还应考虑疾病类型和用药目的，如利多卡因在非静脉注射给药时，对控制室性心律不齐是无效的。制定给药方案的最后一步就是确定疗程，有的疾病经单次给药或短期治疗便可恢复或治愈，但许多疾病必须反复多次给药一定时间（数日、数周甚至更长时间）才能达到治疗效果。对于细菌感染性疾病，一定要有足够的疗程，如抗生素一般需用2～3d为一疗程，磺胺类则要求3～5d的疗程。不能在动物体温下降或病情稍有好转时就停止给药，否则会导致疾病复发或诱导细菌产生耐药性，给后来的治疗带来更大的困难。

制定一个良好的给药方案是合理用药的保证，兽医师要综合运用疾病和药物方面的知识，按照《兽药使用指南》的要求切实做好，并在实际治疗过程中严格执行，尤其要督促动物主人（或治疗方案执行人）严格按治疗方案用药，才能保证达到最好的疗效，并把不良反应减少到最低限度。

二、动物方面的因素

（一）种属差异

不同种类动物的解剖结构、生理功能、生化与代谢特点不同，对药物的敏感性也不同。如猫因体内缺乏葡萄糖醛酸酶活性而对水杨酸盐特别敏感，作用时间较长。有些药物在不同种属动物的作用表现一定差异，如吗啡对犬、大鼠、小鼠表现为抑制，但对猫则表现兴奋。

（二）生理因素

不同年龄、性别、妊娠或哺乳期动物对同一药物的反应往往有一定差异。幼龄、老龄动物和雌性动物的药酶活性低，对药物敏感性较高。妊娠动物对拟胆碱药、泻药或能引起子宫收缩加强的药物比较敏感，可能引起流产，临床用药应谨慎。

（三）机体的机能状态与病理状态

一般地，当机体处于异常状态时，药物作用明显；而机体本能正常时，药物的作用不明显或无效。如解热镇痛药在治疗剂量时不能降低正常体温，却能明显地降低发热动物的体温；呼吸中枢兴奋药对被抑制的呼吸中枢的兴奋作用比对正常呼吸中枢兴奋作用强。肝、肾是药物的主要转化、排泄器官，肝、肾功能障碍都可导致药物或毒物的作用时间延长，效应增强。

（四）个体差异

年龄、性别和体重等因素基本相同的情况下，同种动物中个别个体对药物有特殊的敏感性，称为个体差异。它表现出对药物的耐受性和高敏性的差异，具有对某一药物耐受性个体可接受甚至超过其中毒量，也不引起中毒，而对具有高敏个体即使小剂量也能引起强烈反应或中毒。

三、膳食营养与环境因素

合理的膳食营养能增强动物机体的抵抗力，所以，应根据宠物不同生长时期的需要合理调配膳食结构，避免出现营养不良或营养过剩。动物所在环境应温暖干燥、通风良好、透光性好。这些因素对患病动物更为重要，动物疾病的恢复，不能单纯依靠药物，一定要配合良好的饲养管理，加强护理，提高机体的抗病力，使药物作用得到更好的发挥。如用镇静药治疗破伤风时，要注意环境的安静，应将动物放在黑暗的房舍；在动物麻醉后应注意保温，复苏后给予易消化的食物，使患病动物尽快康复。

四、合理用药原则

科学、合理地使用兽药要求最大限度地发挥药物的预防、治疗或诊断等有益作用，同时使药物的有害作用降到最低程度。合理用药的前提条件是正确的诊断。对发病动物的发病原因、病原和病理过程要有充分的了解，才能做到科学、合理用药。盲目用药非但无益，还可能影响诊断，耽误疾病的治疗甚至危及动物的生命。合理用药原则如下。

（一）正确诊断，切忌盲目用药

任何药物合理应用的条件是正确的诊断。只有正确的诊断加上合理用药，才能取得满意的疗效。所以，在治疗动物疾病时，首先要切断病原体的传播，然后根据疾病的症状找出病因，进行对因治疗和对症治疗。

（二）用药指征明确

要针对患病动物的具体情况，选用药效可靠、安全、方便、价廉易得的药物制剂。反对滥用药物，尤其不能滥用抗菌药物。

（三）了解药物动力学知识

根据药物的作用和在动物体内的药动学特点，制定科学的给药方案。药物治疗的错误包括用错药物，但更多的是剂量的错误。

（四）预期药效与不良反应

根据疾病的病理生理学过程和药物的药理作用特点以及它们之间的相互关系，药物的效应是可以预测的。几乎所有的药物不仅有治疗作用，也存在不良反应，临床用药必须记住疾病的复杂性和治疗的复杂性，对治疗过程作好详细的用药计划，认真观察将出现的药效和毒副作用，随时调整用药方案。

（五）合理处方

在确定诊断后，兽医师的任务就是选择最有效、安全的药物进行治疗，一般情况下不应同时使用多种药物（尤其抗菌药物），因为多种药物治疗极大地增加了药物相互作用的概率，也给患病动物增加了危险。除了具有确实协同作用的联合用药外，要慎重使用固定剂量的联合用药（如某些复方制剂）。

（六）正确处理对因治疗与对症治疗的关系

一般用药首先要考虑对因治疗，但也要重视对症治疗，两者巧妙结合将能取得更好的疗效。

复习思考题

1. 药物作用的方式有哪些？请分别举例说明。什么是药物作用的选择性？在临床上有何意义？
2. 药物的不良反应有哪些？如何避免？
3. 举例说明药物联合应用时在药效学方面的相互作用有哪些？
4. 影响药物作用的因素有哪些？临床上有何意义？
5. 举例说明药物联合应用对药代动力学的影响有哪些？

（李继昌）

第二章　抗病原微生物药物

抗病原微生物药物是指对细菌、真菌、支原体和病毒等病原微生物具有抑制或杀灭作用的一类物质，分为抗菌药、抗病毒药、抗真菌药等，其中抗菌药又分为抗生素、合成抗菌药。本类药物主要用于预防或治疗宠物的各种感染性疾病，属化学治疗药物范畴。化学治疗药，简称为化疗药，重点研究和应用对病原体有选择性杀灭作用，而对机体组织无明显损害，对感染性疾病有独特疗效的药物。

宠物传染病的发生从饲养方式和发展规模来看，不会像其他动物传染病那样大规模暴发流行，但一定季节、一定地域范围内某种严重传染病如犬瘟热、细小病毒感染等总的病例会增多。从发病病因上看由细菌、真菌、病毒等病原体所引起的疾病是宠物临床的常见病和多发病。从病状表现上看有肠道传染病和呼吸道传染病等局限性传染病、全身性败血症症状的传染病，还有伴随体温升高、神经症状的传染病。因此，宠物用药要查清病因是根本，针对病因进行治疗。细菌类传染病可用抗生素、化学合成类药物等，必须准确掌握此类药物的适应症，必要时作药敏试验选择最敏感药物治疗。真菌类疾病应根据真菌感染机体部位的不同选择合适的抗真菌药。病毒类传染病可及早用免疫血清，采取特异疗法，并配合支持疗法减轻病状，提高机体抵抗力。此外，也可以采用中西医结合疗法。在上述疗法中也要注意宠物的种类、性别、大小及给药途径，严格准确地掌握用药剂量，以期达到抗微生物药物的最理想的效果。

【抗菌谱】指抗菌药物对病原菌具有抑制或杀灭作用的范围。仅对单一菌种或某属细菌具有抑杀作用的药物称为窄谱抗菌药，如青霉素主要作用于革兰氏阳性菌；链霉素作用于革兰氏阴性菌；多黏菌素仅抑制或杀灭革兰氏阴性杆菌。凡能抑制或杀灭多种病原微生物，作用范围广泛的药物称为广谱抗菌药，如四环素对革兰氏阳性菌、革兰氏阴性菌具有较强抗菌作用，且对衣原体、支原体、某些原虫也有抑制作用。

【抗菌活性】指抗菌药物抑制或杀灭病原微生物的能力，不同种类抗菌药物的抗菌活性有一定差异。可通过体外抑菌试验和体内实验治疗方法进行测定，其中体外法常用。测定方法有稀释法（包括试管法、微量法、平板法等）和扩散法（如纸片法）等。稀释法可以测定抗菌药物的最小抑菌浓度（minimal inhibitory concentration，MIC）和最小杀菌浓度（minimal bactericidal concentration，MBC），是一种比较准确的方法。纸片法比较简单，通过测定抑菌圈直径的大小来判断病原菌对药物的敏感性，此法应用较为广泛，但只能定性和半定量，由于影响结果的因素较多，故应力求做到材料和方法的标准化。宠物临床在选用抗菌药物之前，一般均应做药敏试验，以选择对病原微生物最敏感的药物，预期得到最好的治疗效果。

根据抗菌活性的强弱，临床将抗菌药分为抑菌药和杀菌药。仅有抑制病原微生物生长繁殖能力而无杀灭作用的药物称为抑菌药，如四环素等。既具有抑制病原微生物生长繁殖能力，又有杀灭作用的药物称为杀菌药，如青霉素、氨基糖苷类抗生素、氟喹诺酮类等。

【抗菌药后效应】细菌与抗菌药物短暂接触后，将药物完全除去，细菌的生长仍然受到持续抑制的效应，以时间长短来表示，能产生这种效应的药物主要有β一内酰胺类、氨基糖苷类、大环内酯类、四环素类、氟喹诺酮等。

【耐药性】又称为抗药性，分为天然性耐药性和获得性耐药性两种。前者属细菌的遗传特性，如绿脓杆菌对多数抗生素均不敏感。获得性耐药性，即一般所指的耐药性，是指当病原体在体内外反复接触抗菌药物后产生了结构或功能的变异，成为对该抗菌药具有抗性的菌株，尤其在药物浓度低于 MIC 水平时更易形成耐药菌株，对抗菌药物的敏感性下降，甚至消失。某种病原菌对一种抗菌药产生耐药性后，往往对同一类的抗菌药也具有耐药性，此种现象称为交叉耐药性，如对一种磺胺药产生耐药性后，对其他磺胺药也都有耐药性。所以，在临床轮换使用抗菌药时，应选择不同类型的药物。交叉耐药性有完全交叉耐药性及部分交叉耐药性之分。前者为双向的，如多杀性巴氏杆菌对磺胺嘧啶产生耐药后，对其他磺胺类药物均产生耐药；部分交叉耐药性是单向的，如氨基糖苷类药物之间，对链霉素耐药的细菌，对庆大霉素、卡那霉素、新霉素仍然敏感，而对庆大霉素、卡那霉素、新霉素耐药的细菌，对链霉素也耐药。

耐药性的产生是抗菌药物在宠物或兽医临床应用中的一个严重问题，不合理使用和滥用抗菌药是耐药性流行的重要原因。

第一节　抗生素

抗生素曾称为抗菌素，是某些微生物（放线菌、真菌、细菌）在生长繁殖代谢过程中所产生的代谢产物，在较低浓度下即能选择性抑制或杀灭病原微生物。主要采用微生物发酵法进行生产，如青霉素、四环素等；也有少数抗生素如氟苯尼考、强力霉素等可用化学方法合成。另外，将天然抗生素进行结构改造或以微生物发酵产物为前体生产了大量半合成抗生素，如氨苄西林、阿米卡星、头孢菌素类等。除了具有抗微生物作用外，有的抗生素还具有抗寄生虫、抗病毒、抗肿瘤作用，如阿维菌素类抗生素具有良好的抗寄生虫作用。

根据抗生素的化学结构可将其分为：①β一内酰胺类：包括青霉素、头孢菌素，如青霉素、氨苄西林、阿莫西林、苯唑西林、头孢唑啉、头孢氨苄、头孢噻呋等。②氨基糖苷类：如链霉素、庆大霉素、卡那霉素、新霉素、大观霉素、安普霉素等。③大环内酯类：如红霉素、泰乐菌素、替米考星等。④四环素类：如四环素、土霉素、金霉素、多西环素等。⑤酰胺醇类：如甲砜霉素、氟苯尼考等。⑥林可胺类：如林可霉素、克林霉素等。⑦多肽类：如杆菌肽、多黏菌素等。⑧多烯类：如制霉菌素、灰黄霉素、两性霉素 B 等。⑨其他：如泰妙菌素等。另外还有大环内酯类的阿维菌素类抗生素属抗寄生虫药（详见第四章）。

抗菌效价为抗生素的作用强度，是衡量抗生素效能的指标，也是衡量抗生素活性成分含量的尺度。一般以游离碱的重量或国际单位（IU）来计量。多数抗生素以其有效成分的一定重量作为一个单位，如链霉素、土霉素、红霉素、新霉素、卡那霉素、庆大霉素等均以纯游离碱 1μg 作为一个效价单位，即 1g 为 100 万 IU。少数抗生素以其特定盐的 1μg 或一定重量作为 1IU，如金霉素和四环素均以其盐酸盐的 1μg 为 1IU，青霉素 G 钠盐 0.6μg 的抗菌效力即为 1IU，所以 1mg 青霉素 G 钠盐等于 1 667IU。也有的抗生素不采用重量单位，只以特定的单位表示效价，如制霉菌素等。

一、β－内酰胺类

β－内酰胺类抗生素系指其化学结构含有 β－内酰胺环的一类抗生素，宠物临床常用的药物主要包括青霉素类和头孢菌素类。

（一）青霉素类

青霉素类抗生素系指分子中含有 6－氨基青霉烷酸（6－APA）的抗生素，为发现最早的抗细菌抗生素。由于半合成青霉素的成功，青霉素类抗生素得到了很大发展，目前，应用于临床的青霉素类已达 30 余种。根据来源不同，分为天然青霉素和半合成青霉素。

1. 天然青霉素

天然青霉素即从青霉菌属某些菌种的培养液中提取而得，含多种有效成分，主要有青霉素 F、G、X、K 和双氢 F 5 种。其中以苄青霉素（即青霉素 G）产量最高，并具有性质稳定、抗菌力强、疗效高、毒性低等特点，故在临床上最为常用。但不耐酸、不耐青霉素酶、抗菌谱窄、消除半衰期短、易引起过敏反应为其缺点。为了克服青霉素在动物体内的有效血药浓度维持时间短的缺点，制成了一些难溶于水的有机碱复盐，如普鲁卡因青霉素、苄星青霉素（二苄基乙二胺青霉素），这些混悬液注射后，在注射局部肌肉内缓慢溶解吸收，可延长青霉素在动物体内的有效血药浓度维持时间。但此类制剂血药浓度较低，仅用于对青霉素高度敏感的慢性感染。

青霉素（Benzylpenicillin，Penicillinum G）

又称苄青霉素、青霉素 G。

【性状】青霉素是一种有机酸，性质稳定，难溶于水，可与多种有机碱结合成复盐（如普鲁卡因青霉素等），临床常用其钠盐或钾盐，为白色结晶性粉末；无臭或微有特异性臭；有引湿性；遇酸、碱或氧化剂等迅速失效，水溶液在室温中放置不稳定易失效，故临床应用时要新鲜配制。在水中极易溶解，在乙醇中溶解，在脂肪油或液体石蜡中不溶。

【药理作用】本品为窄谱抗生素，主要作用于革兰氏阳性和阴性球菌、革兰氏阳性杆菌、螺旋体及放线菌等，于细菌繁殖期起杀菌作用。抗菌作用很强，低浓度抑菌，一般治疗浓度能杀菌，有脓、血、组织分解产物存在时也不降低其抗菌活力。对革兰氏阴性杆菌抗菌作用较弱，须大剂量才有效。对青霉素敏感的病原菌有链球菌、葡萄球菌、化脓棒状杆菌、破伤风杆菌、产气荚膜杆菌、肺炎双球菌、梭状芽孢杆菌、李氏杆菌、钩端螺旋体等。对结核杆菌、立克次体、支原体、衣原体和真菌无效。

本品内服易被胃酸和消化酶破坏，一般剂量达不到有效血浓度，故不用于内服。其钠

（钾）盐肌肉或皮下注射后吸收迅速，约 0.5h 达血药峰浓度，对多数敏感菌的有效血药浓度可维持 6～8h。青霉素的长效制剂（普鲁卡因盐或二苄基乙二胺盐）吸收缓慢，可维持较低的有效血药浓度达 24h 以上，可与青霉素钠（钾）混合制成注射剂，以兼顾长效和速效作用。青霉素外用不易从完整的黏膜或皮肤吸收。青霉素在血中约有 50%以上与血清蛋白可逆性结合，能持续释放游离的青霉素而发挥药效作用。通过被动扩散方式迅速渗入各组织及体液中，当中枢神经系统或其他组织发生炎症时则较易进入，并可达到有效浓度。在动物体内的消除半衰期较短，静注给药后犬的消除半衰期为 0.5h。在肾功能正常情况下约 50%～75%自肾脏排出，其中 90%通过肾小管分泌，因排出迅速，故体内消除较快，尿中浓度也很高。丙磺舒、磺胺药、阿司匹林等可抑制青霉素的肾小管分泌，提高其血药浓度，延长其半衰期。少量活性药物自胆汁中排泄。

【耐药性】细菌一般不易对本品产生耐药性，如溶血性链球菌对其敏感性至今很少改变。但某些敏感细菌的部分菌株对青霉素有天然耐药性，如对青霉素耐药的金黄色葡萄球菌能产生青霉素酶（一种β—内酰胺酶），可分解青霉素，使之失活。也由于青霉素的长期广泛应用，金黄色葡萄球菌可渐进性地产生耐药菌株，且比例逐年增高。现已发现多种青霉素酶抑制剂，如克拉维酸等，与青霉素类合用可用于对青霉素耐药的细菌感染。

【适应症】主要用于青霉素敏感菌所致的各种疾病，如肺炎、气管炎、支气管炎、乳腺炎、子宫炎、败血症、脓肿、气肿疽、恶性水肿、放线菌病、坏死杆菌病、钩端螺旋体病等；治疗破伤风时宜与破伤风抗毒素合用。

【药物相互作用】①丙磺舒、阿司匹林、保泰松、磺胺药对青霉素的排泄有阻滞作用，合用可升高青霉素类的血药浓度，也可能增加毒性。②氯霉素类、四环素类、红霉素等抑菌剂对青霉素的杀菌活性有干扰作用，不宜合用。③重金属离子（尤其是铜、锌、汞）、醇类、酸、碘、氧化剂、还原剂、羟基化合物及呈酸性的葡萄糖注射液或四环素注射液都可破坏青霉素的活性，属禁忌配伍，也不宜接触。④胺类与青霉素可形成不溶性盐，使吸收发生变化。这种相互作用可以延缓青霉素的吸收，如普鲁卡因青霉素。⑤青霉素钠溶液与某些药物溶液（两性霉素、头孢噻吩、盐酸林可霉素、酒石酸去甲肾上腺素、盐酸土霉素、盐酸四环素、B 族维生素及维生素 C）不宜混合，因可产生混浊、絮状物或沉淀。⑥与氨基糖苷类合用呈协同作用，青霉素破坏细菌细胞壁，有利于氨基糖苷类抗生素进入细菌内发挥作用，应注意两药给药宜间隔 1h 以上。⑦氨基酸营养液不可与青霉素溶液混合给药，否则增强青霉素的抗原性。⑧本品静滴后应用培氟沙星可致过敏性休克，应慎用。⑨与克拉维酸、舒巴坦合用可有协同增效作用，并防止耐药性的产生。

【不良反应】本品毒性极小，其不良反应除局部刺激产生疼痛外，主要是过敏反应，表现为皮肤过敏，如荨麻疹、接触性皮炎等，也有发生血清病样反应，如发热、关节肿痛、嗜酸性粒细胞增多、血管神经性水肿等，严重者出现过敏性休克（表现为有效循环血量减少、血压下降、呼吸困难），抢救不及时可导致迅速死亡。有时青霉素可诱导胃肠道的二重感染。

【应用注意】①青霉素钠和青霉素钾易溶于水，但水溶液在室温下易失效，因此注射液应在临用前新鲜配制。必需保存时，应置冰箱中，宜当天用完。②掌握与其他药物的相互作用和配伍禁忌，以免影响青霉素的药效。③用药期间应注意观察，若出现过敏反应，立即注射肾上腺素（犬 0.1～0.5mg/次，猫 0.1～0.2mg/次），必要时加用糖皮质激素和抗组胺药，增加或稳定疗效。④青霉素钾 100 万 IU（0.625g）和青霉素钠 100 万 IU（0.6g）分别含钾离子 1.5mmol（0.066g）和钠离子 1.7mmol（0.030g），大剂量注射可能出现高钾血症和高钠血症。对肾功能减退或心功能不全的患病动物会产生不良后果，用大剂量青霉素钾静脉注射尤为禁忌。

【用法与用量】注射用青霉素 G 钠（钾），肌肉注射：一次量，每 1kg 体重，犬、猫 3 万～4 万 IU，一日 2～3 次，连用 2～3d，临用前加适量灭菌注射用水溶解。

普鲁卡因青霉素（Procaine Benzylpenicillin）

【性状】本品为白色结晶性粉末；遇酸、碱或氧化剂等即迅速失效。在甲醇中易溶，在乙醇或三氯甲烷中略溶，在水中微溶。

【药理作用】本品肌注后，在局部水解释放出青霉素后被缓慢吸收，达峰时间较长，血中浓度低，但作用较青霉素持久。限用于对青霉素高度敏感的病原菌，不宜用于治疗严重感染。为能在较短时间内升高血药浓度，可与青霉素钠（钾）混合配制成注射液，以兼顾长效和速效。

【适应症】主要用于预防或需长期用药的慢性感染，如复杂骨折、乳腺炎；动物长途运输时用于预防呼吸道感染、肺炎等。

【药物相互作用】、【不良反应】见青霉素。

【应用注意】①本品限用于对青霉素高度敏感的病原菌，不宜用于治疗严重感染，常与青霉素钠合用。②大量注射可引起普鲁卡因中毒。③其他见青霉素。

【用法与用量】普鲁卡因青霉素注射液，肌肉注射：一次量，每 1kg 体重，犬、猫 3 万～4 万 IU，一日 1 次，连用 2～3d，临用前加灭菌注射用水适量制成混悬液。

苄星青霉素（Benzathine Benzylpenicillin）

【性状】本品为白色结晶性粉末；在甲酰胺或二甲基甲酰胺中易溶，在乙醇中微溶，在水中极微溶解。

【药理作用】本品为长效青霉素，吸收和排泄缓慢，血中浓度低。

【适应症】限用于对青霉素高度敏感的病原菌所致的轻度或慢性感染，如犬的复杂骨折、乳腺炎等。对急性重度感染不宜单独使用，须注射青霉素钠（钾）显效后，再用本品维持药效。

【药物相互作用】、【不良反应】见青霉素。

【应用注意】①本品限用于对青霉素高度敏感的病原菌，不宜用于治疗严重感染，常与青霉素钠合用。②主要用于预防或长期用药，如犬、猫长途运输时用于预防呼吸道感染、肺炎、乳腺炎等。③其他见青霉素。

【用法与用量】苄星青霉素注射液，肌肉注射：一次量，每 1kg 体重，犬、猫 4 万～5 万IU，必要时 3～4d 重复 1 次。

2. 半合成青霉素

用酰胺酶或化学方法裂解青霉素 G 为母核 6－氨基青霉烷酸（6－APA）后，再向其 6 位氨基上引入各种侧链，合成一系列新型半合成青霉素，具有耐酸、耐酶、广谱等特点。根据作用特点可将半合成青霉素分为耐酸、耐酶青霉素和广谱青霉素两类。

耐酸、耐酶青霉素能口服或肌注，主要用于防治耐青霉素的金黄色葡萄球菌所引起的各种感染，但对青霉素敏感菌作用不如青霉素。此类青霉素有甲氧苯青霉素（甲氧西林、新青霉素Ⅰ）、苯唑青霉素（苯唑西林、新青霉素Ⅱ）、邻氯苯唑青霉素（氯唑西林）、双氯苯唑青霉素、乙氧萘青霉素（新青霉素Ⅲ）等。

广谱青霉素对革兰氏阳性菌和革兰氏阴性菌均有抗菌作用，但抗菌强度较青霉素弱。耐酸不耐酶，对耐药金黄色葡萄球菌感染无效。可分为氨苄青霉素类（如氨苄青霉素、缩酮氨苄青霉素、羟氨苄青霉素）和羧苄青霉素类（如羧苄青霉素、磺苄青霉素等）。

苯唑西林（Oxacillin）

又名苯唑青霉素或青霉素Ⅱ。

【来源与性状】本品为半合成的耐酸、耐酶的异噁唑类青霉素，为白色粉末或结晶性粉末；无臭或微臭。其钠盐在水中易溶，在丙酮或丁醇中极微溶解，在醋酸乙酯或石油醚中几乎不溶。2%水溶液的 pH 值为 5.0～7.0。

【药理作用】本品不易被青霉素酶水解，对产酶金黄色葡萄球菌菌株有效，但对不产酶菌株及溶血性链球菌、肺炎球菌、草绿色链球菌、表皮葡萄球菌等革兰氏阳性球菌的抗菌活性比青霉素弱。粪肠球菌对本品耐药。

本品耐酸，内服不被胃酸灭活，但仅有部分自肠道吸收，食物可降低其吸收速率和数量。肌注后吸收迅速，30min 内达血药峰浓度。在体内分布广泛，可渗入大多数组织和体液中，在肝、肾、脾、肠、胸水和关节液中可达治疗浓度，腹水中浓度较低。可部分代谢为活性和无活性代谢物，主要经肾排泄，小量通过胆汁从粪中排出。在肾功能正常的情况下，犬的半衰期为 0.3～0.5h。

【适应症】主要用于耐青霉素金黄色葡萄球菌感染，如败血症、肺炎、乳腺炎、烧伤创面感染等。

【药物相互作用】①同其他 β－内酰胺类抗生素一样，与氨基糖苷类抗生素混合后，可明显减弱两者的抗菌活性，故不能在同一容器内给药。②与氨苄西林或庆大霉素联合用药可相互增强对肠球菌的抗菌活性。③在静脉注射液中本品与庆大霉素、土霉素、四环素、新生霉素、多黏菌素 B、磺胺嘧啶、去甲肾上腺素、戊巴比妥、维生素 B 族、维生素 C 等均呈配伍禁忌。④与丙磺舒联用可提高和延长本品的血药浓度。

【应用注意】见青霉素。

【用法与用量】注射用苯唑西林钠，肌肉注射：一次量，每 1kg 体重，犬、猫 15～20mg，一日 2～3 次，连用 2～3d。

氯唑西林（Cloxacillin）

又名邻氯青霉素。

【来源与性状】本品为半合成的耐酸、耐酶的异噁唑类青霉素。白色粉末或结晶性粉末；微臭，味苦；有引湿性。其钠盐在水中易溶，在乙醇中溶解，在醋酸乙酯中几乎不溶。10%水溶液的 pH 值应为 5.0～7.0。

【药理作用】抗菌谱及抗菌活性与苯唑西林类似，但对青霉素敏感菌的作用不如青霉素。

本品耐酸，内服吸收较苯唑西林快，但不完全，食物可降低其吸收速率和数量，宜空腹给药。吸收后全身分布广泛，能渗入急性骨髓炎的骨组织、脓液和关节液中，在胸水、腹水和肝、肾中也有较高的浓度，但脑脊液中含量低。可部分代谢为活性或无活性的代谢物从尿中排泄，小量通过胆汁从粪中排出。犬的半衰期为0.5h。

【适应症】同苯唑西林，用于产青霉素酶葡萄球菌引起的各种严重感染，如败血症、骨髓炎、呼吸道感染、心内膜炎及化脓性关节炎等。

【药物相互作用】①本品溶液与琥乙红霉素、盐酸土霉素、盐酸四环素、硫酸庆大霉素、硫酸多黏菌素B、维生素C等药物溶液呈物理性配伍禁忌，产生混浊、絮状物或沉淀等。②与黏菌素甲磺酸钠、硫酸卡那霉素溶液混合即失效。

【应用注意】①本品适用于内服。②肾功能严重减退时应适当减少剂量。③其他见青霉素。

【用法与用量】注射用氯唑西林钠，内服：一次量，每1kg体重，犬、猫20~40mg，一日两次，连用2~3d。

氨苄西林（Ampicillin）

【来源与性状】本品为半合成的广谱青霉素，白色结晶性粉末；无臭或微臭，味微苦。在水中微溶，在三氯甲烷、乙醇、乙醚或不挥发油中不溶，在稀盐酸或氢氧化钠试液中溶解。10%钠盐水溶液的pH值应为8.0~10.0。

【药理作用】本品具有广谱抗菌作用。对大多数革兰氏阳性菌如链球菌、葡萄球菌、棒状杆菌、梭杆菌、放线菌、李氏杆菌的抗菌活性稍弱于青霉素，能被青霉素酶破坏，对耐青霉素金黄色葡萄球菌无效。对多种革兰氏阴性菌如布鲁氏菌、变形杆菌、沙门氏菌、大肠杆菌、嗜血杆菌等有较强的抑杀作用，但易产生耐药性。多数克雷伯菌、绿脓杆菌对本品耐药。

本品耐酸，内服后吸收良好，食物可降低其吸收速率和数量。注射给药吸收迅速，血药浓度高。吸收后可分布于肝、肺、前列腺、肌肉、胆汁、胸水、腹水、关节液中，可进入脑脊髓液和易透过胎盘。当发生脑膜炎时，其浓度可达血清浓度的10%~60%。本品血清蛋白结合率较青霉素低，主要通过肾小管排泌，尿中排出，其消除半衰期较短，犬、猫为45~80min，故体内消除较快。

【适应症】主用于敏感菌引起的肺部、肠道、胆道、尿路等多重感染、败血症及犬钩端螺旋体病等。

【药物相互作用】①氨苄西林钠与下列药物有配伍禁忌：琥珀氯霉素、琥乙红霉素、乳糖酸红霉素、盐酸土霉素、盐酸四环素、盐酸金霉素、硫酸阿米卡星、硫酸卡那霉素、硫酸庆大霉素、硫酸链霉素、盐酸林可霉素、硫酸多黏菌素B、氯化钙、葡萄糖酸钙、维生素B族、维生素C等。②其他见青霉素。

【应用注意】①对青霉素耐药的细菌感染不宜应用。②对青霉素过敏的宠物禁用。③本品溶解后应立即使用，其浓度和温度愈高，稳定性愈差。④在酸性葡萄糖溶液中分解较快，有乳酸和果糖存在时亦使稳定性降低，故以中性液体作溶剂为宜。

【用法与用量】氨苄西林钠可溶性粉，内服：一次量，每1kg体重，犬、猫20~30mg，一日2~3次。注射用氨苄西林钠，肌肉、静脉注射：一次量，每1kg体重，犬、猫10~20mg，一日2~3次，连用2~3d。

阿莫西林（Amoxicillin）

又名羟氨苄青霉素。

【来源与性状】本品为半合成的耐酸、广谱青霉素。白色或类白色结晶性粉末；味微苦。在水中微溶，在乙醇中几乎不溶。本品的钠盐为白色或类白色粉末或结晶；无臭或微臭，味微苦；有引湿性。在水或乙醇中易溶，在乙醚中不溶。10%水溶液的 pH 值应为 8.0～10.0。

【药理作用】抗菌作用及抗菌活性与氨苄西林基本相同。本品对胃酸相当稳定，单胃动物内服后吸收比氨苄西林好，胃肠道内容物影响其吸收速度，但不影响吸收程度，故可与食物同服。同等剂量内服后其血清浓度比氨苄西林大 1.5～3 倍。吸收后在多种组织和体液中广泛分布。与血浆蛋白结合率犬为13%。主要经肾通过尿中排泄，犬、猫的半衰期为 0.75～1.5h。丙磺舒可延缓本品经肾排泄，肾功能严重损害宠物的消除半衰期则明显延长。

【适应症】主用于犬、猫的敏感菌感染，如敏感金黄色葡萄球菌、链球菌、大肠杆菌、巴氏杆菌和变形杆菌引起的呼吸道、泌尿生殖道和胃肠道多重感染及多种细菌引起的皮炎和软组织感染性疾病。

【药物相互作用】①本品可与克拉维酸制成片剂或混悬剂，内服可治疗犬、猫的泌尿道、皮肤及软组织的细菌感染。②其他见氨苄西林。

【应用注意】①本品在胃肠道的吸收不受食物影响，为避免宠物发生呕吐、恶心等胃肠道症状，宜在食后服用。②其他见青霉素、氨苄西林。

【用法与用量】阿莫西林可溶性粉，内服：一次量，每 1kg 体重，犬、猫 10～20mg，一日两次，连用 5d。注射用阿莫西林钠，皮下、肌肉注射：一次量，每 1kg 体重，犬、猫 5～10mg，一日 1 次，连用 5d。

羧苄西林（Carbenicillin）

又名羧苄青霉素、卡比西林。

【来源与性状】本品为半合成的耐酸广谱青霉素。白色结晶性粉末；有吸湿性；溶于水及乙醇。对热、酸不稳定，应密封避光保存于冷暗处。

【药理作用】本品的抗菌作用、抗菌谱与氨苄西林相似，特点是对绿脓杆菌、变形杆菌和大肠杆菌有较好的抗菌作用，对耐青霉素的金黄色葡萄球菌无效。内服吸收少，半衰期短，不适于全身治疗，须静脉注射。

【适应症】注射给药主要用于动物的绿脓杆菌全身性感染，通常与氨基糖苷类合用；也可用于变形杆菌和肠杆菌属的感染；内服给药仅用于绿脓杆菌性尿道感染。

【应用注意】不能与氨基糖苷类混合注射，应分别注射给药。

【用法与用量】羧苄西林茚满酯，内服：一次量，每 1kg 体重，犬、猫 55～110mg，一日 3 次；注射用羧苄西林钠，静脉注射：一次量，每 1kg 体重，犬、猫 55～110mg，一日 3 次。

（二）头孢菌素类

头孢菌素类亦称先锋霉素类，是含有共同母核 7－氨基头孢烷酸（7－ACA）的一类半合成的广谱抗生素，也属于 β－内酰胺类。根据发现的时间先后、对 β－内酰胺酶的稳定性以及对革兰氏阴性杆菌抗菌活性的差异可分 4 代。

第一代头孢菌素，抗菌谱与广谱青霉素相似，对青霉素酶稳定，但仍可被多数革兰氏阴性菌的β—内酰胺酶分解，故主要用于革兰氏阳性菌感染。常用的有头孢羟噻吩（先锋霉素Ⅰ）、头孢氨苄（先锋霉素Ⅳ）、头孢唑啉（先锋霉素Ⅴ）、头孢拉定（先锋霉素Ⅵ）、头孢羟氨苄等。

第二代头孢菌素，对革兰氏阳性菌的抗菌活性与第一代相似或稍弱，但抗菌谱较广，多数品种能耐受β—内酰胺酶，对革兰氏阴性菌的抗菌活性增强，常用头孢西丁。

第三代头孢菌素，抗菌谱更广，对革兰氏阴性菌的作用优于第二代，但对金黄色葡萄球菌等革兰氏阳性菌的活性不如第一、第二代。常用的有头孢噻肟、头孢曲松、头孢噻呋、头孢喹诺等，其中头孢噻呋、头孢喹诺为动物专用。

第四代头孢菌素，20世纪90年代后新问世头孢菌素的统称。除具有第三代对革兰氏阴性菌有较强的抗菌谱外，对β—内酰胺酶稳定，对金黄色葡萄球菌等革兰氏阳性球菌的抗菌活性增强。多数品种对绿脓杆菌有较强的作用。

本类抗生素具有抗菌谱广、杀菌力强、毒性小、过敏反应少、对胃酸和β—内酰胺酶稳定等特点。对多数耐青霉素的细菌仍然敏感，但与青霉素之间存在部分交叉耐药现象。与青霉素类、氨基糖苷类合用有协同作用。

目前，医用头孢菌素类有30多种，但由于价格原因，国内宠物临床仅用第一代产品如头孢噻吩、头孢氨苄、头孢羟氨苄和第三代产品头孢噻呋等少数品种。

头孢噻吩（Cefalothin）

又名头孢菌素Ⅰ、先锋霉素Ⅰ。

【来源与性状】本品为半合成第一代注射用头孢菌素。其钠盐为白色或类白色结晶性粉末；几乎无臭；在水中易溶，在乙醇中微溶，在三氯甲烷或乙醚中不溶。10%水溶液的pH值应为4.5～7.0。

【药理作用】本品对革兰氏阳性菌活性较强，对革兰氏阴性菌相对较弱。对葡萄球菌产生的青霉素酶最为稳定。大肠杆菌、沙门氏菌属、志贺氏菌属、克雷伯氏菌属等革兰氏阴性菌呈中度敏感，而肠杆菌、绿脓杆菌等均高度耐药。

口服吸收差，须注射给药。部分在肝和肾中代谢为去乙酰头孢噻吩，其抗菌活性约为原形药的1/4。犬的半衰期为0.7h。

【适应症】主要用于耐药金黄色葡萄球菌及一些敏感革兰氏阴性菌所引起的呼吸道、泌尿道、软组织感染、术后严重感染及乳腺炎和败血症等。

【药物相互作用】①与下列药物混合有配伍禁忌：硫酸阿米卡星、硫酸庆大霉素、硫酸卡那霉素、新霉素、盐酸土霉素、盐酸金霉素、盐酸四环素、硫酸黏菌素、乳糖酸红霉素、林可霉素、磺胺异噁唑、氯化钙等。偶然亦可能与青霉素、维生素B族和维生素C发生配伍禁忌。②与氨基糖苷类抗生素或呋塞米、依他尼酸、布美他尼等强效利尿药合用可能增加肾毒性。③丙磺舒可降低头孢噻吩的肾清除率，使血药浓度升高。克拉维酸可使头孢噻吩对耐头孢噻吩肺炎杆菌的抗菌活性增强。

【应用注意】①对头孢菌素过敏的宠物禁用，对青霉素过敏宠物慎用。②局部注射可出现疼痛、硬块，故应作深部肌肉注射。③肝、肾功能减退的宠物慎用。④稀释后的头孢噻吩钠注射液在室温中保存不能超过6h，冷藏（2～10℃）可维持效价48h。

【用法与用量】注射用头孢噻吩钠，肌肉或静脉注射：一次量，每1kg体重，犬、猫10～30mg，一日3次。

头孢氨苄（Cephalexin）

又名头孢菌素Ⅳ、先锋霉素Ⅳ。

【来源与性状】本品为半合成第一代内服头孢菌素，白色或微黄色结晶性粉末；微臭。在水中微溶，在乙醇、三氯甲烷或乙醚中不溶。0.5%水溶液的 pH 值为 3.5～5.5。

【药理作用】抗菌谱类似于头孢噻吩，但抗菌活性稍差。革兰氏阳性球菌中除肠球菌外，均对本品敏感。本品对部分大肠杆菌、奇异变形杆菌、克雷伯氏菌、沙门氏菌属、志贺氏菌属和梭杆菌属有抗菌作用，其他肠杆菌科细菌和绿脓杆菌均耐药。

内服后吸收迅速而完全，犬、猫的生物利用度为 75%～90%，以原形从尿中排出。消除半衰期为 1～2h。

【适应症】用于敏感菌所致的呼吸道、泌尿道、皮肤和软组织感染及包柔螺旋体病。严重感染不宜应用。

【药物相互作用】见头孢噻吩。

【应用注意】①本品可引起犬流涎、呼吸急促和兴奋不安及猫呕吐、体温升高等不良反应。②应用本品虽极少见肾毒性，但患病宠物肾功能严重损害或合用其他对肾有害的药物时则易于发生。③对头孢菌素过敏宠物禁用，对青霉素过敏宠物慎用。

【用法与用量】头孢氨苄片、胶囊、混悬剂（2%），内服：一次量，每 1kg 体重，犬、猫 10～30mg，一日 3～4 次。

头孢羟氨苄（Cefadroxil）

【来源与性状】本品为半合成第一代内服头孢菌素。白色或类白色结晶性粉末；有特异性臭味。在水中微溶，在乙醇、三氯甲烷或乙醚中几乎不溶。0.5%水溶液的 pH 值应为 4.0～6.0。弱酸性条件下稳定。

【药理作用】抗菌谱类似于头孢氨苄，但对沙门氏菌属、志贺氏菌属的作用比头孢氨苄弱。肠球菌属、肠杆菌属、绿脓杆菌等对本品耐药。内服后在胃酸中稳定，且吸收迅速，不受食物影响。在尿中大量排出，犬、猫的半衰期分别为 2h、3h。

【适应症】主要用于敏感菌引起的犬、猫呼吸道、消化道、泌尿生殖道、皮肤和软组织等部位的感染。

【药物相互作用】见头孢氨苄。

【不良反应】①头孢菌素类有交叉过敏反应，患病动物对一种头孢菌素或青霉素（或青霉素衍生物）过敏，也可能对其他头孢菌素过敏。②肾功能严重减退时应减量或慎用。③有时会出现呕吐、腹泻、昏睡等不良反应。如发生呕吐，可投喂食物予以缓解。

【用法与用量】头孢羟氨苄片、胶囊，内服：一次量，每 1kg 体重，犬、猫 10～20mg，一日 2～3 次，连用 3～5d。

头孢噻呋（Ceftiofur）

【来源与性状】本品为半合成的第三代动物专用头孢菌素，白色至淡黄色粉末。在水中不溶，在丙酮中微溶，在乙醇中几乎不溶。制成钠盐和盐酸盐供注射用，易溶于水。

【药理作用】本品具有广谱杀菌作用，抗菌活性强，对革兰氏阳性菌、革兰氏阴性菌包括产 β—内酰胺酶菌株均有效。敏感菌有巴氏杆菌、放线杆菌、嗜血杆菌、沙门氏菌、链球菌、葡萄球菌等。抗菌活性比氨苄西林强，对链球菌的活性也比喹诺酮类抗菌药强。

本品内服不吸收，肌肉和皮下注射吸收迅速，血中和组织中药物浓度高，有效血药浓度维持时间长，消除缓慢。本品半衰期较长，犬为4.12h。大部分可在肌肉注射后24h由尿和粪便中排出。

【适应症】适用于各种敏感菌引起的呼吸道、泌尿道等感染，尤其适用于犬大肠杆菌与奇异变形杆菌引起的泌尿道感染。

【应用注意】①注射用头孢噻呋钠按规定剂量、疗程和投药途径应用。②主要经肾排泄，对肾功能不全宠物要注意调整剂量。③注射用头孢噻呋钠用前以注射用水溶解，使每1ml含头孢噻呋50mg。

【用法与用量】注射用头孢噻呋钠，皮下注射：一次量，每1kg体重，犬2.2mg，一日1次，连用5～14d。

（三）内酰胺酶抑制剂

克拉维酸（Clavulanic Acid）

又名棒酸。

【来源与性状】本品由棒状链霉菌产生的抗生素。其钾盐为无色针状结晶；在水中易溶，水溶液极不稳定。

【作用与适应症】抗菌活性微弱，是一种革兰氏阳性和革兰氏阴性菌所产生的β—内酰胺酶的“自杀”抑制剂，故称为β—内酰胺酶抑制剂。通常与其他β—内酰胺抗生素合用以克服细菌的耐药性，很少或不单独使用，现已有氨苄西林或阿莫西林（羟氨苄青霉素）与克拉维酸钾组成的复方制剂（片），用于兽医临床。如阿莫西林+克拉维酸钾[(2～4)∶1]。

【用法与用量】阿莫西林—克拉维酸钾片，内服：一次量，每1kg体重，犬、猫10～20mg，一日两次，连用5d。

二、氨基糖苷类

氨基糖苷类是一类由氨基环醇和氨基糖以苷键相连接而形成的碱性抗生素，包括链霉菌属培养液中获得的链霉素、新霉素、卡那霉素、大观霉素、妥布霉素等，小单胞菌属培养液中提取的庆大霉素、小诺霉素等；还有丁胺卡那霉素（阿米卡星）为卡那霉素的半合成品。

本类抗生素的共同特点：①均为有机碱，常用制剂为硫酸盐，易溶于水，水溶液稳定，其碱性溶液的抗菌作用比酸性溶液强。②抗菌谱广，对需氧革兰氏阴性杆菌及结核杆菌作用强大，对厌氧菌无效，对革兰氏阳性菌作用较弱，但金黄色葡萄球菌（包括耐药菌株）较敏感。③对革兰氏阴性杆菌和阳性球菌存在明显的抗生素后效应。④作用机制主要为抑制细菌细胞蛋白质的合成。低浓度抑菌，高浓度杀菌，对静止期细菌的杀灭作用较强，属静止期杀菌剂。⑤内服给药难吸收，仅用于肠道感染；注射给药吸收良好，大部分以原形随尿排出，可用于全身感染。⑥细菌对本类药物有部分或完全交叉耐药性。

氨基糖苷类抗生素有较强的毒副作用，主要有：①肾毒性：主要损害近曲小管上皮细胞，出现蛋白尿、血尿，严重时出现肾功能减退，庆大霉素发生率较高。故用药期间注意应给动物足量饮水。②耳毒性：表现为前庭神经失调及耳蜗神经损害。猫对其前庭效应极为敏感，对某些需有敏锐听觉的犬应慎用。③神经肌肉阻滞作用：表现为心肌抑制和呼吸衰竭，新霉素、链霉素和卡那霉素较常发生，可静脉注射新斯的明和钙剂对抗。④内服可能损害肠壁绒毛而影响肠道对脂肪、蛋白质、糖、铁等的吸收，也可引起肠道菌群失调，发生厌氧菌或真菌等二重感染。兔易发生胃肠道菌群失调，禁用。

链霉素（Streptomycin）

【来源与性状】链霉素由放线菌属的灰链霉菌培养液中提取，常用其硫酸盐。为白色或类白色的粉末；无臭或几乎无臭，味微苦；有引湿性。在水中易溶，在乙醇或三氯甲烷中不溶。性质稳定，室温中干燥品的抗菌效能可保持一年以上，pH值4.5～7.0水溶液效价可保持一周，置冰箱中可保持一年，若室温偏高或pH值>8或pH值<3时易失去抗菌效能。

【药理作用】本品属窄谱抗生素，对结核杆菌具有强大的抑菌或杀菌作用，对多种革兰氏阴性杆菌，如大肠杆菌、布鲁氏菌、巴氏杆菌、志贺氏痢疾杆菌、沙门氏菌等有效，对钩端螺旋体也有效。对多数革兰氏阳性球菌的作用差。与青霉素合用具协同杀菌作用。

细菌接触本品后极易产生耐药性，速度比青霉素G快，且呈跃进式。多数菌株对链霉素耐药后，常持久不变。链霉素和双氢链霉素间有完全交叉耐药性，与新霉素、卡那霉素和巴龙霉素仅有部分交叉耐药性。

链霉素内服难吸收，在消化道中可保持高浓度，适用于治疗肠道感染。肌肉注射吸收良好，约1h血药浓度达到高峰，有效血浓度维持6～12h，可治疗全身性感染。吸收后分布于体内各组织、脏器，主要存在于细胞外液，不易透入细胞内。肾中浓度高，肺及肌肉内含量较少，脑组织中几乎不能测出。可到达胆汁、胸水、腹水及结核性脓腔和干酪样组织中，能透过胎盘屏障。主要经肾小球滤过由肾脏排泄，尿中浓度高，故可治疗泌尿道感染。

【适应症】用于治疗各种敏感菌的急性感染，如泌尿道感染、细菌性肠炎、犬结核病、钩端螺旋体病、放线菌病等。

【药物相互作用】①与其他氨基糖苷类同用或先后连续进行局部或全身应用，可能增加对耳、肾及神经肌肉接头等的毒性作用，使听力减退、肾功能降低及骨骼肌软弱、呼吸抑制等。后者可用抗胆碱酯酶药（新斯的明）、钙剂等进行解救。②与多黏菌素类合用，或先后连续局部或全身应用，可能增加对肾和神经肌肉接头的毒性作用。③与头孢菌素、右旋糖酐、强利尿药（如呋塞米、依地尼酸等）、红霉素等合用，可增强本类药物的耳毒性。④与青霉素类或头孢菌素类合用有协同作用。⑤在碱性环境中抗菌作用增强，与碱性药物（如碳酸氢钠、氨茶碱等）合用可增强抗菌效力，但毒性也增强。当pH值超过8.4时，抗菌作用反而减弱。⑥Ca^{2+}、Mg^{2+}、Na^{+}、NH_4^{+}、K^{+}等阳离子可抑制本类药物的抗菌活性。⑦骨骼肌松弛药（如氯化琥珀胆碱）或具有此种作用的药物可增强本类药物的神经肌肉阻滞作用。

【应用注意】①本品对其他氨基糖苷类有交叉过敏现象。对氨基糖苷类过敏的动物禁用本品。②患病动物出现失水（可致血药浓度增高）或肾功能损害时慎用。③用本品治疗泌尿道感染时，宜同时内服碳酸氢钠，使尿液呈碱性。④本品内服极少吸收，仅适用于肠道感染。⑤猫对本品极为敏感，常量即可引起恶心、呕吐、流涎及共济失调等。⑥剂量过大可引起神经阻滞作用。犬、猫外科手术全身麻醉后，联合使用青霉素、链霉素预防感染时，常因全身麻醉剂和肌肉松弛剂对神经肌肉的较强阻滞作用而出现意外死亡。⑦长期应用可引起肾脏损害。

【用法与用量】注射用硫酸链霉素，肌肉注射：一次量，每1kg体重，犬10～15mg，一日两次；皮下注射：一次量，每1kg体重，猫15mg，一日两次。

卡那霉素（Kanamycin）

【来源与性状】本品由卡那链霉菌的培养液中提取，有A、B、C三种组分，临床应用以卡那霉素A为主。常用其硫酸盐，为白色或类白色的粉末；无臭，有引湿性。在水中易溶，水溶液较稳定，pH值2.0～10.0的水溶液1周不失效。

【药理作用】本品对大多数革兰氏阴性杆菌如大肠杆菌、变形杆菌、沙门氏菌等有强大抗菌作用，对金黄色葡萄球菌和结核杆菌也有效，但绿脓杆菌等对其耐药。

本品内服很少吸收，大部分以原形由粪便排出，故可用于消化道感染。肌肉注射后吸收迅速，约1h达血药峰浓度。广泛分布于胸水、腹水和实质器官中。主要通过肾小球过滤，约有注射量的40%～80%以原形从尿中排出，尿中浓度高，适于治疗尿路感染。

【适应症】内服用于治疗敏感菌所致的肠道感染（特别是犬、猫不同型大肠杆菌病的高效药物）。肌肉注射用于敏感菌所致的各种严重感染，如败血症、泌尿生殖道感染、呼吸道感染、皮肤和软组织感染等。

【药物相互作用】、【不良反应】见链霉素。

【用法与用量】硫酸卡那霉素注射液、注射用硫酸卡那霉素，内服：一次量，每1kg体重，犬、猫5～10mg，一日两次；肌肉注射：一次量，每1kg体重，鸽10～20mg，一日两次。犬、猫5mg，一日两次。

庆大霉素（Gentamycin）

【来源与性状】本品是由放线菌属小单胞菌培养液中提取的含C1，C1a及C2三种成分的复合物，三者抗菌活性及毒性基本一致。常用其硫酸盐，白色或类白色的粉末；无臭，有引湿性。在水中易溶，在乙醇、丙酮、三氯甲烷或乙醚中不溶。4%水溶液的pH值应为4.0～6.0。

【药理作用】本品对多种革兰氏阴性菌如大肠杆菌、克雷伯氏菌、变形杆菌、绿脓杆菌、巴氏杆菌、沙门氏菌等均有良好抗菌作用，其中以抗肠道菌和绿脓杆菌作用最为显著。在革兰氏阳性菌中，葡萄球菌（含耐药菌株）对本品高度敏感，比卡那霉素强4倍。多数链球菌（化脓链球菌、肺炎球菌、粪链球菌等）、厌氧菌（类杆菌属或梭状芽孢杆菌属）、结核杆菌、立克次体、真菌等对本品耐药。此外对支原体也有一定作用。

细菌对低于抑菌浓度的庆大霉素易产生耐药性。治疗时，如能应用足够剂量，配合应用其他抗生素，避免局部用药等可减少或防止耐药性的产生。

本品内服很少吸收，肌肉注射后吸收迅速而完全。皮下或肌肉注射的生物利用度一般可达90%。吸收后主要分布于细胞外液，存在于腹水、胸水、关节液、脓液中。在肝脏、淋巴结和肌肉组织中的浓度与血清中相近。主要经肾小球过滤而从尿中排泄，其消除半衰期犬、猫为0.5～1.5h。

【适应症】用于敏感菌引起的败血症、泌尿生殖系统感染、呼吸道感染、胃肠道感染、乳腺炎及皮肤、软组织感染、烧伤感染等。内服不吸收，用于肠道感染。

【药物相互作用】、【不良反应与注意】①与地塞米松、普鲁卡因青霉素、三甲氧苄氨嘧啶合用，疗效明显增强。②有呼吸抑制作用，不可静脉推注。③本类药物在碱性环境中抗菌作用较强，与碱性药（如碳酸氢钠、氨茶碱等）联用可增强抗菌效力，但毒性亦相应增强。④对肾脏有一定的肾毒性和听神经的损害，应予注意，只要按治疗量用药仍是安全的。⑤与四环素、红霉素等合用可能出现颉颃作用。⑥本品可与羧苄西林联合治疗严重肺感染，但在体外存在配伍禁忌，故合用时不能在体外混合。⑦其他见链霉素。

【用法与用量】硫酸庆大霉素注射液，肌肉注射：一次量，每1kg体重，犬、猫3~5mg，一日两次，连用2~3d。

新霉素（Neomycin）

【来源与性状】本品是从弗氏链霉菌的培养液中提取而得。与卡那霉素结构相似，含有A、B、C三种成分，临床用常为B、C，性质极稳定。常用其硫酸盐，白色或类白色的粉末；无臭，极易引湿；在水中极易溶解。10%水溶液的pH值应为5.0~7.0。

【药理作用】抗菌谱与卡那霉素相似。对金黄色葡萄球菌、大肠杆菌、变形杆菌、沙门氏菌、布鲁氏菌等有良好抗菌作用。对链球菌、肺炎球菌、绿脓杆菌、巴氏杆菌及结核杆菌也有效。细菌对新霉素可产生耐药性，但较缓慢，且在链霉素、卡那霉素和庆大霉素间有部分或完全的交叉耐药性。新霉素内服难吸收，大部分以原形药从粪便排出，主要用于肠道感染。

【适应症】内服用于肠道感染；局部应用对葡萄球菌和革兰氏阴性杆菌引起的皮肤、眼、耳感染及子宫内膜炎等也有良好疗效；也可用于治疗烧伤。

【药物相互作用】①与大环内酯类抗生素合用，可治疗革兰氏阳性菌所致的乳腺炎。②内服可影响维生素A或维生素B_{12}及洋地黄苷类的吸收。③其他见链霉素。

【应用注意】①本品在本类药物中毒性最大，注射后可引起明显的肾毒性和耳毒性，已禁用。②与链霉素和卡那霉素类似可引起神经肌肉阻滞，其症状为心肌抑制和呼吸衰竭，可静脉注射新斯的明和钙剂对抗。③其他见链霉素。

【用法与用量】硫酸新霉素片，内服：一次量，每1kg体重，犬、猫10~20mg，一日两次，连用3~5d。

阿米卡星（Amikacin）

又名丁胺卡那霉素。

【来源与性状】本品为卡那霉素的半合成衍生物。其硫酸盐为白色或类白色结晶粉末；几乎无臭，无味。在水中极易溶解，1%水溶液的pH值为6.0~7.5。性状稳定，在室温中至少保效两年，溶液在120℃中60min不减损效价。

【药理作用】本品对多数细菌的作用略优于卡那霉素，与庆大霉素相似。当细菌对其他氨基糖苷类耐药后，对本品仍敏感。如对庆大霉素、卡那霉素耐药的绿脓杆菌、大肠杆菌、变形杆菌等仍有效，对金黄色葡萄球菌效果也较好。

本品内服很少吸收，犬、猫肌肉注射后0.5~1h出现血药峰浓度，皮下或肌肉注射的生物利用度超过90%。吸收后主要分布于细胞外液，存在于胸水、腹水、心包液、关节液和脓液中，痰、支气管分泌物和胆汁中浓度高。在骨、心、胆囊和肺组织中可达治疗浓度，亦能在某些组织如内耳和肾中蓄积。几乎完全通过肾小球滤过而排泄，其消除半衰期犬、猫为0.5~1.5h。

【适应症】用于犬大肠杆菌、变形杆菌引起的泌尿生殖道感染（膀胱炎）及绿脓杆菌、大肠杆菌引起的皮肤和软组织感染。尤其适用于革兰氏阴性杆菌中对卡那霉素、庆大霉素或其他氨基糖苷类耐药的菌株所引起的感染。

【药物相互作用】①本品与半合成青霉素类或头孢菌素类联合常有协同抗菌效应，如抗绿脓杆菌时可与羧苄西林联合；抗肺炎球菌可与头孢菌素类联合；抗大肠杆菌、金黄色葡萄球菌可与头孢噻肟联合。②其他见链霉素。

【应用注意】①患病动物应足量饮水，以减少肾小管损害。②长期用药可导致耐药菌过度生长。③与羧苄西林联合时不可在同一容器内混合应用。④不可直接静脉注射，以免发生神经肌肉阻滞和呼吸抑制。⑤由于具有不可逆的耳毒性，慎用于需敏锐听觉的特种犬。⑥其他见链霉素。

【用法与用量】硫酸阿米卡星注射液，皮下、肌肉注射：一次量，每 1kg 体重，犬、猫 5～10mg，一日 2～3 次，连用 2～3d。

三、四环素类

四环素类是由链霉菌产生或经半合成制得的一类碱性广谱抗生素，具有相同母核（菲烷结构，仅 5、6、7 位上的取代基有所不同）的基本结构。一般分为天然四环素和半合成四环素两大类。前者包括四环素、土霉素、金霉素。后者包括多西环素（强力霉素）、米诺环素（二甲胺四环素）、美他环素（甲烯土霉素）等。动物临床常用的有四环素、土霉素、金霉素和多西环素。

本类药物为酸碱两性化合物，能与酸或碱结合成盐类，一般用其盐酸盐。其抗菌作用的强弱次序为米诺环素＞多西环素＞金霉素＞四环素＞土霉素。对革兰氏阳性菌的作用优于革兰氏阴性菌，但对革兰氏阳性菌的抗菌作用不如青霉素和头孢菌素，对革兰氏阴性菌的抗菌作用不如氨基糖苷类和氯霉素类。半合成四环素类对许多厌氧菌有良好作用，70％以上的厌氧菌对多西环素敏感。本类药物为快效抑菌药，在较高浓度时也有杀菌作用。天然四环素类抗生素之间有交叉耐药性，但与半合成四环素类抗生素之间的交叉耐药性不明显。

本类药物的不良反应主要有：①局部刺激作用：本类药物的盐酸盐水溶液有较强的刺激性，内服后可引起呕吐，肌注可引起注射部位疼痛、炎症和坏死，静注可引起静脉炎和血栓。本类药物中除土霉素外，其他不宜肌注。静脉注射宜用稀溶液，缓慢滴注，以减轻局部反应。②肠道菌群紊乱：四环素较常见，轻者出现维生素缺乏症，重者造成二重感染。③牙和骨骼发育影响：四环素进入机体后与钙结合，随钙沉积在牙齿和骨骼中。④肝、肾损害：本类药物对肝、肾细胞有毒效应。过量四环素可致严重的肝损害，尤其患有肾衰竭的动物。致死性的肾中毒偶尔可见。⑤血液系统影响：可发生溶血性贫血及巨细胞减少、中性粒细胞减少或轻度白细胞减少、血小板减少及再生障碍性贫血，但发生率极低。⑥抗代谢作用：本类药物可引起氮血症，且可因类固醇类药物的存在而加剧，还可引起代谢性酸及电解质失衡。

（一）天然四环素类

土霉素（Oxytetracycline）

又名氧四环素。

【来源与性状】本品是由土壤链霉菌的培养液中提取。淡黄色至暗黄色的结晶性或无定形粉末；无臭，在日光下颜色变暗，在碱性溶液中易破坏失效。在水中极微溶解，在氢氧化钠试液和稀盐酸中溶解。其盐酸盐为黄色结晶性粉末；易溶于水，10%水溶液的 pH 值为 2.3～2.9。

【药理作用】本品具有广谱抑菌作用，敏感菌包括肺炎球菌、链球菌、部分葡萄球菌、破伤风杆菌、棒状杆菌等革兰氏阳性菌以及大肠杆菌、巴氏杆菌、沙门氏菌、布鲁氏菌、嗜血杆菌、克雷伯氏菌等革兰氏阴性菌。对支原体、衣原体、立克次体、螺旋体等也有一定程度的抑制作用。

本品内服易吸收，但不完全。一次内服后，一般于 2～4h 达血药峰值，如与乳类制品或含钙、镁、铅、铁等药物同服时，因形成不溶性络合物，不仅抑制吸收，且降低抗菌活性。肌注后达峰时间为 30min 至数小时，吸收后广泛分布于肝、肾、肺等组织和体液中，易渗入胸水、腹水、母胎循环及乳汁中，不易透过血脑屏障。在脑脊液中的浓度约为血浓度的 10%～20%，脑膜发炎时可略高。能沉积于骨、齿等组织内。主要以原形从尿中排出。一部分在肝脏胆汁中浓缩，排入肠内，部分再被吸收形成“肝肠循环”。肾功能减退时可在体内蓄积。其半衰期犬、猫为 4～6h。

【适应症】用于犬、猫肺炎、肠炎、支原体病和化脓性炎症。

【药物相互作用】①与碳酸氢钠同用，可能升高胃内 pH 值，而使四环素类的吸收减少及活性降低。②与钙盐、铁盐或含金属离子钙、镁、铝、铋、铁等的药物（包括中草药）同用时可与四环素类形成不溶性络合物，减少药物的吸收，且降低抗菌活性。③与强利尿药如呋塞米等同用可使肾功能损害加重。④本类药物属快效抑菌药，可干扰青霉素类对细菌繁殖期的杀菌作用，宜避免同用。⑤与大环内酯类、多黏菌素合用呈协同作用。

【不良反应】见四环素类药。

【应用注意】①本品应避光密闭，在凉暗的干燥处保存。忌与含氯量多的自来水和碱性溶液混合。不用金属容器盛药。②内服时避免与乳制品和含钙、镁、铝、铁、铋等药物及含钙量较高的食物伍用。③食物可阻滞四环素类吸收，宜食前空腹服用。④患病动物肝、肾功能严重损害时忌用。

【用法与用量】土霉素片，内服：一次量，每 1kg 体重，犬 15～50mg，一日 2～3 次，连用 3～5d。注射用盐酸土霉素，静脉、肌肉注射：一次量，每 1kg 体重，犬、猫 5～10mg，一日两次，连用 2～3d。

四环素（Tetracycline）

【来源与性状】本品由链霉菌的培养液中提取而得。常用其盐酸盐，黄色结晶性粉末；无臭，味苦，有引湿性；遇光色渐变深，在碱性浓度中易破坏失效。在水中溶解，在乙醇中略溶，在三氯甲烷或乙醚中不溶。1%水溶液的 pH 值为 1.8～2.8。

【药理作用】与土霉素相似，但对一般革兰氏阴性菌如大肠杆菌和变形杆菌的抑制作用较土霉素强。内服后血药浓度较土霉素略高，对组织的透过率亦较高。其静注半衰期犬、猫为 5～6h，兔为 2h。

【适应症】、【药物相互作用】、【应用注意】见土霉素。

【用法与用量】四环素片，内服：一次量，每 1kg 体重，犬 15～50mg，一日 2～3 次，连用 3～5d。

（二）半合成四环素类

多西环素（Doxycycline）

又名强力霉素、脱氧土霉素。

【来源与性状】本品由土霉素 6 位上的羟基脱氧而制成的半合成四环素类抗生素。其盐酸盐为淡黄色或黄色结晶性粉末；无臭，味苦。在水中易溶，在乙醇中微溶。1%水溶液的 pH 值为 2.0～3.0，呈强酸性，较土霉素、四环素稳定。

【药理作用】抗菌谱基本同于土霉素，抗菌活性强于土霉素和四环素几倍。本品内服后易于吸收，生物利用度高。且进食对其吸收影响比四环素、土霉素小。吸收后广泛分布于各组织、器官和体液中。因其有较高的脂溶性，较四环素或土霉素更易透入体组织和体液，包括脑脊液、前列腺和眼内。排泄有独特性，主要以非活性形式沿非胆汁途径排入粪便内，即药物在肠组织内以络合形式部分被灭活，随之排入肠腔。犬约有 75%的用药量以此种方式排泄，肾排泄仅占用药量的 25%。由于经肾排泄不占主要地位，故本品在肾功能损害动物体内不易蓄积。

【适应症】同土霉素，尤其适用于肾功能减退的患病动物。用于治疗犬、猫肠炎、慢性呼吸道疾病、钩端螺旋体病、包柔螺旋体病、结核病等。

【药物相互作用】见土霉素。

【应用注意】①犬、猫内服常引起恶心、呕吐，可进食以缓和此种反应，对药物的吸收影响不大。②在四环素类抗生素中毒性最小，但大剂量长期连续使用时可引起肠道正常菌群失调和维生素缺乏。③其他见四环素类药物。

【用法与用量】盐酸多西环素片，内服：一次量，每 1kg 体重，犬、猫 5～10mg，一日 1 次，连用 3～5d。盐酸多西环素注射液，静脉注射：一次量，每 1kg 体重，犬、猫2～4mg，一日 1 次，连用 3～5d。注射时以 5%葡萄糖注射液制成 0.1%以下浓度，缓缓注入，不可漏注皮下。

四、大环内酯类

大环内酯类是由链霉菌产生或半合成的一类弱碱性抗生素，具有 14～16 元环内酯结构。主要对革兰氏阳性菌有较强的抗菌活性，也对少数敏感的革兰氏阴性菌及支原体等有良好作用。仅作用于分裂活跃的细菌，属生长期抑菌剂。临床常用药物有红霉素、泰乐菌素、螺旋霉素、北里霉素、竹桃霉素、麦迪霉素、交沙霉素等。近年来还开发出罗红霉素、阿齐霉素、克拉霉素等新品种。动物专用品种有泰乐菌素、替米考星。

红霉素（Erythromycin）

【性状】本品为白色或类白色结晶或粉末；无臭，味苦；微有引湿性。在水中难溶，其乳糖酸盐或硫氰酸盐易溶于水。本品在酸性条件下不稳定，pH 低于 4 时迅即破坏。

【药理作用】本品抗菌谱近似青霉素，对革兰氏阳性菌如金黄色葡萄球菌（包括耐青霉素菌株）、肺炎球菌、链球菌、炭疽杆菌、李氏杆菌、腐败梭菌、气肿疽梭菌等均有较强的抗菌作用。敏感的革兰氏阴性菌有流感嗜血杆菌、脑膜炎球菌、布鲁氏菌、巴氏杆菌等，不敏感者大多为肠道杆菌如大肠杆菌、沙门氏菌等。此外，对弯杆菌、某些螺旋体、支原体、立克次体和衣原体等也有良好作用。大多数敏感细菌对红霉素易产生耐药性，使用疗程较长还可出现诱导性耐药，为避免耐药性的产生，可与链霉素、杆菌肽等配伍应用。红霉素在碱性溶液中抗菌效能强。

红霉素碱和硬脂酸盐内服易被胃酸破坏，常采用红霉素肠溶片或耐酸的依托红霉素。红霉素能广泛分布到各种组织和体液中，在肝和胆汁中含量最高，本品在肝内有相当量被灭活。主要经胆汁排泄，部分在肠道中重吸收，少量以原形经尿排泄。半衰期犬、猫为1～1.5h。

【适应症】主要用于耐青霉素金黄色葡萄球菌及链球菌所致的严重感染，如肺炎、子宫炎、乳腺炎、败血症等。也可配成眼膏或软膏用于皮肤和眼部感染。红霉素可作为青霉素过敏动物的替代药物。

【药物相互作用】①对氯霉素类和林可霉素类的效应有颉颃作用，不宜同用。②β－内酰胺类药物与本品（作为抑菌剂）联用时，可干扰前者的杀菌效能，故在治疗需要发挥快速杀菌作用的疾病时，两者不宜同用。

【应用注意】①本品忌与酸性物质配伍。内服虽易吸收，但能被胃酸破坏，可应用肠溶片或耐酸的依托红霉素，注射溶液的pH值应维持在5.5以上。②注射用乳糖酸红霉素局部刺激性较强，不宜作肌肉注射。静脉注射的浓度过高或速度过快时，易发生局部疼痛和血栓性静脉炎。③许多动物内服后常出现剂量依赖性胃肠道紊乱（恶心、呕吐、腹泻、肠疼痛等）。

【用法与用量】红霉素片，内服：一次量，每1kg体重，犬、猫10～20mg。一日两次，连用3～5d；红霉素软膏，外用：将眼膏或软膏涂于眼睑内或皮肤黏膜上；注射用乳糖酸红霉素，静脉注射：一次量，每1kg体重，犬、猫5～10mg，一日两次，连用2～3d。临用时先用灭菌注射用水溶解（不可用氯化钠注射液），然后用5%葡萄糖注射液稀释，浓度不超过0.1%，注射速度应缓慢。

泰乐菌素（Tylosin）

【来源与性状】本品由弗氏链霉菌培养液中提取。白色至浅黄色粉末；在甲醇中易溶，在乙醇、丙酮或三氯甲烷中溶解，在水中微溶，在己烷中几乎不溶。其盐类易溶于水，水溶液在25℃、pH值为5.5～7.5时可保存3个月效价不变。

【药理作用】抗菌作用、抗菌谱与红霉素相似。对革兰氏阳性菌的作用稍弱于红霉素，敏感菌有金黄色葡萄球菌、化脓链球菌、肺炎链球菌、化脓棒状杆菌等。对支原体有特效，是大环内酯类中抗支原体作用最强的药物之一。敏感菌对本品可产生耐药性。本品与红霉素有部分交叉耐药现象。

本品内服易从肠道吸收，但其血药浓度较注射低。肌肉注射吸收迅速，吸收后同红霉素一样在体内广泛分布，注射给药的脏器浓度比内服高2～3倍。以原形药在尿和胆汁中排出，小动物的消除半衰期为0.9h。

【适应症】对犬、猫上呼吸道感染、胸膜肺炎、痢疾、肠炎、子宫内膜炎和螺旋体病等均有效。

【药物相互作用】见红霉素。

【应用注意】①本品的水溶液遇铁、铜、铝、锡等离子可形成络合物而减效。②细菌对其他大环内酯类耐药后，对本品会产生交叉耐药。③本品较为安全。犬能耐受800mg/kg的剂量，长期（两年）内服400mg/kg未见器官毒性。

【用法与用量】酒石酸泰乐菌素可溶性粉，内服：一次量，每1kg体重，犬、猫10～20mg，一日两次，混入食物给予。泰乐菌素注射液，肌肉或静脉注射：一次量，每1kg体重，犬、猫5～10mg，一日两次。

五、氯霉素类

氯霉素类又称为酰胺醇类抗生素，包括氯霉素、甲砜霉素和氟苯尼考，属广谱抗生素。氯霉素是从委内瑞拉链球菌培养液中提取获得，是第一次可用人工全合成的抗生素，现已禁止使用。氟苯尼考是动物专用抗生素。

甲砜霉素（Thiamphenicol）

又名甲砜氯霉素、硫霉素。

【来源与性状】本品为人工合成的氯霉素的同类物，临床上作为氯霉素的替代品使用。本品为白色结晶粉末；无臭。在二甲基甲酰胺中易溶，在无水乙醇中略溶，在水中微溶。

【药理作用】本品为广谱抗菌剂。低浓度抑菌，高浓度杀菌。一般对革兰氏阴性菌作用较革兰氏阳性菌强，放线菌、衣原体、钩端螺旋体、立克次体也对本品敏感。对厌氧菌如破伤风梭菌、放线菌等也有相当作用。但结核杆菌、绿脓杆菌、真菌、病毒对其耐药。

本品内服后吸收迅速而完全，连续用药在体内无蓄积，同服丙磺舒可使排泄延缓，血药浓度增高。体内广泛分布，其组织、器官的含量较高，因此体内抗菌活性也较强。以原形药经肾排泄，24h内排出内服量的70%～90%。

【适应症】主要用于敏感菌引起的呼吸道、泌尿道和肠道等感染。

【药物相互作用】①大环内酯类和林可霉素类抗生素可与本品发生颉颃而不宜联合应用。②本类药物是抑制细菌蛋白质合成的抑菌剂，对青霉素类杀菌剂的杀菌效果有干扰作用。应避免两类药物同用。③可影响其他药物代谢，提高血药浓度，增强药效或毒性，如可显著延长戊巴比妥钠的麻醉时间。

【应用注意】①本品有血液系统毒性，引起可逆性的红细胞生成抑制，但未见再生障碍性贫血的报道。②肾功能不全的患病动物要减量或延长给药间期。③本品有较强的免疫抑制作用，对疫苗接种期间的动物或免疫功能严重缺损的动物应禁用。④动物长期应用亦可能由于菌群失调引起维生素缺乏和二重感染。

【用法与用量】甲砜霉素片，内服：一次量，每1kg体重，犬、猫5～10mg，一日两次，连用2～3d。

氟苯尼考（Florfenicol）

又名氟甲砜霉素。

【来源与性状】本品为人工合成的甲砜霉素单氟衍生物，白色或类白色的结晶性粉末；无臭。在水或三氯甲烷中极微溶解，在二甲基甲酰胺中极易溶解，在甲醇中溶解，在冰醋酸中略溶。

【药理作用】本品抗菌谱与抗菌活性略优于甲砜霉素，对多种革兰氏阳性菌和革兰氏阴性菌及支原体等均有作用。对耐甲砜霉素的大肠杆菌、沙门氏菌、克雷伯氏菌也有效。内服和肌肉注射吸收迅速，分布广泛，半衰期长，血药浓度高，能较长时间维持血药浓度。药物50%~65%以原形经肾从尿中排泄。

【适应症】用于动物的呼吸道、泌尿道、消化道的细菌性疾病。

【药物相互作用】见甲砜霉素。

【应用注意】①勿用于哺乳期和妊娠期的动物（有胚胎毒性）。②本品不引起再生障碍性贫血。

【用法与用量】氟苯尼考注射液，肌肉注射：一次量，每1kg体重，犬、猫20~22mg，一日两次，连用3~5d。

六、林可胺类

林可胺类是从链霉菌发酵液中提取的一类碱性抗生素，虽然与大环内酯类和泰妙菌素在结构上有很大差异，但具有许多共同特性。如均是高脂溶性碱性化合物，能够从肠道很好吸收，在动物体内分布广泛，对细胞屏障穿透力强，还有共同的药动学特征。本类抗生素对革兰氏阳性菌和支原体有较强抗菌活性，对厌氧菌也有一定作用，但对大多数需氧革兰氏阴性菌耐药。本类药物包括林可霉素（洁霉素）和氯林可霉素。

林可霉素（Lincomycin）

又名洁霉素。

【来源与性状】本品是由链霉菌培养液提取的一种林可胺类碱性抗生素。其盐酸盐为白色结晶性粉末；有微臭或特殊臭，味苦；在水中易溶，10%水溶液的pH值为3.0~3.5。

【药理作用】抗菌谱与大环内酯类相似。革兰氏阳性菌如金黄色葡萄球菌（包括耐青霉素菌株）、链球菌、肺炎球菌、炭疽杆菌、钩端螺旋体均对本品敏感。本类药物最大特点是对厌氧菌有良好抗菌活性，如破伤风梭菌、产气荚膜梭菌及大多数放线菌均对本类抗生素敏感。

本品系抑菌剂，高浓度时对高度敏感细菌也有杀菌作用。葡萄球菌对本品可缓慢地产生耐药性。细菌对本品与克林霉素有完全的交叉耐药性，与红霉素可部分交叉耐药。

本品内服吸收差，食物可降低其吸收速度和吸收量。犬内服后1.5h血清中出现药物浓度，2~4h达血药峰浓度。肌肉注射后吸收迅速，短时间即可取得比内服高几倍的血药峰浓度。在体内分布较广，能透过胎盘，也能分布于乳汁，其浓度与血浆浓度相等或偏高。主要在肝内代谢，经胆汁和粪便排泄，少量从尿中排泄。犬内服后经粪便排泄的药物占77%，经尿排泄的占14%。肌肉注射给药的消除半衰期为小动物3~4h。肝肾功能缺损时能延长半衰期。

【适应症】主要用于革兰氏阳性菌引起的各种感染，如肺炎、支气管炎、败血症、骨髓炎、蜂窝织炎、化脓性关节炎和乳腺炎等，特别适用于耐青霉素、红霉素菌株的感染或对青霉素过敏的犬、猫。

【药物相互作用】①与庆大霉素等联合对葡萄球菌、链球菌等革兰氏阳性菌呈协同作用。②不宜与抗蠕动止泻药同用，因可使肠内毒素延迟排出，从而导致腹泻延长和加剧。

亦不宜与含白陶土止泻药同时内服，后者将减少林可霉素的吸收达90%以上。③本类药物具神经肌肉阻断作用，与其他具有此种效应的药物如氨基糖苷类和多肽类等合用时应予注意。④林可霉素类与氯霉素类或红霉素合用有颉颃作用。与卡那霉素、新生霉素同瓶静脉注射时有配伍禁忌。

【应用注意】①禁用于对本品过敏的动物或已感染念珠菌病的动物。②本品可排入乳汁中对吮乳犬、猫有发生腹泻的可能。③犬、猫内服本品的不良反应为胃肠炎（呕吐、稀便，犬偶尔发生出血性腹泻）。肌肉注射在注射局部引发疼痛。快速静脉注射能引起血压升高和心肺功能停顿。

【用法与用量】盐酸林可霉素片，内服：一次量，每1kg体重，犬、猫15～25mg，一日1～2次，连用3～5d。盐酸林可霉素注射液，肌肉注射：一次量，每1kg体重，犬、猫10mg，一日两次，连用3～5d。

克林霉素（Clindamycin）

又名氯洁霉素、氯林可霉素。

【来源与性状】本品为林可霉素第七位羟基被氯离子取代而成的半合成化合物。常用专供内服的盐酸盐，白色结晶性粉末，无臭。在水、甲醇中易溶，在乙醇中微溶。10%水溶液的pH值为3.0～5.5。

【药理作用】抗菌谱同于林可霉素，但抗菌活性比林可霉素强4～8倍。对青霉素、林可霉素、四环素或红霉素有耐药性的细菌也有效。

内服吸收快而完全，也明显优于林可霉素，内服后约0.75～1h达血药峰浓度。肌肉注射后血药达峰浓度时间约为1～3h。体内分布广泛，在骨、关节液、胆汁、胸水、腹水、皮肤和心肌中取得治疗浓度，也易透入脓汁和白细胞。脑膜有炎症时在脑脊液中可达到40%的血清浓度。可透过胎盘，也能分布于乳汁中，其浓度相等于血浆浓度。

本品在肝内部分代谢为活性和非活性代谢物。原形药和代谢物在尿、粪和胆汁中排泄。犬静注的消除半衰期为3.2h，肌注半衰期为3.6h。肾、肝功能严重不全的动物半衰期延长。

【适应症】、【药物相互作用】、【应用注意】见林可霉素。

【用法与用量】盐酸克林霉素胶囊，内服：一次量，每1kg体重，犬、猫5～10mg，一日两次，连用3～5d。盐酸克林霉素注射液，肌肉注射：一次量，每1kg体重，犬、猫5～10mg，一日两次。

七、多肽类

多肽类抗生素是一类具多肽结构的化学物质，兽医临床常用多黏菌素、杆菌肽、维吉尼霉素和恩拉霉素等。多黏菌素是从多黏芽孢杆菌的培养液中提取的碱性多肽类化合物，有A、B、C、D、E 5种成分。兽医临床多用多黏菌素B和多黏菌素E，常用硫酸盐。杆菌肽临床上常与链霉素、新霉素、多黏菌素B等合用，治疗犬、猫等肠道菌痢。

多黏菌素B（Polymyxin B）

【来源与性状】本品是由多黏芽孢杆菌的培养液中取得。其硫酸盐为白色结晶性粉末；

有引湿性。在水中易溶，2%水溶液的 pH 值为 5.7 左右。

【药理作用】主要对革兰氏阴性菌有强大抗菌作用，敏感菌有绿脓杆菌、大肠杆菌、肠杆菌、克雷伯氏菌、沙门氏菌、志贺氏菌、巴氏杆菌和弧菌等。本类药物为慢效杀菌剂，主要作用于细菌细胞膜而杀菌。细菌对本品不易产生耐药性，且与其他抗生素无交叉耐药现象，但多黏菌素 E 与多黏菌素 B 之间有完全的交叉耐药性。

本品内服很少吸收，可用于肠道感染。注射后体内分布广，0.5～1h 在主要组织中均达峰值。肝、肾中含量较高，但比同类的多黏菌素 E 略低，在脑组织中的浓度则比后者高。药物蛋白结合率较低。主要经肾排泄，肾功能不全时易在体内蓄积。

【适应症】主要用于治疗革兰氏阴性杆菌，特别是绿脓杆菌所致的肺、尿路、肠道、烧伤创面等感染和乳腺炎等。

【药物相互作用】①磺胺药、甲氧苄啶和利福平均可增强本品对大肠杆菌、肠杆菌属、肺炎杆菌、绿脓杆菌等的抗菌作用。②能增强两性霉素 B 对球孢子菌的抗菌作用。③与肌松药和神经肌肉阻滞剂（如氨基糖苷类抗生素等）合用可能引起肌无力和呼吸暂停。

【应用注意】①本品内服很少吸收，不用于全身感染。②本品的肾毒性比黏菌素更明显，肾功能不全的患病动物应减量。③因可能引起呼吸抑制，一般不采用静脉注射。

【用法与用量】硫酸多黏菌素片，内服：一次量，每 1kg 体重，犬、猫 2mg，一日 3 次。硫酸多黏菌素注射液，肌肉注射：一次量，每 1kg 体重，犬、猫 1mg，一日两次。

第二节　化学合成抗菌药

化学合成抗菌药可分为 5 类：①磺胺类；②喹诺酮类；③喹噁啉类；④硝基呋喃类；⑤硝基咪唑类。目前应用最多的是前两类。

一、磺胺类药物及抗菌增效剂

（一）磺胺类药物

【来源】磺胺类药物是一类化学合成的抗病原微生物药。具有抗菌谱较广、性质稳定、服用方便、易贮存不变质、工艺简单、便于大量化学合成、成本低廉等优点，特别是 1969 年，甲氧苄氨嘧啶与磺胺类药物合用提高了临床疗效以来，更开拓了磺胺类药物发展应用的前景。因对革兰氏阳性菌和革兰氏阴性菌都有抑制作用，且对球虫也有效，现磺胺类药物仍然是广泛应用于临床的重要化学治疗药物。

【性状】一般为白色或淡黄色结晶性粉末；难溶于水（磺胺醋酰胺除外），具有酸碱两性。在强酸或强碱溶液中易溶，均能形成相应的盐。其钠盐的水溶液较其母体化合物大，制剂多用。各种药物之间具有独立溶解性规律，即一种药物的浓度不影响另一种药物的溶解度。

【构效关系】磺胺类均是对氨基苯磺酰胺（简称磺胺，Sulfanilamide，SN）的衍生物。磺胺分子中含一个苯环、一个对氨基和一个磺酰胺基（图 2－1）。

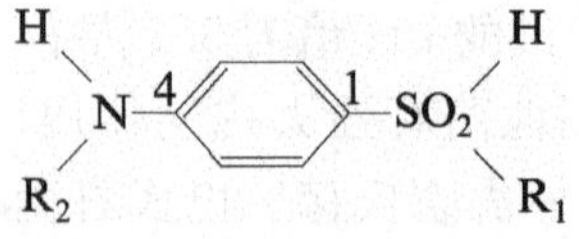

图 2－1　磺胺类药物的基本结构

R 代表不同的基团，由于引入的基团不同，因此合成了一系列的磺胺类药物。它们的抗菌作用与化学结构之间的关系是：①磺酰胺基上一个氢原子（R_1）被杂环基团置换时，可得到一系列内服易吸收、增效作用尤为显著的多种磺胺，用于防治全身性感染。如磺胺噻唑（ST）、磺胺嘧啶（SD）等。②磺酰胺基对位的氨基是抗菌活性的必需基团，如氨基上的氢被酰胺化，则失去抗菌活性。如琥珀酰磺胺噻唑，在体外无抗菌作用，内服后在肠道内分解出具有游离氨基的磺胺噻唑，才能出现抑菌作用，用于肠道感染。③对位上的氨基一个氢原子被其他基团取代，内服难吸收，用于肠道感染。如酞磺胺噻唑等在肠道内水解，使氨基游离后，才能发挥抑菌作用。

【分类】临床上常用的磺胺类药物，根据其吸收情况和应用部位可分为肠道易吸收、肠道难吸收剂及外用等三类：①肠道易吸收的磺胺药。包括氨苯磺胺（SN）、磺胺噻唑（ST）、磺胺嘧啶（SD）、磺胺喹噁啉（SQ）、磺胺二甲嘧啶（SM_2）、磺胺异噁唑（SIZ）、磺胺甲噁唑（SMZ）、磺胺间甲氧嘧啶（SMM）、磺胺对甲氧嘧啶（SMD）、磺胺－2，6－二甲氧嘧啶（SDM）、周效磺胺（SDM′）等。②肠道难吸收的磺胺药。包括磺胺脒（SG）、琥磺噻唑（PST）、磺胺噻唑（PST）等。③外用磺胺药。包括磺胺醋酰钠（SA－Na）、磺胺嘧啶银（烧伤宁，SD－Ag）等。

【抗菌作用】本类药物抗菌谱较广，能抑制大多数革兰氏阳性菌及革兰氏阴性菌。主要是抑制细菌繁殖，一般无杀菌作用。对其高度敏感的细菌有溶血性链球菌、肺炎球菌、淋球菌、沙门氏菌、化脓棒状杆菌等。中度敏感菌如葡萄球菌、大肠杆菌、巴氏杆菌、布鲁氏菌、肺炎杆菌、变形杆菌、痢疾杆菌、李氏杆菌等。某些放线菌对磺胺药也敏感。

对少数真菌如组织胞浆菌、奴卡氏菌及衣原体也有抑制作用。有些药物还能选择性地抑制某些原虫，如磺胺喹噁啉、磺胺二甲氧嘧啶用于球虫病。但对螺旋体、结核杆菌完全无效，对立克次氏体，不但不能抑制反而刺激其生长。

不同磺胺药对病原菌的抑制作用存在着差异，抗菌活性大小为：SMM＞SMZ＞SIZ＞SD＞SDM＞SMD＞SM_2＞SDM′＞SN。

【抗菌机理】磺胺类药物是通过抑制叶酸合成而抑制细菌的生长繁殖（图 2－2）。对该药敏感的细菌不能直接摄取环境中的叶酸，必须利用对氨基苯甲酸（PABA），在菌体内二氢叶酸合成酶的参与下，与二氢喋啶一起合成二氢叶酸，再经二氢叶酸还原酶的作用形成四氢叶酸，进一步与嘌呤、嘧啶等其他物质一起合成核酸。本类药物化学结构与 PABA 相似，二者竞争二氢叶酸合成酶，当磺胺类药物浓度较高（大于 PABA 5 000～25 000 倍时）就能与细菌体内的二氢叶酸合成酶结合，抑制溶酶的活性，使二氢叶酸的合成受阻，不能进一步形成四氢叶酸及活化型四氢叶酸，后者为“一碳基团”转移酶的辅酶，其功能是供给甲基、甲酰基或亚甲基，从而影响腺苷酸及嘌呤等重要代谢物质的合成，引起 DNA 代谢障碍，使细菌的生长繁殖受到抑制而出现抑菌作用，所以使用此药应有足够剂量和疗程，第一次用突击量。

动物机体由于能直接利用食物中的叶酸，不需自身合成叶酸，故其代谢不受磺胺药干扰。对磺胺药不敏感的细菌，可能由于代谢过程中不需叶酸或能直接利用外源性叶酸进行繁殖。

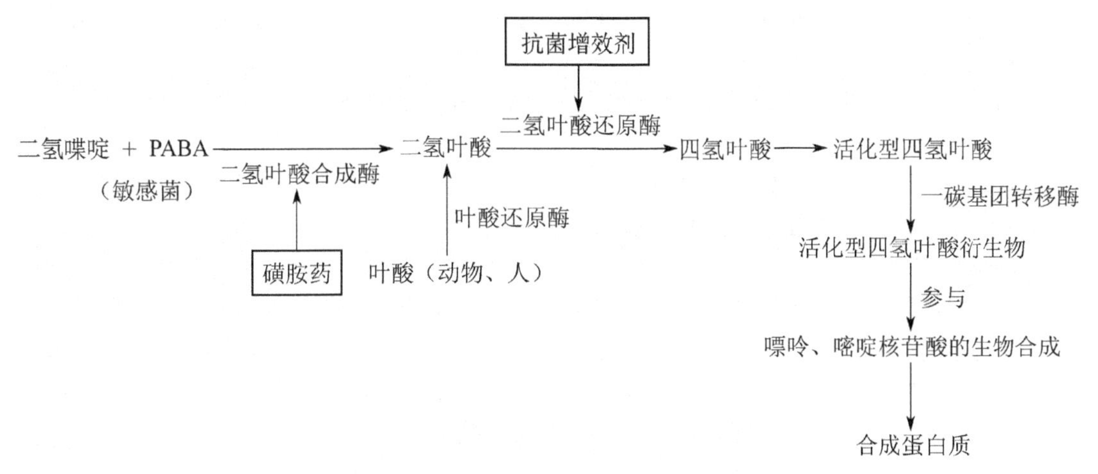

图 2—2 磺胺类及抗菌增效剂的作用机理

脓汁、坏死组织中含有大量 PABA，可减弱磺胺类的抗菌作用，对局部感染用药时应注意排脓清创。

【耐药性】对磺胺敏感的细菌，无论在体内或体外均能获得耐药性。如治疗疾病时用药量不足，就会使细菌在体内获得耐药性。细菌对各磺胺药具有交叉耐药性，但耐磺胺药的细菌对其他抗菌药物依旧敏感。

最易产生耐药性的是葡萄球菌，其次为肺炎球菌、链球菌、痢疾杆菌、大肠杆菌，产生原因是细菌改变了代谢途径如产生较多的 PABA 或二氢叶酸合成酶，或直接利用外源性叶酸，肠道菌还可通过耐药因子的转移而传播耐药性。

【药动学】①吸收：主要用于全身感染的药物，内服后迅速在小肠上段吸收；用于肠道感染的药物难于吸收，在小肠下段及结肠形成高浓度而发挥肠内抑菌作用。各种药物的吸收率常因药物和动物种类不同而有差异，对多种动物的平均吸收率顺序为：SM_2＞SM_1＞SDM＞SN＞SMP＞SD＞ST。磺胺注射剂可由肌肉、腹腔注射迅速吸收；乳腺注入时，数小时后 90％以上进入到血液循环。②分布：吸收入血后分布于全身组织、体液，以肝、肾、尿中含量最高。磺胺类在血中一部分呈游离型，另一部分与血浆蛋白结合后成为结合型磺胺，结合型磺胺是药物在血浆内的一种贮存形式，不能透过血管壁及各种屏障，不能渗入组织、体液，并暂时失去抗菌作用，但这种结合很疏松，可渐渐分离出来而继续发挥抗菌作用。各种磺胺药与动物血浆蛋白结合率并不相同。一般来说，与血浆蛋白结合率较高的磺胺药排泄较慢，血中有效浓度维持时间也长。其中 SD 与血浆蛋白的结合率很低，因而进入脑脊液浓度高，为脑部细菌感染的首选药。③代谢：磺胺类在多种组织中进行着不同程度的代谢变化，特别在肝脏中，主要的代谢方式是在对氨基（R_1）处发生乙酰化。各磺胺药的乙酰化程度不一，如 SD 及甲基衍生物的乙酰磺胺占血浆总磺胺浓度的 10％～40％不等。磺胺类的乙酰化对机体是不利的，因为乙酰化产物无抗菌作用且仍保留原药毒性。乙酰化程度多与时间呈正比，药物在体内停留时间愈长（肾功能障碍时），乙酰化产物愈多。④排泄：用于肠道感染的磺胺难以吸收，主要随粪便排出；用于全身感染的磺胺，口服量的 73％～85％由尿排出。磺胺类在尿中的排泄速度决定于肾小管的重吸收率，重吸收低者排泄快、半衰期短。当肾功能障碍时，磺胺类排泄减慢，半衰期延长。在肝内乙酰化率低者多以原形随尿排泄，故对泌尿系统感染的疗效较高，特别是磺胺异噁唑（SIZ）非但乙酰率低，而且排泄较快，在尿中原形药物浓度高，是治疗泌尿系统感染的首选药物。

【不良反应】磺胺类的不良反应一般不太严重，主要表现为急性和慢性中毒两类。

1. 急性中毒

多见于静注磺胺类钠盐时，速度过快或剂量过大。表现为神经症状，如共济失调、痉挛性麻痹、呕吐、昏迷等，严重者迅速死亡。

2. 慢性中毒

见于剂量较大或连续用药超过 1 周以上。主要症状为：①食欲减退，呕吐，便秘，腹泻，腹痛等消化系统反应。②结晶尿、蛋白尿、血尿、尿少甚至闭尿等泌尿系统损害反应。③白细胞减少、细胞缺乏或溶血性贫血等血液系统反应，使造血机能破坏，凝血时间延长。④幼小动物免疫系统抑制，免疫器官出血、萎缩。

轻度不良反应停药后可自行恢复；严重不良反应除停药外，并供给充足的饮水，在饮水中可加 0.5%～1%的碳酸氢钠或 5%葡萄糖注射液，也可静注补液剂和碳酸氢钠综合治疗；重者肌肉注射维生素 B_{12} 1～2μg 或叶酸 50～100μg。

【药物相互作用】①丙磺舒可使本类药物肾排泄减慢。②局部麻醉药、对氨基水杨酸和叶酸可颉颃磺胺类药物的抗菌活性。③氨茶碱与本类药物竞争蛋白结合位点，两药合用时使氨茶碱血药浓度升高，应注意调整剂量。④减少 β－内酰胺类抗生素的排泄，避免与青霉素类药物同时使用，以免干扰后者的杀菌作用。⑤本类药物之间配伍使用可使药效相加而提高疗效（此时处方中各组成药的剂量相应减少）。与抗菌增效剂合用，抗菌作用增强。⑥液体型药物不能与酸性药物如维生素 C、麻黄碱、氯化钙、四环素、青霉素等配伍，否则析出沉淀；固体型药物与氯化钙、氯化铵合用会增加对泌尿系统的毒性，并禁与 5%碳酸氢钠合用。⑦磺胺嘧啶钠注射液除可与复方氯化钠注射液、20%甘露醇、硫酸镁注射液配伍外，与多种药物均为配伍禁忌。⑧本类药物使巴比妥、苯妥英钠代谢减慢，中枢抑制作用增强。

【应用注意】①首次剂量加倍，并要有足够的剂量和疗程（一般应连用 3～5d）。急性或严重感染时，为使血中迅速达到有效浓度，宜选用本类药物的钠盐注射液。但因其碱性强，宜深层肌肉注射或缓慢静脉注射。②脓汁与坏死组织中含大量 PABA，可减弱磺胺类药的抗菌作用，故对局部感染应注意排脓清创。某些局麻药如普鲁卡因、丁卡因等在体内能分解产生 PABA，也可使磺胺类药的疗效降低。③本类药物易引起肠道菌群失调，使维生素 B、维生素 K 合成和吸收减少，应适当给予补充。④动物用药时，应增加饮水并给予等量碳酸氢钠，以减少磺胺乙酰后结晶析出和促进排泄。⑤连用 3d 疗效不明显时，及时改用其他抗感染药。⑥静注时需用生理盐水稀释，若用葡萄糖液易析出结晶。⑦在疫苗接种前后禁用，以免影响疫苗的主动免疫作用。⑧注意适应症，肾功能减退、严重溶血性贫血、全身酸中毒时禁用。

磺胺嘧啶（Sulfadiazine，SD）

【性状】本品为白色或类白色的结晶或粉末；无臭、无味；遇光色渐变暗。在乙醇或丙酮中微溶，在水中几乎不溶；在氢氧化钠试液或氨试液中易溶，在稀盐酸中溶解。

【药理作用】本品属广谱抑菌剂，为磺胺药中抗菌作用较强的品种之一。对溶血性链球菌、肺炎双球菌、沙门氏菌、大肠杆菌等作用较强，对葡萄球菌作用稍差。

本品内服易吸收，可分布于动物全身组织和体液中，以血液、肝、肾含量较高，神经、肌肉及脂肪中含量较低。易通过血脑屏障，故能进入脑脊液中达到较高的药物浓度。主要经肾脏排泄，排泄较缓漫。犬的半衰期为 9.84h。当肾功能损害时，药物的半衰期延长，毒性增大。也有少量经乳汁、消化液和其他分泌液排泄。

【适应症】适用于各种动物敏感菌的全身感染，为脑部细菌感染的首选药。可用于巴氏杆菌病、乳腺炎、子宫炎、腹膜炎、败血症等；还可治疗弓形体病、诺卡氏菌病等。

【药物相互作用】①与抗菌增效剂合用，可产生协同作用。②同服噻嗪类或速尿等利尿剂，可增加肾毒性和引起血小板减少。③其他见磺胺类药物。

【应用注意】见磺胺类药物。

【用法与用量】磺胺嘧啶片，内服：一次量，每 1kg 体重，犬首次量 0.14～0.2g，维持量 0.07～0.1g，一日两次，连用 3～5d。磺胺嘧啶钠注射液，深部肌肉注射：一次量，每 1kg 体重，犬 50～100mg，一日 1～2 次，连用 2～3d。

磺胺二甲嘧啶（Sulfadimidine，SM_2）

【性状】本品为白色或微黄色的结晶或粉末；无臭，味微苦；遇光色渐变深。在热乙醇中溶解，在水或乙醚中几乎不溶，在稀酸或稀碱溶液中易溶解。

【药理作用】本品抗菌作用及疗效较磺胺嘧啶稍弱，但对球虫、弓形虫有抑制作用。具有不良反应少、在动物体内有效浓度维持时间长等特点。

本品内服后吸收迅速而且完全，维持有效血药浓度时间较长。排泄较慢，在肾小管内沉淀的发生率较低，不易引起结晶尿或血尿。

【适应症】主要用于巴氏杆菌病、乳腺炎、子宫炎、呼吸道及消化道感染，也用于立克次氏体感染。

【用法与用量】磺胺二甲嘧啶片，内服：一次量，每 1kg 体重，犬首次量 0.14～0.2g，维持量 0.07～0.1g，一日 1～2 次，连用 3～5d。

磺胺噻唑（Sulfathiazole，ST）

【性状】本品为白色或淡黄色的结晶颗粒或粉末；无臭或几乎无臭，几乎无味；遇光色渐变深。在乙醇中微溶，在水中极微溶解；在氢氧化钠试液中易溶，在稀盐酸中溶解。

【药理作用】本品抗菌作用强于磺胺嘧啶，能抑制大多数革兰氏阳性菌和某些阴性菌。

本品内服吸收不完全。其可溶性钠盐肌肉注射后迅速吸收。吸收后排泄迅速，半衰期短，不易维持有效血浓度。在体内与血浆蛋白的结合率和乙酰化程度均较高，其乙酰化物溶解度比原药低，易产生结晶尿而损害肾脏。

【适应症】主要用于敏感菌所致的肺炎、出血性败血症、子宫内膜炎等。对感染创可外用其软膏剂。

【应用注意】①应与适量碳酸氢钠合用，以防止尿道损害。②其他见磺胺类药物。

【用法与用量】磺胺噻唑片，内服：一次量，每 1kg 体重，犬首次量 0.14～0.2g，维持量 0.07～0.1g，一日两次，连用 2～3d。磺胺噻唑钠注射液，肌肉注射：一次量，每 1kg 体重，犬 50～100mg，一日两次，连用 2～3d。

磺胺甲基异嗯唑（Sulfamethoxazole，SMZ）

又名新诺明。

【性状】本品为白色结晶粉末；无臭，味微苦；在水中几乎不溶，在稀盐酸、氢氧化钠试液或氨试液中易溶。

【药理作用】抗菌谱与磺胺嘧啶相近，但抗菌活性最强。与抗菌增效剂（如 TMP）合用抗菌活性增至数十倍。排泄较慢，乙酰化率高，且溶解度较低，较易出现结晶尿和血尿等。

【适应症】用于呼吸道和泌尿道感染。

【应用注意】见磺胺类药物。

【用法与用量】磺胺甲基异嗯唑片，内服：一次量，每 1kg 体重，犬首次量 50～100mg，维持量 25～50mg，一日两次，连用 3～5d。复方新诺明片，内服：一次量，每 1kg 体重，犬 20～25mg，一日两次，连用 2～3d；肌肉注射：一次量，每 1kg 体重，犬 50～100mg，一日两次，连用 2～3d。

磺胺脒（Sulfaguanidine，SG）

【性状】本品为白色针状结晶性粉末；无臭或几乎无臭，无味；遇光易变色。在沸水中溶解，在水、乙醇或丙酮中微溶，在稀盐酸中易溶，在氢氧化钠试液中几乎不溶。

【药理作用】最早用于肠道感染的磺胺药，内服后虽有一定量从肠道吸收，但不足以达到有效血浓度，故不用于全身性感染。但肠道中浓度较高，多用于消化道的细菌感染。

【适应症】用于肠炎、腹泻等肠道细菌感染（尤其新生动物）。

【应用注意】①用量过大或对肠阻塞及严重腹水的患病动物，因肠内吸收较多也可引起结晶尿。②其他见磺胺类药物。

【用法与用量】磺胺脒片，内服：一次量，每 1kg 体重，犬 0.1～0.2g，一日两次，连用 3～5d。

磺胺嘧啶银（Sulfadiazine Silver，SD—Ag）

【性状】本品为白色或类白色的结晶性粉末；遇光或遇热易变质。在水、乙醇、三氯甲烷或乙醚中均不溶。

【药理作用】抗菌谱与磺胺嘧啶相同，对绿脓杆菌具有强大的抗菌作用，对所有致病菌和真菌都有抑菌效果。并有收敛作用，使创面干燥、结痂和早期愈合。

【适应症】用于预防烧伤后感染，治疗烧伤，促进创面干燥和加速愈合。刺激小，仅有一过性疼痛。

【药物相互作用】①同洗必泰合用效果较好。②其他见磺胺类药物。

【应用注意】局部应用时要清创排脓。

【用法与用量】外用：撒布于创面或配成 2%混悬液湿敷；1%～2%软膏涂于创面。

（二）抗菌增效剂

抗菌增效剂是一类新型广谱抗菌药物，不仅能加强磺胺类药的作用，也能增强多种抗生素的疗效。合成的抗菌增效剂多属苄氨嘧啶类化合物，应用于兽医临床的如三甲氧苄氨嘧啶（TMP）、二甲氧苄氨嘧啶（DVD）及二甲氧甲基苄氨嘧啶（OMP）。

甲氧苄啶（Trimethoprim，TMP）

又名三甲氧苄啶。

【性状】本品为白色或类白色结晶性粉末；无臭，味苦。在三氯甲烷中略溶，在乙醇或丙酮中微溶，在水中几乎不溶，在冰醋酸中易溶。

【药理作用】本品本身有很强的抗菌效力，其抗菌谱与磺胺类相似而活性较强。对多种革兰氏阳性菌及革兰氏阴性菌有效，主要呈抑菌作用。二者联合后，抗菌作用可增加数倍至数十倍，并可出现强大的杀菌作用，可减少耐药菌株的形成。如对磺胺类耐药的伤寒杆菌、痢疾杆菌和大肠杆菌的菌株试验，二药合用后也能增强抑菌效果，但对金黄色葡萄球菌的增效作用差，对绿脓杆菌、结核杆菌和钩端螺旋体引起的感染无效。TMP对多种抗生素都有增效作用，TMP与四环素按1∶4联合对临床分离的金黄色葡萄球菌作用比单用四环素强2～16倍，对大肠杆菌作用增强4～8倍，而且TMP加四环素的作用大于TMP加SMZ（磺胺甲基异噁唑）。所以，本品与磺胺药的复方制剂及与抗生素合用对动物的呼吸道、消化道、泌尿道等多种感染和皮肤创伤感染、急性乳腺炎等都用良好的疗效。

内服吸收迅速完全，1～2h血中可达有效抑菌浓度，广泛分布于各组织和体液中，在肾、肝、肺、皮肤中的浓度可超过血中浓度，以非离子形式从肾排出，24h内排出内服量的40%～60%，少量经胆汁、粪便排出。半衰期犬为2.5h。

【抗菌机理】TMP的抗菌机理是抑制二氢叶酸还原酶，使二氢叶酸不能还原成四氢叶酸，因而切断了叶酸的代谢途径，则菌体不能合成核蛋白，细菌就不能生长繁殖而发挥抗菌作用。本类药物和磺胺药联合使用时，可在叶酸代谢途径中的两个环节上同时起阻断作用（即磺胺药抑制二氢叶酸合成酶，抗菌增效剂抑制二氢叶酸还原酶），使细菌不能合成维持生长繁殖所必需的脱氧核糖核酸和核糖核酸，因而起到协同抑菌至杀菌的作用。近年来的研究提示本类药物还可能与磺胺药共同作用于二氢叶酸合成酶这一环节，从而加强了磺胺药的作用。

本类药物对细菌二氢叶酸还原酶的亲和力比对动物体内二氢叶酸还原酶的亲和力大5～103倍，故治疗量能阻断菌体内的叶酸代谢过程，而不干扰动物体内的叶酸代谢。

【适应症】常与磺胺药按一定比例（（1∶4)～(1∶5)）配伍用于呼吸道、消化道、泌尿生殖道感染，以及败血症、蜂窝组织炎等。

【不良反应】毒性低，副作用小，偶尔引起白细胞、血小板减少等。妊娠和初生动物应用易引起叶酸摄取障碍，宜慎用。

【应用注意】①易产生耐药性，故不宜单独应用。常与磺胺类及某些抗生素合用增效。②毒性虽小，但大剂量长期应用会引起骨髓造血机能抑制。对老龄动物、营养不良或患慢性消耗性疾病易引起叶酸障碍，用药时应慎重或合用叶酸制剂。③实验动物可出现畸胎，妊娠初期动物最好不用。④与磺胺钠盐用于肌肉注射时，刺激性较强，宜做深部肌肉注射。⑤复方注射液因碱性甚强，能与多种药物的注射液发生配伍禁忌。

【用法与用量】复方制剂，见磺胺类药物。

二甲氧苄啶（Diaveridine，DVD）

【性状】本品为白色或微黄色结晶性粉末；几乎无臭。在三氯甲烷中极微溶解，在水、乙醇或乙醚中不溶，在盐酸中溶解，在稀盐酸中微溶。

【药理作用】抗菌作用较弱，对磺胺药和抗生素也有明显的增效作用。内服吸收较少，其最高血药浓度仅为 TMP 的 1/5，但在肠道内的浓度较高，故仅适用于肠道感染。主要由粪便排出，排泄较 TMP 为慢。

【适应症】常与磺胺药按一定比例配合用于肠道细菌感染。

【药物相互作用】与 SQ 等磺胺类药合用，有增强抗菌效果的作用。

【用法与用量】复方制剂，见磺胺类药物。

二、喹诺酮类药

喹诺酮类是指一类用化学方法人工合成的具有 4－喹诺酮环结构的杀菌性抗菌药物。目前应用于兽医和宠物临床的是其第三代产品——氟喹诺酮类（其化学结构中含有氟原子），广泛地用于动物的细菌、支原体病防治，已投入使用兽医领域的药物有 10 多种。

【分类】本类药物按问世先后及抗菌性能分为三代。

第一代喹诺酮类药（1962～1969 年），主要为萘啶酸。抗菌谱窄，仅对部分革兰氏阴性杆菌如大肠杆菌、沙门氏菌属、志贺氏菌属、克雷伯氏菌属、变形杆菌属有弱抗菌作用，而对绿脓杆菌、葡萄球菌属均无效。内服吸收差，不良反应多，目前已趋淘汰。

第二代喹诺酮类药（1970～1977 年），主要有吡哌酸和氟甲喹等。抗菌谱扩大，对大部分革兰氏阴性菌包括绿脓杆菌和部分革兰氏阳性菌具有较强的抗菌活性，对支原体也有一定作用。内服后可少量吸收，不良反应明显减少，多用于泌尿道和肠道感染。

第三代喹诺酮类药（1978～2008 年），又名氟喹诺酮类药。一部分是从人医用移植转化而来，如诺氟沙星、环丙沙星、氧氟沙星、培氟沙星、洛美沙星等。另一部分是动物专用品种，如恩诺沙星、奥比沙星、达诺沙星、马波沙星等。抗菌谱进一步扩大，抗菌活性也进一步提高。对革兰氏阴性菌包括绿脓杆菌，革兰氏阳性菌包括葡萄球菌、链球菌等均具有较强的抗菌活性，对支原体、胸膜肺炎放线杆菌也有明显作用。吸收程度明显改善，提高了全身抗菌效果。

【共同特点】①抗菌谱广、杀菌力强。本类药物对革兰氏阳性菌、革兰氏阴性菌、衣原体、支原体等均有效。如革兰氏阴性菌中的大肠杆菌、沙门氏菌、嗜血杆菌、巴氏杆菌、绿脓杆菌及革兰氏阳性菌中的金黄色葡萄球菌、链球菌均有强大的杀灭作用。理想的杀菌浓度为 0.1～10μg/ml。②动力学性质优良。大多数内服、注射均易吸收，体内分布广泛。给药后除中枢神经系统外，大多数组织中的药物浓度高于血清药物浓度，也能渗入脑和乳汁中，对全身感染和深部感染均有治疗作用。③作用机制独特。与其他药物不同，抑制细菌的 DNA 合成酶之一的回旋酶，造成细菌染色体的不可逆损害而呈现选择性杀菌作用。与其他抗菌药物无交叉耐药性，如对磺胺与三甲氧苄氨嘧啶复方制剂耐药的细菌、对庆大霉素耐药的绿脓杆菌、对泰妙灵或泰乐菌素耐药的支原体仍有效。但应注意本类药物之间存在交叉耐药性。④使用方便。供临床应用的有散剂、口服液、可溶性粉、片剂、胶囊、注射剂等多种剂型。⑤毒性较小。治疗剂量无致畸或致突变作用，临床使用安全。

【药物相互作用】①本类药物与含阳离子（Al^{3+}、Mg^{2+}、Ca^{2+}、Fe^{2+}、Zn^{2+}）的药物同时内服时，可发生螯合作用而减少吸收，使血药浓度下降，从而减弱或失去抗菌活性。②利福平（RNA 合成抑制药）和甲砜霉素、氟苯尼考（蛋白质合成抑制剂）均可使本类药物的抗菌作用降低，有的甚至完全消失（如萘啶酸、诺氟沙星）。③本类药物能抑制茶碱和咖啡因的代谢，与它们联合应用时可使茶碱和咖啡因的血药浓度升高。④丙磺舒能通过阻断肾小管分泌而与某些喹诺酮类药物发生相互作用，延迟后者的消除。⑤本类药物与杀菌性抗菌药及TMP在治疗特定细菌感染方面有协同作用，如环丙沙星与青霉素合用对金黄色葡萄球菌表现为协同作用；与氨基糖苷类合用对大肠杆菌有协同作用；与丁胺卡那霉素联用，对绿脓杆菌的作用增强，但应注意肾毒性。⑥可与磺胺类药联合应用，如环丙沙星与磺胺二甲嘧啶合用对大肠杆菌和金黄色葡萄球菌的杀灭有相加作用。但注意毒性作用也可增加。⑦可与四环素类药物配伍使用，如氟哌酸与强力霉素的复方制剂可有效防止包括呼吸道在内的混合感染。

【不良反应】①骨骼损害。对负重关节的软骨组织生长有不良影响，导致疼痛和跛行，禁用于幼龄和妊娠动物（尤其是幼犬）。②泌尿道反应。在尿中可形成结晶，损伤尿道，尤其是剂量过大或饮水不足时更易发生。③胃肠道反应。剂量过大，导致动物食欲下降或废绝、饮欲增加、腹泻等。④中枢神经系统反应。犬、猫出现兴奋不安。⑤肝细胞损害。环丙沙星尤为明显。⑥皮肤反应。出现红斑、瘙痒、荨麻疹及光敏反应等。

【应用注意】①本类药物的抗菌谱广，主要用于支原体病及敏感菌引起的呼吸道、消化道、泌尿生殖道感染及败血症等。尤其适用于细菌与细菌或细菌与支原体混合感染，也可用于控制病毒性疾病的继发细菌感染。除支原体、大肠杆菌引起的感染外，一般不宜作其他单一病原菌感染的首选药物，更不宜视为万能药。②本类药物之间的体外抗菌作用比较，以达诺沙星、环丙沙星、恩诺沙星、马波沙星最强，沙拉沙星次之，氧氟沙星（对某些支原体很强）、洛美沙星、诺氟沙星、培氟沙星稍弱。从动力学性质看，氧氟沙星内服吸收最好。达诺沙星给药后肺部浓度高，适于呼吸道感染。沙拉沙星内服后肠道浓度较高，适于肠道的细菌感染。马波沙星适于皮肤感染及泌尿道感染。③本类为杀菌药物，主要用于治疗。一般不宜作其他细菌性病的预防用药。④本类安全范围广，治疗量的数倍用量一般无明显毒副作用。但近年来本类药的用量有不断加大之趋势。由于杀菌作用与剂量间呈双相变化关系，即在1/4 MIC（最小抑菌浓度）～MBC（最小杀菌浓度）内，抗菌作用随药物浓度增加而迅速加强，以后逐渐趋于稳定值，而大于MBC后杀菌作用逐渐减弱，所以，临床不宜大量使用。⑤细菌对本类药物一般不易发生耐药性，及耐药频率低。但近年已有耐药性报道，且耐药菌株有逐年增加的趋势。故临床应根据药敏试验合理选用，不可滥用。

恩诺沙星（Enrofloxacin）

又名乙基环丙沙星。

【性状】本品为微黄色或淡橙黄色结晶性粉末；无臭，味微苦；遇光色渐变为橙红色。在三氯甲烷中易溶，在二甲基甲酰胺中略溶，在甲醇中微溶，在水中极微溶解，在氢氧化钠试液中易溶。

【药理作用】本品为动物专用的广谱杀菌药，对多种革兰氏阴性杆菌（大肠杆菌、沙门氏菌、耶尔森菌、克雷伯氏菌、肠杆菌、志贺氏菌、沙雷氏菌、变形杆菌等肠杆菌科细菌，嗜血杆菌、巴氏杆菌等巴氏杆菌科细菌，弧菌属、气单胞菌属等弧菌科细菌，布鲁氏菌、绿脓杆菌、弯曲菌等）和葡萄球菌（包括产青霉素酶和甲氧西林耐药菌株）有良好抗菌作用，对支原体有特效，对大多数厌氧菌作用微弱。对静止期和生长期的细菌均有效。其杀菌活性依赖于浓度，敏感菌接触本品后迅速死亡。本品抗菌作用强，对增效磺胺耐药菌、庆大霉素耐药绿脓杆菌、青霉素耐药金黄色葡萄球菌及泰乐菌素或泰妙菌素耐药支原体均有良效。

内服或肌肉注射后吸收迅速，在体内广泛分布，除脑和皮肤外，所有组织的药物浓度均高于血药浓度，以胆汁、肾、肝、肺和生殖系统（包括前列腺）的浓度最高。在骨、关节液、肌肉、房水和胸水中也取得治疗浓度。犬内服后 15min 内取得 50%的峰值血浓度，最快在 1h 内出现血药峰浓度，鸽、犬内服后达峰时间分别为 2.9h 和 2.4h。胃内食物可延缓吸收率，但不影响吸收量。犬内服的生物利用度为 100%，肌肉注射的生物利用度在 85%以上。经肾和非肾途径消除，近 15%～50%以原形通过肾小管分泌和肾小球滤过而排入尿中。犬、鸽的消除半衰期分别为 2.4h 和 2.1h。

【适应症】用于犬、猫的细菌或支原体引起的呼吸、消化、泌尿生殖等系统及皮肤的感染。对外耳炎、子宫蓄脓、脓皮病等配合局部处理也有效。

【药物相互作用】①与氨基糖苷类、第三代头孢菌素类和广谱青霉素配合对某些细菌（特别是绿脓杆菌或肠杆菌科细菌）可呈协同抗菌作用。②体外试验表明，本品与克林霉素合用对厌氧菌（消化链球菌属、乳酸杆菌属和脆弱拟杆菌）有增强抗菌的作用。③呋喃妥因可颉颃氟喹诺酮类的抗菌活性。④其他见喹诺酮类药物。

【不良反应】见喹诺酮类药物。

【应用注意】①禁用于八周龄以下幼犬。②妊娠及授乳动物禁用。③肾功能不全动物慎用。对有严重肾病或肝病的动物需调节用量以免体内药物蓄积。

【用法与用量】恩诺沙星片，内服：一次量，每 1kg 体重，犬、猫 2.5～5mg，一日两次，连用 3～5d。恩诺沙星注射液，肌肉注射：一次量，每 1kg 体重，犬、猫 2.5～5mg，一日 1～2 次，连用 2～3d。

二氟沙星（Difloxacin）

【性状】本品为白色或类白色粉末；无臭，味苦，不溶于水。常用其盐酸盐，能溶于水。

【药理作用】本品为动物专用氟喹诺酮类药，抗菌谱与恩诺沙星相似，抗菌活性略低。对多种革兰氏阴性菌及革兰氏阳性菌、支原体等均有良好抗菌活性，尤其对金黄色葡萄球菌抗菌活性较强。绿脓杆菌和大多数肠球菌对本品耐药，敏感菌对本品可产生耐药性。对大多数厌氧菌作用微弱。

犬内服后吸收较为迅速而完全，约经 3h 达血药峰浓度。经肾排泄，尿中浓度高，半衰期约 9h。

【适应症】用于防治犬的敏感菌感染或多重感染。

【药物相互作用】、【不良反应】、【应用注意】见喹诺酮类药物。犬猫内服本品可出现胃肠反应（拒食、呕吐、腹泻）。

【用法与用量】盐酸二氟沙星片、粉、溶液，内服：一次量，每 1kg 体重，犬 5～10mg，一日 1 次，连用 3～5d。

诺氟沙星（Norfloxacin）

又名氟哌酸。

【性状】本品为类白色或淡黄色的结晶性粉末；无臭，味微苦；在空气中能吸收水分，遇光色渐变深。在水或乙醇中极微溶解，易溶于醋酸、盐酸或氢氧化钠溶液中。

【药理作用】抗菌谱广，抗菌活性强。对革兰氏阴性菌如大肠杆菌、沙门氏菌、肺炎克雷伯氏菌、绿脓杆菌的杀菌作用强于其他类抗革兰氏阴性菌药物。对金黄色葡萄球菌的作用也比庆大霉素强。

本品内服及肌注后吸收迅速而完全，1～2h达血药峰浓度，犬内服生物利用度为35%，达峰时间为1.5h。体内分布广泛，主要通过肾在尿中排泄，消除半衰期较长为6.3h。

【适应症】犬、猫的细菌或支原体引起的呼吸、消化、泌尿生殖等系统及皮肤的感染、眼部敏感菌感染以及脑膜炎等。

【药物相互作用】、【不良反应】、【应用注意】见喹诺酮类药物。

【用法与用量】烟酸诺氟沙星溶液，内服：一次量，每1kg体重，犬、猫5～10mg，一日两次。烟酸诺氟沙星注射液，肌肉注射：一次量，每1kg体重，犬、猫5mg，一日两次。外用：涂敷或滴眼。

环丙沙星（Ciprofloxacin）

【性状】本品为类白色或微黄色结晶性粉末；几乎无臭，味苦；有引湿性。在水中溶解，在乙醇中极微溶解，在氢氧化钠试液中易溶。其盐酸盐、乳酸盐为淡黄色结晶性粉末，易溶于水。

【药理作用】本品抗菌谱广，杀菌力强，作用迅速，与恩诺沙星相似，对革兰氏阴性菌、支原体的活性很高。内服吸收迅速但不完全，生物利用度明显低于恩诺沙星。广泛分布于所有组织和体液中分布，且组织中药物浓度高于血药浓度，有利于治疗体内器官及深部组织感染。主要在肝中代谢，通过尿、粪和胆汁排泄。消除较慢，犬的消除半衰期为4.7h。

【适应症】同恩诺沙星，主要用于犬、猫的细菌或支原体引起的呼吸、消化、泌尿生殖等系统及皮肤的感染。

【药物相互作用】、【不良反应】、【应用注意】见喹诺酮类药物。

【用法与用量】乳酸（或盐酸）环丙沙星可溶性粉，内服：一次量，每1kg体重，犬、猫5～10mg，一日两次。乳酸环丙沙星注射液，静脉、肌肉注射：一次量，每1kg体重，犬、猫5mg，一日两次。

马波沙星（Marboflxacin）

【性状】本品为黄色或淡黄色固体粉末，可溶于水。

【药理作用】抗菌谱广，抗菌活性强。对多数革兰氏阴性菌、阳性菌和支原体有效。对耐红霉素、林可霉素、强力霉素、磺胺药的病原菌仍然有效。

本品内服、注射后均吸收迅速且完全，组织分布广，在肾、肝、肺及皮肤中分布良好，其血浆和组织中浓度高。猫的内服生物利用度约80%。主要经肾脏排泄，犬经尿中排出的原形药占30%～45%。半衰期较长，犬内服和皮下注射可达14h和13h，猫内服达到10h。

【适应症】用于敏感菌所致的犬、猫的呼吸道、消化道、泌尿生殖道及皮肤等感染。

【药物相互作用】、【不良反应】、【应用注意】见喹诺酮类药物。

【用法与用量】马波沙星注射液，内服、静脉注射、肌肉注射：一次量，每 1kg 体重，犬、猫 2mg，一日 1 次。

奥比沙星（Orbifloxacin）

【性状】本品为类白色或微黄色粉末，在水中微溶，在酸性或碱性介质中溶解度增大。

【药理作用】见盐酸二氟沙星。犬、猫内服本品可完全被吸收。体内分布良好，主要从肾脏排泄，近 50%以原形排出。半衰期犬、猫均为约 6h。

【适应症】用于治疗犬、猫的敏感菌感染。

【不良反应】①犬、猫按常量（7.5mg/kg）的 5 倍投服未见明显不良反应，猫内服较高剂量可出现软粪及体重下降等现象。②其他见喹诺酮类药物。

【用法与用量】奥比沙星片，内服：一次量，每 1kg 体重，犬、猫 2.5～7.5mg，一日 1 次。

三、其他化学合成抗菌药

合成抗菌药除了磺胺类、喹诺酮类外，目前宠物应用的品种不多，主要有硝基咪唑类（如甲硝唑、替硝唑、奥硝唑等）。

甲硝唑（Metronidazole）

又名灭滴灵。

【性状】本品为白色或微黄色的结晶或结晶性粉末；有微臭，味苦而略咸。在水中微溶，在乙醇中微溶。

【药理作用】对多数专性厌氧菌如梭状芽孢杆菌属、产气荚膜梭菌、粪链球菌等具有较强的作用。此外，还有抗滴虫和阿米巴原虫的作用。

本品能迅速自胃肠道吸收，并且在组织中很快达到高浓度，保证了组织内、外的抗虫、抗菌活性。易进入中枢神经系统，为治疗厌氧菌性脑膜炎的首选药物。半衰期约为 8h，在肝脏中以氧化和葡萄糖醛酸结合的形式代谢，主要经肾排泄，少量经唾液和乳汁排泄。

【适应症】主要用于术后厌氧菌感染、肠道和全身的厌氧菌感染。如口腔炎、脑膜炎、急性结肠炎、蜂窝织炎以及犬猝死症等。此外用于犬、猫的贾第鞭毛虫病及犬的生殖道毛滴虫病。

【药物相互作用】①本品能增强华法林等抗凝血药的作用。②与土霉素合用，有能干扰本品清除阴道滴虫的作用。

【应用注意】①本品毒性虽较小，其代谢产物常使尿液呈红棕色。如剂量过大则出现舌炎、胃炎、恶心、呕吐、白细胞减少甚至神经症状，但通常均能耐过。②不宜用于妊娠动物。③对某些实验动物有致癌作用。④静脉注射时速度应缓慢。⑤有人建议，用本品治疗前两天，加用青霉素，可提高治疗效果。

【用法与用量】甲硝唑片，内服：一次量，每 1kg 体重，犬 25mg。甲硝唑注射液，静脉注射：一次量，每 1kg 体重，犬 32mg，一日 1 次，连用 3d。5%甲硝唑软膏，外用：涂敷。1%溶液，冲洗。

奥硝唑（Ornidazole）

【药理作用】本品是继甲硝唑、替硝唑之后的第三代硝基咪唑类衍生物，具有良好的抗厌氧菌和抗原生质（如滴虫等）感染作用，疗效优于甲硝唑和替硝唑。其发挥抗病原微生物作用，是通过其分子中硝基在无氧环境中还原成氨基或通过自由基的形成，与细胞成分相互作用，从而导致微生物的死亡。本品耐受性良好，药物总体不良反应发生率明显低于替硝唑和甲硝唑。

本品易经胃肠道吸收，也经由阴道吸收。血浆消除半衰期为14h，与血浆蛋白结合率小于15%。广泛分布于机体组织和体液中，包括脑脊髓液。主要在肝中代谢，在尿中主要以轭合物和代谢物排泄，小量在粪便中排泄。

【适应症】可广泛用于治疗由厌氧菌、阿米巴原虫、贾滴虫、毛滴虫等感染引起的各种疾病。

【不良反应】本品未见致突变和致畸作用，与乙醇无不良相互作用。但硝基咪唑类药物虽为耐受性较好的药物，用药期间也可能出现嗜睡、肌肉乏力、呕吐、腹泻等轻微不良反应。

【药物相互作用】①本品能抑制抗凝药华法林的代谢，使其半衰期延长，增强抗凝药的药效，当与华法林同用时，应注意观察凝血酶原时间并调整给药剂量。②巴比妥类药、雷尼替丁和西咪替丁等药物可使奥硝唑加速消除而降效并可影响凝血，因此，应禁忌合用。

【应用注意】①对硝基咪唑类药物过敏的动物对此药也过敏，禁用于对此药过敏的动物。②不宜用于妊娠及哺乳期动物。

【用法与用量】奥硝唑片，内服：一次量，每1kg体重，犬25mg。奥硝唑注射液，静脉注射：一次量，每1kg体重，犬10～15mg，一日两次，连用3d。

第三节 抗真菌药与抗病毒药

一、抗真菌药

具有抑制或杀灭病原真菌的药物称为抗真菌药。病原性真菌种类较多，按感染机体部位不同可分为体表真菌（或皮肤真菌）感染和深部真菌感染两大类。

体表真菌感染是由其中的毛癣菌、表皮癣菌、小孢子菌引起的，主要在表皮角化层、毛囊、毛根鞘及细胞内繁殖，有的穿入毛根内使皮肤产生丘疹、水泡和皮屑，有的毛发区发生脱毛、毛囊炎或有黏性分泌物或上皮细胞形成痂壳。侵害皮肤、被毛、爪趾等处引起各种癣病，如头癣、体癣、股癣、被毛癣、爪趾癣等，有的为人畜共患。

深部真菌感染主要侵害深部组织和内脏器官，包括白色念珠菌、新隐球菌、假皮疽组织胞浆菌、球孢子菌、皮炎牙生菌、曲霉菌等。本类菌中有的是感染菌，如假皮疽组织胞浆菌；有的是条件性致病菌，如白色念珠菌属动物消化道、呼吸道及泌尿生殖道黏膜的常在菌，一般对正常动物不致病，只有当饲养管理不良、维生素缺乏、大剂量长期使用广谱抗生素或免疫抑制剂，使机体抵抗力下降时，才引起内源性感染。患念珠菌病的动物多在消化道黏膜形成乳白色伪膜斑坏死物。

（一）全身性抗真菌药

两性霉素 B（Amphotericin B）

【来源与性状】两性霉素由链霉菌培养液中提取的多烯类抗生素，含 A、B 两种成分，B 作用较强而应用于临床，故称为两性霉素 B。国产庐山霉素与国外产品两性霉素为同一物质，低温时稳定，大于 37℃则不稳定，pH 值 6.0～7.5 时抗真菌作用最强。

【药理作用】本品为广谱抗真菌药，对荚膜组织胞浆菌、新隐球酵母菌、球孢菌、白色念珠菌、黑曲霉菌等均有较强的抑菌作用，是治疗深部真菌感染的首选药。

本品内服、肌注均不易吸收。内服时胃肠保持高浓度，是胃肠道真菌感染的有效药物。肌注刺激性大，一般以缓慢静注，有效浓度维持 24h 以上。体内分布广泛，但不易进入脑脊液，大部分经肾缓慢排泄。

【适应症】本品是全身性深部真菌感染的首选药，主要应用于敏感菌感染，如犬组织胞浆菌病、芽生菌病、球孢子菌病等，也可预防白色念珠菌感染及各种真菌引起的局部炎症，如爪的真菌感染等。

【不良反应与注意】①本品毒性较大，不良反应较多。因静注毒性较强，所以剂量不宜过大，浓度不宜过高，注射速度不宜过快，以免引起寒颤、高热和呕吐等。②治疗过程中可引起肝肾损害、贫血、白细胞减少等，故注意观察，定期检测肾功能及血象等变化，发现异常及时停药。③静注前应用抗组胺药或将其与氟美松合用，可减轻不良反应。④用药期间避免使用氨基糖苷类（肾毒性）、洋地黄类（心脏毒性）、箭毒（神经肌肉阻断）、噻嗪类利尿药（低血钾、低钠症）等。

【用法与用量】注射用两性霉素 B，静脉注射：一次量，每 1kg 体重，犬 0.25～0.5mg，猫 0.25mg，一日 1 次。0.5%两性霉素 B 溶液、3%软膏，外用：涂敷或注入局部皮下。

酮康唑（Ketoconazole）

【来源与性状】本品为人工合成的咪唑类广谱抗真菌药，白色结晶性粉末；无臭，无味。在三氯甲烷中易溶，在甲醇中溶解，在乙醇中微溶，在水中几乎不溶。

【药理作用】对皮肤真菌、酵母菌和一些深部真菌有效；还有抑制孢子转变为菌丝体作用，可防止进一步感染。

内服吸收良好，吸收后可分布到胆管、唾液、尿液和脑脊液，但脑脊液中浓度不到血药浓度的 10%，患脑膜炎时，脑中浓度升高。肝、肾上腺、脑垂体中浓度最高，其次为肾、肺、膀胱、骨髓和心肌。主要经胆管由粪便排出，部分经肾由尿排出。犬的半衰期为 1～6h。

【适应症】主要用于治疗犬、猫表皮和深部真菌病，包括皮肤和指甲癣（局部治疗无效者）、胃肠道酵母菌感染、局部用药无效的阴道白色念珠菌病，以及白色念珠菌、类球孢子菌、组织胞浆菌等引起的全身感染。还可用于预防白色念珠菌病的再发，以及因免疫功能低下而引起的真菌感染。

【药物相互作用】①本品可降低泼尼松龙和甲泼尼松龙的体内消除和代谢，联用时应减少皮质激素的用量。②酸性条件下可促进本品的吸收。③苯妥英钠、苯巴比妥可使本品血药浓度降低，必要时增加用量。④利福平、异烟肼与本品联用可降低各自的血药浓度，需间隔 12h 服用。⑤抗胆碱药可抑制胃酸分泌，减少本品吸收。

【应用注意】①吸收和胃液的分泌密切相关，因此不宜与抗酸药、抗胆碱药合用。②患肝病的犬禁用。③妊娠犬禁用。

【用法与用量】酮康唑片，内服：一次量，每 1kg 体重，犬、猫 5～10mg，一日两次。

伊曲康唑（Itraconazole）

【来源】人工合成的三唑类广谱抗真菌药。

【药理作用】抗真菌谱与酮康唑相似，对深部真菌与浅表真菌都有抗菌作用。本品内服吸收良好，食后服用吸收较好。因其脂溶性好，在体内某些脏器，如肺、肾及上皮组织中浓度较高。

【适应症】主要用于深部真菌所引起的系统感染，如芽生菌病、组织胞浆菌病、类球孢子菌病、着色真菌病、孢子丝菌病、球孢子菌病等；也可用于念珠菌病和曲菌病。

【应用注意】见酮康唑。

【用法与用量】伊曲康唑片，内服：每 1kg 体重，犬 5mg，猫 5～10mg，一日 1～两次。

（二）浅表应用的抗真菌药

制霉菌素（Nystatin）

【来源与性状】本品是由链霉菌或放线菌的培养液中提取而得，为淡黄色粉末；有吸湿性；不溶于水，性质不稳定，光、热、氧、酸、碱等可破坏之，其晶体冷冻干燥品可保持药效数年，多聚醛制霉菌素钠是我国独创水溶性较好的制剂。

【药理作用】抗真菌作用与两性霉素 B 基本相同，但其毒性更大，不宜用于全身感染。内服不易吸收，在肠道内不被破坏，几乎全部由粪便排出；局部用药也不易被皮肤和黏膜吸收；静注、肌注毒性较强，不宜注射给药。

【适应症】用于犬、猫的鹅口疮、曲霉菌病、念珠菌病、真菌性皮炎，气雾吸入对肺部感染效果较好。

【应用注意】阴道和体表感染时外用方有效。

【用法与用量】制霉菌素片，内服：一次量，每 1kg 体重，犬 5 万 IU，一日 3 次。

灰黄霉素（Griseofulvin）

【性状】本品为白色或类白色粉末；无臭，味微苦。在二甲基甲酰胺中易溶，在水中极微溶解，在无水乙醇中微溶，对热稳定。

【药理作用】本品为内服的抑制真菌药，对各种皮肤真菌（如小孢子菌、表皮癣菌、毛癣菌属）具有强大的抑菌作用，对白色念珠菌、放线菌属、深部真菌及细菌无效，对曲霉菌属作用很小。

本品内服后主要在小肠前段吸收，吸收后分布于全身组织，以皮肤、毛发、爪、甲、肝脏、肌肉和脂肪中含量较高，部分沉积于皮肤角质层，与皮肤被毛囊、爪、趾角蛋白结合，抑制真菌活性，使皮癣菌不能继续侵入组织深部，然后病体随被毛和皮屑脱落而离开机体。药物经肝脏代谢后，经肾排出，少数原形药物直接经尿和乳汁排出，未被吸收的则随粪便排出。

【适应症】主要用于治疗浅部真菌感染，对犬、猫毛发、趾甲、爪等皮肤真菌病如毛癣（金钱癣）有较好疗效。

【药物相互作用】①维生素 B_6 可使其代谢失活。②维生素 E 可促进本品吸收，使疗效增强 2 倍。③苯巴比妥类可降低或完全抑制其抗菌作用。④本品可加快异烟肼毒性代谢物的形成而增加其肝毒性作用。

【应用注意】①此药能抑制敏感菌菌丝的生长，不能杀死病原性真菌，故须持续用药，至受感染的角质层完全被健康组织替代为止。②内服毒性较小，但发现有致癌和致畸作用，禁用于妊娠动物，尤其是母猫。有些国家已将其淘汰。③在 15～30℃密闭避光处保存。

【用法与用量】灰黄霉素片，内服：一次量，每 1kg 体重，犬 5～10mg，一日两次。

克霉唑（Clotrimazole）

又名抗真菌 1 号、三苯甲咪唑。

【来源与性状】本品为人工合成的咪唑类广谱抗真菌药，为白色结晶性粉末；无臭，无味。在甲醇或三氯甲烷中易溶，在乙醇或丙酮中溶解，在水中几乎不溶。

【药理作用】本品具广谱抗真菌活性，对表皮癣菌、毛发癣菌、小孢子菌、着色真菌、隐球菌属和念珠菌属均有较好抗菌作用，对皮炎芽生菌、粗球孢子菌属、组织浆胞菌属等也有一定抗菌活性。对浅表真菌的作用与灰黄霉素相似，对深部真菌的作用较两性霉素 B 差。

本品内服可吸收，约 4h 达到血药峰浓度，主要在肝脏代谢，大部分由胆汁排出。

【适应症】常用于皮肤真菌感染及消化道、呼吸道、尿路的真菌感染。

【应用注意】①长期服用可出现肝功能不良反应，但停药后可恢复。②可配合两性霉素 B 局部外用增进疗效。③内服对胃肠道有刺激性。

【用法与用量】克霉唑片，内服：一次量，犬 15～25mg，一日两次。

水杨酸（Salicylic Acid）

【性状】本品为白色细微的针状结晶或白色结晶性粉末；无臭或几乎无臭，味微甜，后转不适；水溶液显酸性反应。在乙醇或乙醚中易溶，在沸水中溶解，在三氯甲烷中略溶，在水中微溶。

【药理作用】具有中等程度的抗真菌作用。低浓度（1%～2%）时有角质增生作用，促进表皮的生长；高浓度（10%～20%）时可溶解角质，对局部有刺激性。在体表真菌感染时可软化皮肤角质层，菌丝随同角质层脱落而脱出，而起一定的治疗作用。

【适应症】用于皮肤真菌感染。

【应用注意】①重复涂敷可引起刺激，不可大面积涂敷，以免吸收中毒。②皮肤破损处禁用。

【用法与用量】1%醇溶液或 10%水杨酸软膏，外用。

二、抗病毒药

病毒是结构简单、仅含一种核酸 DNA 或 RNA 的非细胞型微生物。病毒不能独立代谢，只能寄生在活的宿主细胞内，并在细胞内复制增殖，从而造成细胞病变甚至整个机体的严重危害。目前全球范围内发病率高、危害最严重的传染病正是不同种类的病毒性传染病。宠物的传染病也是如此，如犬瘟热、犬细小病毒感染、狂犬病等，对宠物健康构成严重威胁。病毒在宿主细胞内的增殖过程很复杂，其增殖期大致可分吸附、穿入、脱壳并释放出核酸，核酸复制、病毒蛋白合成及病毒粒子装配和释放等阶段。虽然不少药物能分别作用于病毒增殖的各阶段，但由于药物在抑制病毒繁殖的同时对宿主细胞也有不同程度的毒性，故临床应用较少，主要靠疫苗预防。

自 20 世纪 60 年代以来，以病毒特异性酶作靶点，一直在进行抗病毒药物的研制。1977 年，阿昔洛韦（ACV，无环鸟苷）问世后，抗病毒药物才真正起步。它是 1981 年世界上首次上市的第一个特异性抗疱疹类病毒的开环核苷类药物，该药在病毒感染的细胞中能选择性地阻断疱疹病毒复制，且毒性较小。尽管如此，目前仍然没有一种理想的抗病毒药物。对宠物的临床治疗中主要采用抗病毒血清的特异中和作用、免疫增强剂的非特异性增强机体免疫力的作用，某些中草药制剂及少数化学制剂有一定抗病毒作用。

（一）免疫血清类

精制犬五联血清

【来源与性状】本品系用犬瘟热、犬副流感、传染性肝炎、细小病毒与冠状病毒 5 种病毒抗原经强化免疫健康犬提取血清精制而成。本品溶解后为红黄色透明液体，对上述 5 种病毒的中和效价均在 1∶256 以上。

【药理作用】本品对犬瘟热病毒、犬副流感病毒、犬传染性肝炎病毒、犬细小病毒、犬冠状病毒具有特异性的中和作用。

【适应症】用于犬瘟热病毒、犬副流感病毒、犬传染性肝炎病毒、犬细小病毒、犬冠状病毒性传染病的治疗，也可以用于上述传染病发生时对犬进行紧急预防注射。

【应用注意】①作紧急预防时，须尽早使用，并结合其他隔离、消毒等防疫措施。②用于治疗时，也须尽早使用，并配合其他药物对症治疗，可收到较好的治疗效果。③用于运输途中，预防上述疾病时，应于起运前注射，并注意配合应用其他抗应激药和抗晕动症药。④贮存须在 0℃以下冷冻保存，并应避免日光照射及与其他有害物品接触。⑤注射部位和器具均应消毒。本品如发生污染变质或其他异常，则不可再用。

【用法与用量】皮下或肌肉注射：预防量 0.5～1ml/kg 体重，间隔 1～2 周，连续注射 2～3 次；治疗量 1～2ml/kg，一日 1 次，连用 3～5d。

犬用六联免疫球蛋白（IgG）

【来源与性状】本品是用特异犬免疫血清经饱和硫酸盐沉淀后，用阴离子交换柱纯化提取的免疫球蛋白生物制品。呈微带乳光的清亮液体。在冷暗处长久保存后，瓶底可能有微量灰白色沉淀。

【药理作用】本品对犬瘟热病毒、犬副流感病毒、犬传染性肝炎病毒、犬细小病毒、犬冠状病毒和幼犬心肌炎病毒具有特异性的中和作用。

【适应症】用于宠物上述传染病的治疗，也可以用于上述传染病发生时对犬进行紧急预防注射。

【应用注意】①本品长久保存后，瓶底可能有微量灰白色沉淀，一经振摇即可自溶，不影响药效。②本品无论用于治疗或紧急预防均须及早使用才能收到显著效果。③注意避光冷藏。

【用法与用量】皮下、肌肉注射：预防量 0.2ml/kg 体重，治疗量 0.5ml/kg 体重，一日 1～2 次，连用 3～5d。如病情严重，可适当增加用量至 1～2 倍。

犬瘟热病毒单克隆抗体（CDV McAb）

【来源】本品为通过单克隆抗体技术制备的高纯度、能特异杀伤犬瘟热病毒颗粒的抗体。

【药理作用】能特异性杀伤犬瘟热病毒，通过淋巴和血液循环系统快速到达病毒侵染的组织和细胞，抑制病毒对宿主细胞的侵染及病毒的复制，杀灭犬体内病毒。并参与机体的免疫调理。由于犬瘟热病毒单克隆抗体分子小，特异性极强，可以部分通过血脑屏障，进入神经细胞，因而对出现神经症状的病犬也有一定的治疗作用。

【适应症】主要用于治疗或预防犬瘟热。

【应用注意】使用本类制品要注意选择具有资质的科研单位或厂家的产品。

【用法与用量】皮下、肌肉注射：预防量 0.4～0.6ml/kg 体重，治疗量 0.5～1ml/kg 体重，一日 1 次，连用 3d。严重者可加倍。

（二）免疫增强剂类

犬白细胞干扰素

【来源】本品为纯天然的犬白细胞干扰素制品。

【药理作用】具有广谱抗病毒、抗肿瘤和调节机体免疫功能的作用。

【适应症】配合犬高免血清用于治疗或预防犬瘟热、犬副流感、犬疱疹病毒感染、犬腺病毒病、犬细小病毒性肠炎等传染病，并有抑制癌细胞生长和提高机体免疫力的作用。

【应用注意】个别犬用药后有过敏反应，可用地塞米松解救。

【用法与用量】皮下注射：一次量，犬（10kg 以下）5 万 IU；犬（10kg 以上）10 万 IU。一日 1 次，连用 3～5d。可用原液直接滴鼻、点眼，每次 1～2 滴，每日用药 5～6 次。也可以用吸雾的方法给药。

猫白细胞干扰素

【来源】本品为纯天然的猫白细胞干扰素制品。

【适应症】配合猫高免血清用于治疗或预防猫瘟、猫杯状病毒感染、猫病毒性鼻气管炎及各种病毒性疾病。

【用法与用量】皮下注射：一次量，猫 5 万～10 万 IU，一日 1 次，连用 3～5d。

转移因子（Transfer Factor）

【来源】本品是从免疫犬脾脏、淋巴细胞中提取的天然免疫活性物质。

【药理作用】具有转移免疫功能的作用，提高机体免疫功能。

【适应症】配合血清或单独使用治疗和预防犬瘟热、犬细小病毒病、犬副流感、犬传染性肝炎、犬冠状病毒感染等。

【用法与用量】肌肉注射：一次量，2～10mg，两日1次，连用5次。

（三）中草药制剂类

黄芪多糖（Astragalan）

【来源与性状】本品是从多年生草本豆科植物膜荚黄芪或蒙古黄芪的干燥根中提取的多糖物质，为黄褐色的粉末。

【药理作用】本品为纯天然中药制成的广谱抗菌抗病毒药物，无毒副作用，调节机体免疫能力，具有极强的增加免疫力作用，诱导机体产生干扰素，促进抗体的形成。

【适应症】用于抗病毒和调节并增强机体免疫力。

【用法与用量】黄芪多糖注射液，皮下、肌肉注射：一次量，犬、猫2～10ml，一日1～2次，连用2～3d。

（四）化学制剂类

阿昔洛韦（Aciclovirin）

又名无环鸟苷。

【来源与性状】本品为第一个特异性抗疱疹类病毒的开环核苷类药物，白色结晶性粉末，在水中极微溶解，其钠盐易溶于水，5%水溶液的pH值为11.0。

【药理作用】在病毒感染的细胞中能选择性地阻断疱疹病毒复制，且毒性较小。

【适应症】抗猫的疱疹类病毒感染。二代产品更昔洛韦抗猫爱滋病、病毒性视网膜炎等。

【药物相互作用】①同干扰素、免疫增强剂、糖皮质激素、酮康唑等配伍使用可产生协同作用，但应注意毒性反应。②与氨基糖苷类、两性霉素B及其他肾毒性药物合用，发生肾功能损害的危险性加大。③丙磺舒可使其血药浓度增加。

【应用注意】①本品溶于浓度超过10%的葡萄糖溶液中，溶液会变成蓝色，但不影响药物活性。②静脉滴注时应充分水化，给药时间不少于1h，快速滴入易发生肾小管内药物结晶沉积。③严重肝、肾功能不全者，使用本品应减量。

【用法与用量】阿昔洛韦注射液，静脉注射：一次量，每1kg体重，猫5～10mg，一日1次。更昔洛韦注射液，静脉注射：一次量，每1kg体重，猫5～7mg，一日1次，连用5d。

第四节　抗病原微生物药的合理使用

抗病原微生物药，特别是抗生素，是临床上使用最广泛和最重要的一类药物，同时滥用现象也很严重。虽然它们在防治细菌传染性疾病中发挥了巨大的作用，但任何一种抗菌药物不仅仅作用于病原菌，而且也对机体和正常菌群有不同程度的影响。随着抗菌药物的广泛应用，也带来许多新的问题，如对药物产生毒性反应、二重感染、过敏反应及耐药性的形成等。因此，既要看到抗菌药物对致病微生物引起的感染有治疗作用的有利方面，又不可忽视产生不良反应的可能性。因此，在使用抗菌药物时，必须防止滥用药物，大力提倡合理用药。

抗菌药物的选择应用要全面考虑，选药的基本原则如下。

1. 严格按照适应症和抗菌谱选用药物

在病原菌确定的情况下，尽量选用窄谱抗生素或抗菌药物，如革兰氏阳性菌感染可选用青霉素类、大环内酯类或第一代头孢菌素类；革兰氏阴性菌感染则应选用氨基糖苷类、氟喹诺酮类。如果病因不明、混合或并发感染，则可选用广谱抗菌药物或联合使用抗菌药物；如果支原体和大肠杆菌合并感染，则可选择四环素类、氟喹诺酮类或联合使用林可霉素等。为了正确选药，应在用药前做药敏试验。

2. 根据药动学特性选用药物

不同的抗菌药物的体内过程差异很大，药物在不同组织中浓度的高低也是决定抗菌药物疗效的重要因素之一。防治消化道感染时，为使药物在消化道有较高浓度，应选用不吸收或难吸收的抗菌药，如氨基糖苷类、氨苄西林、磺胺脒等；在泌尿道感染时，应选择主要以原形从尿液排出的抗菌药，如青霉素类、链霉素、土霉素和氟苯尼考等；在呼吸道感染时，宜选择容易吸收或在肺组织有选择性分布的抗菌药，如达氟沙星、阿莫西林、氟苯尼考、替米考星等。脑膜炎、脑脓肿等中枢神经系统的葡萄球菌感染时，常选用青霉素、磺胺嘧啶，因它们在脑脊液中浓度相对高于其他抗生素，易发挥疗效。

3. 应考虑患病动物的全身情况

肝、肾功能状态对药物的转化和排泄影响很大。肝脏功能减退时使用一般剂量的青霉素、氨基糖苷类、头孢菌素类及多黏菌素 B、多黏菌素 E 时，因其对肝脏毒性较小，故不必减量和延长给药间隔时间。红霉素、新生霉素、利福平等主要经肝脏代谢或排泄，当肝功能减退时易引起体内蓄积，产生不良反应，应用时应特别慎重。四环素较大剂量内服或静注时，可引起郁积性黄疸和肝细胞坏死。在肾功能轻度减退时，使用四环素、土霉素、氨基糖苷类、多黏菌素类 B、多黏菌素类 E、万古霉素等，都须延长给药间隔时间；中度减退时，最好不用磺胺类药；严重减退时，青霉素类给药间隔时间也应延长。

4. 防止滥用以免产生耐药性

细菌对多种药物能产生耐药性，其中特别容易产生耐药性的有金黄色葡球菌、痢疾杆菌、绿脓杆菌、大肠杆菌及结核杆菌。某一细菌对某一抗生素所获得的耐药性具有特异性，且常可遗传给下一代。随着抗生素的广泛应用，细菌对抗生素的耐药性逐年增加，以致某些抗生素的疗效降低，给治疗带来很多困难。

为防止耐药菌株的产生，首先要合理使用抗菌药物，严格掌握用药指征，用量要足，疗程要适当。抗菌药物的剂量要根据病原体对选用药物的敏感程度、病情的缓急、轻重、患病动物的体质强弱而定。抗菌药物尤其是抑菌药如磺胺类，首次量宜加倍，给病原体以决定性打击，并根据血中有效浓度的维持时间，安排用药次数、维持剂量及适宜的疗程。一般连续用药 3~ 5d 为一个疗程，而在症状消失后再用药 1~ 2d，以求彻底治疗。停药过早，容易招致复发及产生耐药性。对某些慢性传染病如结核等应根据需要适当延长用药疗程。另外，给药途径应根据药物的剂型和病情的需要而定。针剂常用于急性、严重病例或内服吸收缓慢的药物；内服剂型常用于慢性疾病，特别是消化道感染或驱虫；局部给药用软膏剂、滴剂，多见于子宫、乳腺内注入或眼、耳内滴入。

5. 正确联合使用抗菌药物

联合应用的目的在于提高疗效、减少用量、降低或避免毒性反应、防止或延缓耐药菌株的产生等。

联合用药的指征：①病因不明的严重感染，用单一抗菌药物难以控制病情者，如败血症、亚急性细菌性心内膜炎等。②用一种抗菌药物不能控制的混合感染，如慢性尿路感染、腹膜炎、严重创伤感染等。③较长期使用一种药物易使细菌产生耐药性，为了减少或延缓耐药性的产生，应联合用药，如结核病。④某种抗菌药物作用较弱，联合应用能增加其抗菌作用。如肺炎、心内膜炎，青霉素和链霉素联合应用则疗效显著提高。

为了获得联合应用抗菌药物的协同作用，必须根据抗菌药的作用特性和机理进行选择和组合。目前，一般按抗菌药的作用特性将其分为四类：①繁殖期杀菌剂，如青霉素类、头孢菌素类；②静止期杀菌剂，如氨基糖苷类、多黏菌素类等；③速效抑菌剂，如四环素类、大环内酯类；④慢效抑菌剂，如磺胺类等。①与②合用可产生协同作用，如青霉素和链霉素合用，青霉素使细菌细胞壁的完整性破坏，使链霉素更易进入菌体内发挥作用。①与③合用则可出现颉颃作用，如青霉素和四环素合用，由于后者使细菌蛋白质合成迅速受抑制，细菌进入静止状态，青霉素不能发挥抑制细胞壁合成的作用。④对①可能无明显影响。②与③合用常表现为相加作用或协同作用。在联合用药时，也可能出现毒性的协同作用或相加作用，在临床上应认真考虑联合用药的利弊，不要盲目组合，得不偿失。另外，为避免药物间产生配伍禁忌，尽量分开使用。

复习思考题

1. 如何理解抗菌谱和抗菌活性，在临床用药上有何指导意义。
2. 什么是耐药性，在临床上如何避免耐药性的产生。
3. 写出治疗宠物犬下列疾病的首选药物：结核病、布鲁氏菌病、沙门氏菌病、钩端螺旋体病、新生仔犬链球菌感染、大肠肝菌病、菌痢、皮肤霉菌病、乳腺炎、化脓创、烧伤感染等。
4. 如何理解不同器官感染要选择不同的首选药物。
5. 氨基糖苷类药物有哪些共同特点和不良反应。
6. 磺胺药与抗菌增效剂合用可增效几十倍的原因是什么。
7. 应用喹诺酮类药物时应注意哪些问题?
8. 试述抗菌药物合理应用的原则是什么?

（关中辉）

第三章　消毒防腐药

第一节　概述

消毒防腐药是杀灭病原微生物或抑制其生长繁殖的一类药物。消毒药是指能杀灭病原微生物的药物，通常对动物组织有一定的损害作用，主要用于环境、排泄物、用具和器械等非生物表面的消毒。防腐药是指能抑制病原微生物生长繁殖的药物，对微生物的作用比较缓和，但对动物组织损伤比较小，主要用于抑制局部皮肤、黏膜和创伤等生物体表面的微生物感染。但两者并无绝对的界限，其抗菌作用主要取决于浓度、温度和时间。消毒药在低浓度时只能抑菌，而防腐药在高浓度时也有杀菌的作用。因此，通常把这两类药物合称为消毒防腐药。

本类药物与抗生素及合成抗菌药不同，对各种病原微生物无特殊的抗菌谱，对病原微生物和动物机体组织无明显的选择性，既对病原微生物有杀灭作用，又对机体有损害作用，甚至产生严重的毒性反应。因此，一般不作全身用药，但在防治宠物疾病传播和控制感染方面具有重要的作用。

【理想消毒防腐药的条件】理想的消毒防腐药应具备以下条件：①杀菌谱广、活性强，且在有体液、脓液、坏死组织和其他有机物质存在时仍能保持抗菌活性，能与去污剂配伍使用。②作用产生迅速，性质稳定，可溶于水，不易受有机物、酸、碱及其他物理、化学因素的影响，对金属、橡胶、塑料、衣物等物品无腐蚀性。③具有较高的脂溶性和分布均匀的特点。④药物本身应无色、无味、无臭，消毒后易除去残留药物。⑤对人和动物安全，防腐药不应对组织有毒，也不应妨碍伤口愈合。⑥不易燃、不易爆。⑦价格低廉。⑧便于运输，可大量供应。

【作用机理】消毒防腐药的作用机理各不相同，可归纳为：①使病原体蛋白变性、沉淀。故称为“一般原浆毒”，适合于环境消毒，如酚类、醛类、醇类、酸类等。②改变病原体细胞膜的通透性。阳离子表面活性剂、乙醇等通过降低病原体的表面张力，增加其细胞膜的通透性，使病原体内的酶类、辅酶、代谢产物及各种营养物质溢出，水则向病原体体内渗入，使其溶解或破裂而死亡。③干扰或损害病原体生命所必需的酶系统。消毒防腐药与病原体体内的酶化学结合，通过氧化还原反应损害酶蛋白的活性基团，从而抑制酶的活性；或者因消毒防腐药的化学结构与病原体的代谢物相似，竞争或非竞争地同酶结合而抑制酶的活性，引起病原微生物的死亡，如卤素类、过氧化物类。④其他。如某些染料，能吸附于病原体表面，其阳离子或阴离子能与病原微生物蛋白质的羧基或氨基结合，从而影响其代谢，呈现抑制或杀灭病原微生物的作用，如龙胆紫、雷夫奴尔等。

【影响消毒防腐药作用的因素】影响消毒防腐药作用的因素包括：①病原微生物的类型和数量：不同类型和处于不同生长状态的微生物对消毒药的敏感性不同。病原微生物的数量越多，消毒越困难。②浓度和作用时间：在其他条件一致时，消毒防腐药的抗菌效力随其浓度和作用时间的增加而增强。③温度：消毒药的抗菌效果随环境温度升高而增强。④pH值：环境或组织pH值的变化可影响消毒药的杀菌作用，如酚类、次氯酸、乙酸，当环境pH值升高时杀菌效力随之减弱或消失。季铵盐类、氯己定、染料等在碱性pH值时作用强。⑤有机物的存在：消毒环境中粪、尿、脓血、泥土和体液等有机物的存在会影响消毒效果。⑥水质：硬水中的Ca^{2+}和Mg^{2+}能与季铵盐类和氯己定或碘附等结合形成不溶性盐类，降低其抗菌效力。⑦配伍禁忌：如阴离子清洁剂（肥皂）与阳离子表面活性剂（新洁尔灭）合用时，可发生置换反应使消毒效果减弱或消失。高锰酸钾、过氧乙酸等氧化剂与碘酊等还原剂之间发生氧化还原反应，不但使消毒效果降低，还会加重对皮肤的刺激性和毒性。⑧其他：如消毒剂的种类、配方、剂量和穿透能力，消毒物表面的形状、结构和化学活性都会影响消毒效果。

【分类】本类药物按其化学结构可分为酚类、挥发性烷化剂类、碱类、酸类、卤素类、过氧化物类、醇类、表面活性剂、染料类等。根据临床应用主要分为环境消毒药和皮肤、黏膜消毒防腐药。

第二节 环境消毒药

一、酚类

酚类一般为原浆毒，能杀灭不产生芽孢的繁殖型细菌，但对病毒、结核杆菌和芽孢作用不强。酚类有较强的穿透力，抗菌活性不受环境中有机物和细菌数目的影响，可用于器械、排泄物的消毒。但由于对动物体有强烈的毒性，使用范围日益减少，尤其猫对酚类较敏感，所以，酚类消毒剂不宜用于猫舍的消毒。

苯酚（Phenol）

又名石炭酸。

【性状】本品为无色或淡红色针状、块状或三棱形结晶；有特臭和引湿性；遇光在空气中颜色变深。在水中溶解，水溶液呈弱酸性，在乙醇、乙醚、甘油中易溶。性质稳定，可长期保存。

【药理作用】酚类为原浆毒，0.1%～1%溶液有抑菌作用；1%～2%溶液有杀灭细菌和真菌作用；5%溶液可在48h内杀死炭疽芽孢。碱性环境、脂类、皂类等能减弱其杀菌作用。

【用途】一般配制成2%～5%溶液，用于用具、器械和环境等消毒。

【应用注意】①苯酚毒性大，皮肤消毒浓度不宜超过2%，不宜用于黏膜消毒，高浓度对组织有强烈的刺激性和腐蚀性，可用乙醇擦拭去除。②禁用于食物或食具的消毒。③苯酚被认为是一种致癌物。④忌与碘、溴、高锰酸钾、过氧化氢等配伍应用。⑤动物意外吞服或皮肤、黏膜大面积接触苯酚会引起全身性中毒，表现为中枢神经系统先兴奋、后抑制及心血管系统受抑制，严重者可因呼吸麻痹致死。中毒时进行对症治疗。

【用法与用量】复合酚，喷洒：配成0.3%～1%的水溶液。浸涤：配成1.6%的水溶液。

甲酚（Cresol）

又称煤酚、来苏儿（Lysol）。

【来源与性状】本品为煤焦油的分馏物，几乎无色、淡紫红色或淡棕黄色的澄清液体；有类似苯酚的特臭，并微带焦臭；久贮或在日光下，色渐变深。饱和水溶液显中性或弱酸性反应。与乙醇、三氯甲烷、乙醚、甘油、脂肪油或挥发油能任意混合，在水中略溶而生成浑浊的溶液，在氢氧化钠试液中溶解。

【药理作用】本品为原浆毒，使菌体蛋白凝固变性而呈现杀菌作用。抗菌作用比苯酚强3～10倍，毒性大致相等，但消毒用药液浓度较低，故较苯酚安全。可杀灭一般繁殖型病原菌，对芽孢无效，对病毒作用较弱，是酚类中最常用的消毒药。

由于本品水溶性极低，通常用钾肥皂乳化配成50%甲酚皂溶液，其杀菌性能与苯酚相似，苯酚系数随成分与菌种不同波动于1.6～5.0。常用浓度可破坏肉毒杆菌毒素，能杀灭包括绿脓杆菌在内的细菌繁殖体，对结核杆菌和真菌有一定杀灭能力，能杀死亲脂性病毒，但对亲水性病毒无效。

【用途】用于器械、犬舍或排泄物等消毒。

【应用注意】①由于色泽污染，不宜用于棉、毛纤制品的消毒。②本品对皮肤有刺激性，若用其1%～2%溶液消毒手和皮肤，务必精确计量。

【用法与用量】50%甲酚皂溶液（煤酚皂），喷洒或浸泡；器械、犬舍或排泄物等消毒，配成5%～10%溶液。

氯甲酚（Chlorocresol）

【性状】本品为无色或微黄色结晶；有酚的特臭；遇光或在空气中色渐变深；水溶液显弱酸性反应。在乙醇中极易溶解，在乙醚、石油醚中溶解，在水中微溶，在碱性溶液中易溶。

【药理作用】本品对细菌繁殖体、真菌和结核杆菌均有较强的杀灭作用，但不能有效杀灭细菌芽孢。有机物可减弱其杀菌效能。pH值较低时杀菌效果较好。

【用途】用于犬舍、猫舍或环境消毒。

【应用注意】①本品对皮肤、黏膜有腐蚀性。②现用现配，稀释后不宜久贮。

【用法与用量】氯甲酚溶液，喷洒消毒：配成0.3%～1%溶液。

二、碱类

碱类的消毒作用取决于离解的氢氧根离子的浓度，氢氧根离子的浓度越大，杀菌作用越强。氢氧根离子能水解菌体中的蛋白质和核酸，破坏细菌体内的酶系统和细胞核，对细菌和病毒均有强大的杀灭作用。

氢氧化钠（Sodium Hydrate）

消毒用氢氧化钠又名烧碱、苛性钠、火碱，含96%氢氧化钠和少量氯化钠和碳酸钠。

【性状】本品为熔制的白色块状、棒状或片状结晶；质坚脆，折断面呈结晶性；引湿性强，在空气中易吸收二氧化碳。在水中极易溶解，在乙醇中易溶。

【药理作用】本品属原浆毒，是高效消毒药。对细菌、病毒、芽孢和某些寄生虫卵等均有很强的杀灭作用。遇有机物可使其杀菌力降低。

【用途】用于犬舍、车辆等消毒。

【应用注意】①本品对机体有腐蚀性，犬舍消毒前应驱走动物，隔半天用水冲洗后方可进入。②本品对金属、纺织品有腐蚀性，消毒后立即用清水冲洗干净。

【用法与用量】2%的水溶液喷洒被病毒（犬瘟热病毒、伪狂犬病毒、犬猫细小病毒、腺病毒等）或细菌（巴氏杆菌、大肠杆菌等）污染的犬舍、猫舍、场地、用具和运输车船的消毒。5%的水溶液用于炭疽芽孢污染的场地消毒。

氧化钙（Calcium Oxide）

又名生石灰。

【性状】本品为白色或灰白色的硬块；无臭；空气中吸收二氧化碳变成碳酸钙而失效。

【药理作用】氧化钙与水混合时，生成氢氧化钙而产生消毒作用，对大多数繁殖型细菌有杀灭作用，对芽孢和结核杆菌无作用。

【应用注意】①直接将生石灰撒布在地面上没有任何消毒作用。②熟石灰可从空气中吸收二氧化碳变成碳酸钙失效，应现用现配。

【用法与用量】10%～20%的石灰乳（氧化钙1份加水1份，制成熟石灰即氢氧化钙，再在100份水中加10%～20%的熟石灰）用于狗舍、猫舍的墙壁、地面的消毒。氧化钙1kg加水350ml所得的粉末，撒布在阴湿地面，粪池周围和污水沟等处。氧化钙是鱼塘最理想的清塘药物，可以杀灭池塘中的各种病原体。

三、醛类

又称挥发性烷化剂。常温、常压下易挥发成气体，化学性质活泼，通过烷基化反应，使菌体蛋白、酶变性，核酸功能改变，从而呈现消毒防腐作用。

甲醛溶液（Formaldehyde Solution）

【性状】本品为无色透明液体；有强烈的刺激性气味；在水和乙醇中易溶，40%的水溶液称福尔马林，在冷处久存生成多聚甲醛而变浑浊，析出沉淀后不可药用。加入10%～15%的甲醇可防止甲醛的聚合反应。

【药理作用】甲醛不仅能杀灭细菌的繁殖型，也能杀死芽孢（如炭疽芽孢），以及抵抗力强的病毒、真菌、结核杆菌等。

【用途】主要用于犬舍、房屋、仓库、器具等的熏蒸消毒，消毒温度应在20℃以上。

【应用注意】①本品具有特殊气味，影响猫的食欲，所以，不用于猫舍及其用具。②甲醛对人体有一定的毒性、刺激性和致癌性，使用时注意防护。

【用法与用量】2%福尔马林用于器械消毒，浸泡30min。2%～5%福尔马林喷洒狗舍的地面、墙壁、食具、排泄物和呕吐物等。房屋和仓库的熏蒸消毒：$1m^3$的容积用20ml福尔马林，加等量水，加热蒸发，或加高锰酸钾氧化蒸发（高锰酸钾和福尔马林的用量比例为3∶5），要求室温不低于15℃，相对湿度60%～80%（熏蒸前先喷水增加湿度），消毒时间为10h。10%～20%的福尔马林溶液用于固定和保存生物标本。

戊二醛（Glutarldehyde）

【性状】本品为无色或淡黄色油状液体，味苦，易溶于水和乙醇，水溶液呈酸性，性质稳定。

【药理作用】本品具有广谱、高效和速效的杀菌作用。pH值在7.5～8.5杀菌活性最强，比甲醛作用强2～10倍，能很好地杀灭细菌繁殖体、芽孢、结核杆菌、病毒、立克次氏体和真菌。

【用途】主要用于犬舍、猫舍及器具消毒。

【用法与用量】2%戊二醛溶液，医疗器械、塑料、橡胶制品和体温计等浸泡消毒15～20min。

四、过氧化物类

本类消毒药反应时释放出新生态氧，产生强大的氧化作用，从而产生杀菌作用。

过氧乙酸（Peracetic Acid）

又名过醋酸。本品为过氧乙酸和乙酸的混合物，市售为20%过氧乙酸溶液。

【性状】本品为无色透明液体；呈酸性，具有强烈刺激性醋酸气味；易溶于水和有机溶剂，易挥发，高浓度（>45%）遇热易爆炸，浓度低于2%无危险。过氧乙酸不稳定，可自然分解，应现用现配。

【药理作用】本品兼具酸和氧化剂特性，为高效杀菌剂。抗菌谱广，作用产生快，对细菌、霉菌、芽孢、病毒均有杀灭作用。

【用途】主要用于犬舍、猫舍及器具等消毒。

【应用注意】①本品对金属有腐蚀性，对有色棉织品有漂白作用，对皮肤、黏膜有刺激性。②市售品浓度为20%，应现用现配。③对大理石和水磨石等材料有明显的损坏作用，禁用其水溶液擦拭。④有机物可降低其杀菌效力。

【用法与用量】0.2%～0.5%溶液用于环境、狗舍、猫舍的喷雾消毒，瓜果、蔬菜的浸泡消毒，浸泡10min。1%的溶液用于呕吐物和排泄物的消毒。0.04%～0.2%溶液用于耐酸塑料、玻璃、搪瓷和橡胶制品的短时浸泡消毒。

五、卤素类

卤素中能作为消毒药的主要是氯和碘，氯的杀菌力强，碘较弱。它们性质活泼，通过氯化作用能破坏菌体或改变细胞膜的通透性，或者通过氧化作用抑制各种巯基酶或其他对氧化作用敏感的酶类，从而导致细菌死亡。含氯的消毒剂是以次氯酸形式发挥作用，因此，消毒作用强弱与次氯酸的浓度有关。浓度越高，消毒作用越强。

含氯石灰（Culorinated Lime）

又名漂白粉，含有效氯25%以上。

【性状】本品为灰白色颗粒性粉末；有氯臭；在水中微溶，遇酸分解，久置空气中因吸收水分而潮解失效。新制的漂白粉含有效氯25%～30%，低于16%时不宜用作消毒剂。

【药理作用】本品遇水分解释放出次氯酸，次氯酸不稳定分解释放出活性氯和初生态氧，呈现杀菌作用的。本类化合物杀菌谱广，对细菌繁殖体、细菌芽孢、病毒、真菌孢子都有杀灭作用，并可破坏肉毒杆菌毒素。

【应用注意】不宜用于金属物品的消毒，对组织有一定的刺激性。

【用法与用量】0.5%澄清液用于浸泡消毒无色衣物。10%～20%乳剂用于狗舍、猫舍、地面、呕吐物和排泄物的消毒。饮水消毒：每50L水加本品1g，30min后即可饮用。1%～3%澄清液用于消毒食具、玻璃器皿和各种非金属用具。

二氯异氰尿酸钠（Sodium Dichloroisocyanurate）

又名优氯净，含有效氯60%～64.5%。

【性状】本品为白色晶粉；有浓厚的氯臭；性质稳定，在高温、潮湿地区贮存1年，有效氯含量下降很少。在水中易溶，溶液呈弱酸性，水溶液稳定性较差，在20℃左右时，1周内有效氯约丧失20%。

【药理作用】杀菌谱广，杀菌力较大多数氯胺类消毒剂强。对繁殖型细菌和芽孢、病毒、真菌孢子菌有较强的杀灭作用。溶液的pH值越低，杀菌作用越强。加热可加强杀菌效力。有机物对杀菌作用影响较小。有腐蚀和漂白作用。

【用途】用于犬舍、猫舍、排泄物、水等的消毒。0.5%～1%水溶液用于杀灭细菌和病毒，5%～10%水溶液用于杀灭芽孢，临用前现配。可采用喷洒、浸泡和擦拭方法消毒，也可用其干粉直接处理排泄物或其他污染物品。

【用法与用量】犬舍、猫舍等消毒：常温下10～20mg/m^2，气温低于0℃时50mg；饮水消毒：4mg/L。

第三节 皮肤、黏膜消毒防腐药

本类药物主要用于局部皮肤、黏膜、创面感染的预防或治疗，所选择的药物应无刺激性、毒性和过敏性。

一、醇类

醇类是使用较早的一类消毒药，此类消毒药的优点是：①性质稳定。②无腐蚀性。③基本无毒。④作用迅速。⑤无残留。可与其他药物配成酊剂，起增效作用。缺点是：①不能杀灭细菌芽孢。②受蛋白质影响大。③抗菌有效浓度较高。

乙醇（Alcohol）

又名酒精。

【性状】本品为无色透明液体；易挥发，易燃烧；能与水、甘油、三氯甲烷或乙醚按任意比例混合。处方上未指明浓度时，均为95%的乙醇。

【药理作用】本品是临床应用最广，也是效果较好的一种皮肤消毒药。其杀菌作用是能使菌体蛋白迅速凝固、变性并脱水。乙醇杀菌力较强，其中以70%～75%的浓度杀菌作用最强。70%乙醇相当于3%苯酚的作用效果，可杀死细菌繁殖体、病毒、结核分枝杆菌，但不能杀灭细菌芽孢。因此，乙醇只能用于消毒，不能用于灭菌。当浓度超过75%时，消毒作用减弱。这是由于高浓度乙醇使菌体表面蛋白质凝固过快，形成了保护膜，阻止了乙醇向菌体内渗透。

乙醇能扩张局部血管，改善局部血液循环，用稀乙醇涂擦卧病日久宠物的局部皮肤，可预防褥疮的形成；浓乙醇涂擦可促进炎性产物吸收，减轻疼痛，用于治疗急性关节炎、腱鞘炎和肌炎等。无水乙醇纱布压迫手术出血创面5min，可立即止血。

【用途】75%水溶液用于皮肤消毒，也可用作溶媒。

【应用注意】①使用浓度不应超过80%。②不可作为灭菌剂使用。③应保存在有盖的容器内，防止有效成分挥发。④对黏膜的刺激性大，不应用于黏膜和创面抗感染。

【用法与用量】采用75%乙醇可用于手指、皮肤、注射针头及小件医疗器械等消毒，能迅速杀灭细菌。

二、酸类

酸类包括有机酸和无机酸两类。无机酸的杀菌作用主要是靠离解出的氢离子，环境中的氢离子浓度的改变可抑制细菌细胞膜的通透性，影响细菌的物质代谢，高浓度的氢离子还可以使菌体蛋白变性和水解，从而起到防腐消毒的作用。

硼酸（Boric Acid）

【性状】本品为无色微带珍珠光泽的结晶或白色疏松的粉末，有滑腻感；无臭；在冷水中能溶解，在热水、醇及甘油中易溶。

【作用与用途】本品为弱酸，抗菌作用微弱，只有抑菌作用，没有杀菌作用。但刺激性较小，不损伤组织，常用于冲洗眼或黏膜等较敏感的组织。

【不良反应】外用一般毒性不大，但不适于大面积创伤和新生肉芽组织，以避免吸收后蓄积中毒。

【用法与用量】2%～4%的溶液，冲洗眼、口腔黏膜等。3%～5%溶液冲洗新鲜创伤（未化脓）。硼酸软膏，外用，涂敷患处。

醋酸（Acetic Acid）

【性状】本品为含醋酸36%～37%的水溶液，无色透明液体；有强烈的特臭，味极酸。

【药理作用】醋酸溶液对细菌、真菌、芽孢和病毒菌有较强的杀灭作用，但对各种微生物作用的强弱不尽相同。一般地，以对细菌繁殖体最强，依次为真菌、病毒、结核杆菌及细菌芽孢。用1%醋酸杀灭抵抗力最强的微生物，最多只需10min，对真菌、肠病毒及芽孢均能杀灭。但芽孢被有机物保护时，用1%醋酸则须将作用时间延长至30min，才能使杀灭效果可靠。

【用途】消毒防腐。

【药物相互作用】与碱性药物配伍时可发生中和反应而失效。

【不良反应】醋酸有刺激性，高浓度时对皮肤、黏膜有腐蚀性。

【应用注意】①避免与眼睛接触，若与高浓度醋酸接触，立即用清水冲洗。②应避免接触金属器械产生腐蚀作用。

【用法与用量】阴道冲洗，配成0.1%～0.5%溶液；感染创面冲洗，配成0.5%～2%溶液；口腔冲洗，配成2%～3%溶液。

三、卤素类

碘（Iodine）

【性状】本品在常温下为灰黑色或蓝黑色带金属光泽的片状结晶或颗粒；质重、脆；有特臭；易挥发；在乙醇、甘油、乙醚或二硫化碳中易溶，在碘化钾或碘化钠的水溶液中溶解，在水中几乎不溶。

【药理作用】碘具有强大的杀菌作用，且抗菌谱广，可杀灭细菌芽孢、病毒、噬菌体、真菌、原虫、结核分枝杆菌等。碘类消毒药起杀菌作用的主要是游离碘和次碘酸。游离碘能迅速穿透细胞壁，和菌体蛋白中的羟基、氨基、烃基、巯基结合，使其发生变性沉淀（生成碘化蛋白质），使微生物灭活。次碘酸具有很强的氧化作用，能氧化菌体蛋白质中的活性基团，从而抑制菌体代谢的酶系统。

碘在水中的溶解度很小，而且具有挥发性。但在有碘化物存在时，因为形成可溶性的三碘化合物，碘的溶解度增加数百倍，而且能降低其挥发性。因此，在配制碘溶液时，常常加适量的碘化钾，促进碘的溶解。在酸性溶液中，游离碘增多，杀菌作用增强；在碱性条件下，杀菌作用减弱。

【用途】碘酊是最常用和最有效的皮肤消毒药，对组织的毒性小，穿透力强。碘对黏膜和皮肤的刺激性较大，一般不用于黏膜消毒。2%碘溶液不含酒精，适用于皮肤的浅表破损和创面，以防止细菌感染。在紧急情况下可用于饮水消毒，每1L水中加入2%碘酊5～6滴，15min后可供饮用，水无不良气味，且水中各种致病菌、原虫和其他微生物可被杀死。浓碘酊（含碘10%）对皮肤有较强的刺激作用，外用于局部组织作刺激药。

【药物相互作用】含汞药物（包括中成药）无论以何种途径用药，如与碘剂（碘化钾、碘酊、含碘食物海带、海藻等）相遇，均可产生碘化汞而呈现毒性作用。碘与淀粉接触即显蓝色。

【不良反应】①低浓度碘的毒性很低，使用时偶尔引起过敏反应。②长时间浸泡金属器械会产生腐蚀性。

【应用注意】①碘酊刺激性强，不能用于黏膜消毒。②碘在室温下升华，时间过久，颜色则变淡，所以配制的溶液应存放在密闭容器中。③与含汞的药物相遇，可产生碘化汞而呈现毒性作用。④碘酊须涂于干的皮肤上，如果涂于湿的皮肤上不仅杀菌效力降低，而且容易引起皮炎和发泡。⑤该溶液与淀粉可变蓝色，不影响其消毒作用。

【用法与用量】2%的碘酊，用于皮肤消毒；饮水消毒：在1L水中加入2%的碘酊5～6滴；5%的碘酊，对组织有较强的刺激性，涂擦皮肤后用75%的乙醇脱碘，以免引起皮炎、脱皮、发泡等。碘甘油，黏膜消毒：使用浓度为1%～3%，用于口腔黏膜、阴道黏膜、皮肤溃疡、耳道炎、褥疮等炎症和溃疡。

碘仿（Iodoform）

【性状】本品为黄色、有光泽的叶状结晶或结晶性粉末；有特臭，有挥发性，在乙醇、甘油中溶解，在水中几乎不溶。

【药理作用】碘仿本身没有防腐作用，当与组织接触时，可释放出游离碘呈现抑菌防腐作用。游离碘还能刺激组织，促进肉芽组织生长。具有防腐、除臭和防蝇作用。

【用途】用于创伤、瘘管的防腐。

【用法与用量】5%～10%碘仿甘油液用于化脓创。10%碘仿醚溶液治疗深部瘘管、蜂窝织炎和关节炎等。碘仿磺胺粉和碘仿硼酸粉用于创伤、溃疡和促进组织愈合。

四、表面活性剂

表面活性剂又称清洁剂或洗涤剂，具有降低液体表面张力、利于乳化和除去油污的作用。表面活性剂分为离子型表面活性剂和非离子型表面活性剂，非离子型表面活性剂无杀菌作用。离子型表面活性剂根据在水中溶解后活性基团上电荷的性质分为阴离子表面活性剂（如肥皂）、阳离子表面活性剂（如新洁尔灭、洗必泰）和两性离子表面活性剂（如汰垢类消毒剂），其中，阳离子表面活性剂的杀菌效果最好，但阴离子表面活性剂的去污力最好。

季铵盐类为最常用的阳离子表面活性剂，可杀灭大多数种类的繁殖型细菌、真菌及部分病毒，不能杀灭芽孢、结核杆菌和绿脓杆菌。季铵盐类溶液低浓度呈抑菌作用，高浓度呈杀菌作用。对革兰氏阳性菌的作用比对革兰氏阴性菌的作用强。杀菌迅速、刺激性弱、毒性低，不腐蚀金属和橡胶，但杀菌效果受有机物影响较大，故不适用于动物舍和环境消毒。在消毒器械前，应先机械清除其表面的有机物。

苯扎溴铵（Benzalkonium Bromide）

又名新洁尔灭。

【性状】本品常温下为淡黄色胶状液体，低温时形成蜡状固体；具有芳香气味，极苦；在水和乙醇中易溶，水溶液呈碱性，振摇时产生大量泡沫，具有表面活性作用。耐光、耐热、性质稳定、无挥发性。

【药理作用】本品对细菌如化脓杆菌、肠道菌具有较好的杀灭能力，对革兰氏阳性菌的杀灭能力要比革兰氏阴性菌强。对病毒作用较弱，对亲脂性病毒如流感病毒、疱疹病毒等有一定杀灭作用；对亲水性病毒无效。对结核杆菌、真菌的杀灭效果甚微；对细菌芽孢只能起到抑制作用。

【用途】用于创面、皮肤和手术器械的消毒。

【应用注意】①不能与肥皂或其他阴离子洗涤剂、碘或碘化物、过氧化物、盐类消毒药伍用。②不宜用于眼科器械和合成橡胶制品的消毒。③浸泡器械时，应加入0.5%的亚硝酸钠防止生锈。④不适用于粪便、污水和皮革等消毒。⑤水溶液不得贮存于由聚乙烯制作的瓶内，以避免与其增塑剂起反应而使药液失效。

【用法与用量】0.1%的溶液用于皮肤、手术器械的消毒；0.01%～0.05%的溶液用于冲洗眼、阴道、膀胱、尿道及深部感染。

醋酸氯己定（Chlorhexidine Acetate）

又名洗必泰（Habitane）。

【性状】本品为白色或几乎白色的结晶粉末。无臭、味苦；无吸湿性；在乙醇中溶解，在水中微溶。

【药理作用】抗菌作用强于新洁尔灭，作用迅速且持久，毒性低，无局部刺激性。对革兰氏阳性菌、阴性菌和真菌均有杀灭作用，但对结核杆菌、细菌芽孢及某些真菌仅有抑菌作用。

【用途】用于皮肤、黏膜、手术创面、手及器械消毒。

【药物相互作用】与苯扎溴胺联用对大肠杆菌有协同作用。

【应用注意】禁与汞、甲醛、碘酊、高锰酸钾等消毒剂配伍应用。其他同苯扎溴胺。

【用法与用量】0.02%溶液用于手消毒；0.05%溶液用于伤口创面的清洗消毒；0.01%～0.1%溶液用于冲洗阴道、膀胱等炎症组织；0.1%溶液用于器械消毒；用95%的乙醇配制0.5%醇溶液用于术前手消毒。

度米芬（Domiphen Bromide）

又名消毒宁。

【来源与性质】本品为白色或微黄色片状结晶；无臭或微带特臭，味苦；振摇其水溶液发生泡沫。在乙醇或三氯甲烷中极易溶解，在水中易溶，在丙酮中略溶，在乙醚中几乎不溶。

【药理作用】本品为阳离子表面活性剂，对革兰氏阳性菌和阴性菌均有杀菌作用，但对后者需较高浓度；对芽孢、抗酸杆菌、病毒效果不显著；有抗真菌作用。在中性或弱碱性溶液中效果最好；在酸性溶液中效果明显下降。

【用途】用于创面、黏膜、皮肤和器械消毒。

【应用注意】①禁止与肥皂、盐类和其他合成洗涤剂、无机碱配伍用，避免使用铝制容器。②消毒金属器械需加0.5%亚硝酸钠防锈。

【用法与用量】皮肤、器械消毒用0.05%～0.1%溶液；创面、黏膜消毒用0.02%～0.05%溶液。

五、氧化剂

氧化剂是一些含不稳定的结合态氧的化合物，遇有机物时可释放出新生态氧，破坏菌体蛋白或酶蛋白，从而产生杀菌作用。

过氧化氢（hydrogen peroxide）

又名双氧水。

【性状】本品为无色、无臭的透明液体，味微酸，呈弱酸性，易溶于水，遇有机物迅速分解，遇光、热易变质，久储易失效。

【药理作用】过氧化氢具有较强的氧化性，在与组织中的过氧化氢酶接触时，立即分解放出初生态氧而呈现杀菌作用。由于作用时间短，所以杀菌力很弱，但过氧化氢在接触创面时，由于分解迅速，放出大量的气泡可机械性松动创伤中的坏死组织和脓块，故常用于冲洗深部化脓创、瘘管，还可以防止厌氧菌感染，对组织无刺激性和毒性。当绷带与组织黏连时，可用其促进脱离。

【用途】常用于皮肤、黏膜、创面、瘘管的清洗。

【应用注意】①避免用手直接接触高浓度的过氧化氢溶液，防止发生灼伤。②禁止与强氧化剂配伍。③不能注入胸腔、腹腔等密闭体腔或腔道、或气体不易逸散的深部脓疡，以免产气过速，可导致栓塞或扩大感染。④吸入过多可使人中毒，并有轻微的致癌作用。

【用法与用量】用于清洗化脓性创口等。

高锰酸钾（Potassium Permanganate）

【性状】本品为黑紫色、有金属光泽的菱形结晶或颗粒；无臭，味甜而涩。性质稳定，可长期保存。能溶于水，水溶液呈深紫色。遇甘油剧烈燃烧，与活性炭研磨时能爆炸。水溶液在酸碱条件下均不稳定，久置后易失效，应现用现配。

【药理作用】本品为强氧化剂，可有效杀灭细菌、病毒和真菌，对芽孢和原虫也有杀灭作用。杀菌作用比过氧化氢强而持久，对机体有收敛、刺激及腐蚀的作用。当发生氧化还原反应时，高锰酸钾被还原成棕色的二氧化锰，二氧化锰可与蛋白结合。因此，低浓度时对组织有收敛的作用，高浓度时有刺激和腐蚀的作用。

【用途】常用于皮肤创伤及管道炎症，也可用于有机药物（如巴比妥、吗啡、士的宁、生物碱、苯酚、水合氯醛、氨基比林、氰化物和有机磷等）中毒的解救。

【不良反应】①高浓度有刺激和腐蚀作用。②内服可引起胃肠道刺激症状，严重时出现呼吸和吞咽困难。

【应用注意】①应存放于密闭的容器中，储存于阴凉干燥处。②水溶液不稳定，最好现用现配。③本品具有强腐蚀性，勿用手直接接触。④严格掌握不同的适应症，采用不同浓度的溶液。⑤高浓度时对胃肠道有刺激作用，不应反复用其溶液洗胃。⑥动物内服本品中毒时，应用温水或添加3%过氧化氢溶液洗胃，并内服牛奶、豆浆或氢氧化铝凝胶，以延缓吸收。

【用法与用量】腔道冲洗及洗胃用0.05%～0.1%溶液，创伤冲洗用0.1%～0.2%溶液。

六、染料类

染料可分为碱性和酸性染料两类。碱性染料的抗菌作用较强，酸性染料的抗菌作用弱，很少应用。染料类的抗菌机理可能是其阳离子或阴离子与菌体蛋白的羧基或氨基结合，影响其代谢而产生抑菌作用。临床上常用的两种碱性染料为利凡诺和甲紫。

甲紫（Methylrosanilinium Chloride）

【来源与性状】甲紫和龙胆紫是人工合成的一类性质相同的碱性染料。两者通用，其中以龙胆紫应用广泛。本品为绿紫色带金属光泽的粉末；臭极微；在乙醇和三氯甲烷中溶解，在水中略溶，在乙醚中不溶。

【药理作用】对革兰氏阳性菌具有强大的选择作用，也有抗真菌作用。对组织无刺激性，毒性小，有收敛作用。

【用途】用于黏膜、皮肤的创伤、烧伤和溃疡。

【用法与用量】1%～2%的水溶液或醇溶液（紫药水）用于治疗皮肤和黏膜感染和溃疡。0.1%～0.2%溶液用于烧伤、皮肤真菌感染。2%～10%软膏用于皮肤表面的真菌感染。

乳酸依沙吖啶（Ethacridine Lactate）

又名利凡诺、雷佛奴尔（Rivanol）。

【性状】本品为鲜黄色结晶性粉末；无臭，味苦。在热水中易溶，在沸无水乙醇中溶解，在水中略溶，在乙醇中微溶，在乙醚中不溶。水溶液呈黄色，有荧光。

【药理作用】本品为染料中最有效的消毒防腐药。对革兰氏阳性菌和革兰氏阴性菌及各种化脓菌均有较强的作用，魏氏梭状芽孢杆菌和酿脓链球菌对其敏感。其作用不受血液和蛋白质的影响，但作用缓慢。本品的特点是对组织无刺激性，穿透力强，毒性低。

【用途】用于黏膜、皮肤的创面消毒。

【应用注意】①本品与碱类和碘类混合易析出沉淀。②常期应用可能延缓伤口愈合。③不能用氯化钠溶液配制，因为浓度高于0.5%时可产生沉淀。④溶液避光保存，否则可分解生成毒性大的产物，若肉眼观察呈褐绿色则证实已分解。

【用法与用量】0.1%～0.2%溶液可用于外科创伤、皮肤和黏膜感染。1%软膏可用于小面积化脓创。

复习思考题

1. 理想消毒防腐药应具备的条件有哪些?
2. 简述消毒防腐药的作用机理。
3. 试述影响消毒防腐药作用的因素有哪些。
4. 消毒防腐药的分类及代表性药物有哪些?

（梁立）

第四章　抗寄生虫药

宠物寄生虫病感染相当普遍，危害性极大，其中很多寄生虫病属于人畜共患病。药物防治是综合措施中的重要环节。在选择和使用抗寄生虫药物时，必须考虑和处理好药物、寄生虫和动物宿主三者之间的关系。不仅要了解药物对虫体的作用及宿主体内的代谢过程和对宿主的毒性，而且应了解寄生虫的寄生方式、生活史、流行病学和季节动态感染强度及范围；为了更好地发挥药物的作用，还应熟悉药物的理化性质、剂型、剂量、疗程和给药方法等。

抗寄生虫药是指能杀灭或驱除动物体内外寄生虫的药物。理想的抗寄生虫药物应安全、高效、广谱、价格低廉、使用方便。根据药物抗虫作用和抗寄生虫分类，可将抗寄生虫药分为抗蠕虫药、抗原虫药和杀虫药三大类。

第一节　抗蠕虫药

抗蠕药虫是指对动物寄生蠕虫具有驱除、杀灭或抑制活性的药物，亦称驱虫药。根据寄生于动物体内的蠕虫类别，抗蠕虫药相应地分为抗线虫药、抗绦虫药、抗吸虫药及抗血吸虫药。但这种分类也是相对的，有些药物兼有多种作用，如吡喹酮具有抗绦虫和抗吸虫作用，苯并咪唑类具有抗线虫、抗吸虫和抗绦虫作用。

一、抗线虫药

宠物感染的线虫种类较多，如胃肠道线虫、肺线虫及丝虫等，可寄生于动物的各种器官和组织。根据抗线虫药的化学结构特点，可将抗线虫药分为：①苯并咪唑类，如阿苯达唑、奥芬达唑、芬苯达唑、甲苯达唑、氟苯达唑、噻苯达唑、康苯达唑及苯并咪唑前体如非班太尔、尼托比明等。②咪唑并噻嗪类，如左旋咪唑、噻咪唑。③四氢嘧啶类，如噻嘧啶、甲噻嘧啶和羟嘧啶。④哌嗪类，如哌嗪、乙胺嗪。⑤抗生素类，如伊维菌素、多拉菌素、莫西菌素、米尔巴霉素肟、爱普霉素、西拉菌素、爱比霉素等。⑥有机磷化合物，如敌百虫、敌敌畏、蝇毒磷。⑦其他，如酚噻嗪、羟萘酸苄酚宁、三价有机砷类、二硫化碳、四氯乙烯等。

（一）苯并咪唑类

本类药物的特点是驱虫谱广、驱虫效果好、毒性低，甚至还有一定的杀灭幼虫和虫卵作用。

阿苯达唑（Albendazole）

【性状】本品为白色或类白色粉末；无臭，无味。本品在丙酮或三氯甲烷中微溶，在乙醇中几乎不溶，在水中不溶；在冰醋酸中溶解。

【药理作用】本品是我国兽医临床使用最广泛的苯并咪唑类驱虫药，具有广谱驱虫作用，多种线虫对其敏感，对某些吸虫及绦虫也有较强驱除效应，对血吸虫无效。

本品内服吸收良好，吸收后药物在2～4h内可达血药峰值，且持续15～24h。在动物体内的主要代谢产物为阿苯达唑亚砜和阿苯达唑砜，几乎全部经尿排泄。

【适应症】用于犬的蛔虫病、钩虫病、恶丝虫病及猫的克氏肺吸虫病。

【药物相互作用】地塞米松和吡喹酮可提高本品的血浆浓度。②西咪替丁提高本品在胆汁和囊液中的浓度。

【应用注意】①本品是苯并咪唑类驱虫药中毒性较大的一种，应用治疗量虽不会引起中毒反应，但连续超剂量给药，有时会引起严重反应。加之，我国应用的剂量比欧美推荐量（5～7.5mg/kg体重）高，选用时更应慎重。②犬以50mg/kg体重剂量，每天用药两次，会逐渐产生厌食症。猫会出现轻微嗜睡、抑郁、厌食等症状，并有抗服的现象。③连续长期使用，能使蠕虫产生耐药性，并且有可能产生交叉耐药性。④由于动物试验证明阿苯达唑具胚毒及致畸影响，因此，妊娠动物不宜应用本品。

【用法与用量】阿苯达唑片，内服：一次量，每1kg体重，犬、猫25～50mg。

芬苯达唑（Fenbendazole）

【性状】本品为白色或类白色粉末，无臭，无味。在二甲基亚砜中溶解，在甲醇中微溶，在水中不溶，在冰醋酸中溶解。

【药理作用】本品抗虫谱与阿苯达唑相似，作用略强。用于妊娠动物认为是安全的。由于其溶解度较低，内服后吸收极少，兔、犬用药后3～7d可从体内排净。

【适应症】用于犬、猫的钩虫病、蛔虫病、毛首线虫感染等。

【药物相互作用】①苯并咪唑类药物虽然毒性较低，且能与其他驱虫药并用，但芬苯达唑（还有奥芬达唑）属例外，与杀片形吸虫药溴胺杀合用时可引起犬、猫死亡和流产。②应用本品时不能合用敌百虫，否则毒性大为增强。

【不良反应】①因死亡的寄生虫释放抗原，可继发产生过敏性反应，特别是在高剂量时。②犬或猫内服时偶见呕吐。

【应用注意】①长期应用可引起耐药虫株。②单剂量对于犬、猫往往无效，必须治疗3日。③其他见阿苯达唑。

【用法与用量】芬苯达唑片、芬苯达唑散，内服：一次量，每1kg体重，犬、猫25～50mg。

奥芬达唑（Oxfendazole）

【性状】本品为白色或类白色粉末，有轻微的特殊气味。在甲醇、丙酮、三氯甲烷、乙醚中微溶，在水中不溶。

【药理作用】本品驱虫谱与芬苯达唑相同，但驱虫活性更强。与其他大多数苯并咪唑类药物不同，本品内服易从消化道吸收，主要经尿排泄，少量经乳汁排泄。

【适应症】用于犬的线虫病和绦虫病，如犬蛔虫、钩虫成虫及幼虫、犬欧氏类丝虫。

【药物相互作用】见芬苯达唑。

【应用注意】①妊娠早期动物不宜应用。②其他见芬苯达唑。

【用法与用量】奥芬达唑片，内服，一次量，每1kg体重，犬10mg。

噻苯达唑（Thiabendazole）

【性状】本品为白色或类白色粉末，味微苦，无臭。在水中微溶，在三氯甲烷或苯中几乎不溶，在稀盐酸中溶解。

【药理作用】本品为20世纪60年代初合成的第一个苯并咪唑类药，抗菌谱较窄，但有较强的抗真菌作用，对皮炎芽生菌、白色念珠菌、青霉菌和发癣菌等均有效，其抗虫活性比阿苯达唑等后来合成的苯并咪唑类弱，用量较大。

本品噻苯达唑能由动物消化道迅速吸收，而广泛分布于机体大部分组织，因而对组织中移行期幼虫和寄生于肠腔和肠壁内的成虫都有驱杀作用。90%的代谢物经尿排泄，5%从粪便中排泄。

【适应症】犬由于一次投药效果不佳，目前多采用在日粮中添加0.025%噻苯达唑，连用16周，几乎能将蛔虫、钩虫和毛首线虫驱净。本品对犬钱癣和皮肤霉菌感染疗效明显。

【药物相互作用】①用药期间，禁用免疫抑制剂，以免诱发内源性感染。②与茶碱、氨茶碱等共用时，可竞争肝的代谢位点，增加后者在血中的浓度。

【不良反应】按推荐剂量用药，多数动物通常可耐受。犬在大剂量或长期用药时可见有呕吐、腹泻、脱毛和嗜睡等副作用，偶尔见用药后发生中毒性表皮坏死性脱落。猎犬可能特别敏感。

【应用注意】①连续长期应用，能使寄生蠕虫产生耐药性，而且有可能对其他苯并咪唑类驱虫药也产生交叉耐药现象。②由于本品用量较大，对动物的不良反应亦较其他苯并咪唑类驱虫药严重。过度衰弱、贫血动物以不用为宜。③本品无致畸性，对妊娠动物是安全的。

【用法与用量】噻苯达唑片，犬日粮中添加0.025%，连用16周；治疗犬钱癣和皮肤霉菌感染，按每日每1kg体重100 mg量混饲，连用3~8周。

氧苯达唑（Oxibendzole）

又名奥苯达唑、丙氧苯咪唑。

【性状】本品为白色或类白色结晶性粉末，无臭、无味。在甲醇、乙醇、二氧六环、三氯甲烷中极微溶解，在水中不溶，在冰醋酸中溶解。

【药理作用】本品为高效低毒苯并咪唑类驱虫药，驱虫谱和适应症与阿苯达唑相似。

【药物相互作用】见阿苯达唑。

【应用注意】①对噻苯达唑耐药的蠕虫，也可能对本品存在交叉耐药性。②本品与乙胺嗪合用可导致犬的门脉周围性肝炎。③其他见阿苯达唑。

【用法与用量】氧苯达唑片，内服：一次量，每1kg体重，犬、猫10mg。

甲苯咪唑（Mebendazole）

【性状】本品为白色、类白色或微黄色结晶性粉末，在甲酸中易溶，在冰醋酸中略溶，在丙酮或三氯甲烷中极微溶解，在水中不溶。

【药理作用】抗虫谱及抗虫作用与阿苯达唑相似，除对动物多种胃肠线虫有高效驱虫作用外，对某些绦虫、旋毛虫有较好作用。本品因溶解度小而内服吸收少，大部分以原形药存在于胃肠道，主要经粪便排泄，其中70%～90%为原形药。

【适应症】用于驱除犬、猫的线虫、绦虫及旋毛虫。如犬弓首蛔虫、猫弓首蛔虫、野猫弓首蛔虫、犬鞭虫、犬钩口线虫、欧洲犬钩口线虫、豆状带绦虫、泡状带绦虫、细粒棘球绦虫等。

【药物相互作用】脂肪或油性物质，能增加甲苯咪唑胃肠道吸收率而使毒性大为增强。

【应用注意】①长期应用本品能引起蠕虫产生耐药性，而且存在交叉耐药现象。②本品毒性虽然很小，但治疗量即引起个别犬厌食、呕吐、精神萎顿、嗜睡以及出血性下痢等现象。③本品对实验动物具致畸作用，禁用于妊娠动物。④本品药物颗粒的大小，能明显影响驱虫强度和毒性反应，如微细颗粒（$<10.62\mu m$）虽然比粗颗粒（$<21.27\mu m$）驱虫作用更强，但毒性亦增加5倍。

【用法与用量】内服：一次量，每1kg体重，犬、猫体重不足2kg为50mg；体重超过2kg为100mg；体重超过3kg为200mg，一日两次，连用5d。

非班太尔（Febantel）

本品为芬苯达唑的前体物。

【性状】本品为无色粉末。在三氯甲烷中易溶，在丙酮中溶解，在甲醇中极微溶解，在水中不溶。

【药理作用】非班太尔本身无驱虫活性，在胃肠道内转变成芬苯达唑（及其亚砜）和奥芬达唑而发挥有效的驱虫效应。其作用见芬苯达唑。内服后在体内很快代谢，血浆中原形药的浓度很低。两种代谢物（芬苯达唑和奥芬达唑）的驱虫活性比前体药物（非班太尔）要强得多。

【适应症】用于驱除犬、猫线虫，与吡喹酮合用用于驱除绦虫。

【药物相互作用】与吡喹酮合用起增效作用，但能使妊娠犬、猫早产。

【应用注意】①对苯并咪唑类驱虫药耐药的蠕虫，对本品也可能存在交叉耐药性。②妊娠动物以不用本品为宜。

【用法与用量】非班太尔片，内服：一次量，每1kg体重，犬、猫6月龄以上10mg/kg，连用3d。6月龄以下15mg/kg，连用3d。3周龄或体重1kg左右35.8mg。对6月龄以上犬、猫，每天按非班太尔10mg/kg（吡喹酮1mg/kg）剂量内服，连用3d。不足6月龄幼犬、幼猫应增量至15mg/kg（吡喹酮1.5mg/kg），连用3d。上述用量对下列虫体成虫或潜伏期虫体均有极好驱虫效果，如犬钩口线虫、管形钩口线虫、欧洲犬钩虫（>91%）、犬弓首蛔虫、猫弓首蛔虫、狮弓蛔虫（98%）、犬鞭虫（100%）以及带绦虫、猫绦虫、犬复孔绦虫（100%）。

（二）咪唑并噻唑类

咪唑并噻唑类是较新的一类驱线虫药，对胃肠寄生线虫及肺线虫均有高效，驱虫范围广，并可通过多种途径给药。

左旋咪唑（Levamisole）

又名左咪唑，为DL－四咪唑的左旋异构体。

【性状】本品常用盐酸盐或磷酸盐。盐酸左旋咪唑为白色或类白色针状结晶或结晶性粉末；无臭，味苦。本品在水中极易溶解，在乙醇中易溶，在三氯甲烷中微溶，在丙酮中极微溶解。磷酸左旋咪唑为白色或类白色针状结晶或结晶性粉末；无臭，味苦。本品在水中极易溶解，在乙醇中微溶。

【药理作用】本品为广谱、高效、低毒的驱线虫药，对多种动物的胃肠道线虫和肺线虫成虫及幼虫均有高效抗虫作用。虽然左旋咪唑的驱虫活性比噻咪唑更强，毒性更低，但由于注射给药（盐酸盐）出现的毒性反应较多，美国最近批准上市的均更改为13.65％磷酸左旋咪唑注射液（局部刺激性较弱）。而盐酸左旋咪唑多制成内服剂型——如大丸剂、饮水剂和泥膏剂。

本品能明显提高动物的免疫反应，但对正常机体的免疫功能作用并不显著。如它能使老龄动物、慢性病患畜的免疫功能低下状态恢复到正常；并能使巨噬细胞数增加，吞噬功能增强；虽无抗微生物作用，但可提高患畜对细菌及病毒感染的抵抗力，但应使用低剂量（ 1/4～ 1/3 驱虫量）。剂量过大，反能引起免疫抑制效应。

本品内服可从胃肠道吸收，皮肤给药也可从皮肤吸收，但生物利用度不稳定。吸收后可全身分布。大部分在肝和肾中被代谢，代谢物主要在尿中排泄，少量在粪便中排泄。血浆半衰期犬为3.5～ 6.8h。

【适应症】用作犬、猫的胃肠道线虫、肺线虫、犬心丝虫，也用于免疫功能低下动物的辅助治疗和提高疫苗的免疫效果。

【药物相互作用】①由于左旋咪唑对动物机体有拟胆碱样作用，在应用有机磷化合物或乙胺嗪14d内，禁用本品。②本品不宜与四氯乙烯合用，以免增加毒性。

【应用注意】①本品对动物的安全范围不广，特别是注射给药，时有发生中毒甚至死亡事故。因此除肺线虫宜选用注射法外，通常宜内服给药。②犬、猫对本品较敏感，用时务必精确计算用量，以防不测。内服常引起呕吐而影响药效，注射法（特别是大剂量）多出现严重反应（如流涎、肌肉震颤），甚至死亡。国外采用大剂量使用前使动物阿托品化。③应用本品引起的中毒症状（如流涎、排粪、呼吸困难、心率变慢）与有机磷中毒相似，此时可用阿托品解毒，若发生严重呼吸抑制，可试用加氧的人工呼吸法解救。④采用盐酸左旋咪唑注射时，对局部组织刺激性较强，反应严重，而磷酸左旋咪唑刺激性稍弱，故国外多用磷酸盐专用制剂，供皮下、肌肉注射。但仍出现短暂时间的轻微局部反应。⑤为安全起见，妊娠后期动物，去势、接种疫苗等应激状态下，动物不宜采用注射给药法。

【用法与用量】盐酸左旋咪唑片，内服：一次量，每1kg体重，犬、猫10mg；盐酸左旋咪唑注射液，皮下、肌肉注射：一次量，每1kg体重，犬、猫10mg；磷酸左旋咪唑注射液注射，剂量同盐酸左旋咪唑注射液。

（三）四氢嘧啶类

噻嘧啶和甲噻嘧啶均属广谱驱虫药，国外已广泛用于犬、猫等宠物胃肠线虫驱除。本类药物均内服给药，亦很安全。噻嘧啶可制成盐酸盐、酒石酸盐和双羟萘酸盐。双羟萘酸噻嘧啶，美国 FDA 已批准有用于马、犬的专用剂型。我国批准的兽用产品仅为双羟萘酸噻嘧啶。甲噻嘧啶亦制成酒石酸盐和双羟萘酸盐供用。

噻嘧啶（Pyrantel）

又名四咪唑、噻吩嘧啶。

【性状】噻嘧啶多制成双羟萘酸盐和酒石酸盐。双羟萘酸噻嘧啶为淡黄色粉末；无臭，无味；在二甲基甲酰胺中略溶，在乙醇中极微溶解，在水中几乎不溶。而酒石酸噻嘧啶则易溶于水。

【药理作用】本品为广谱、高效、低毒的胃肠线虫驱除药，用于驱除犬的蛔虫如犬沟蛔虫、狮弓蛔虫，钩虫如犬钩口线虫、狭窄钩虫和胃线虫如泡翼线虫属。对猫的类似寄生虫也有驱除作用。

犬内服酒石酸噻嘧啶吸收良好，2～3h 血浆达峰值。在体内迅速代谢，排出时几乎已无原形药物，犬经尿排泄的药物最多。双羟萘酸噻嘧啶难溶于水，在肠道极少吸收，能到达大肠末端发挥良好的驱蛲虫作用。

【适应症】用于治疗犬、猫胃肠线虫病。

【药物相互作用】①由于本品对宿主具有较强的烟碱样作用，忌与安定药、肌松药以及其他拟胆碱药、抗胆碱酯酶药（如有机磷驱虫剂）合用。与左旋咪唑、乙胺嗪合用时亦能使毒性增强，用时慎重。②本品的驱虫作用能为哌嗪相互颉颃，故不能伍用。

【应用注意】①由于噻嘧啶具有拟胆碱样作用，妊娠及虚弱动物禁用（特别是酒石酸噻嘧啶）。②由于国外有各种动物的专用制剂已解决酒石酸噻嘧啶的适口性较差问题。因此，用国产产品饲喂时必须注意动物摄食量，以免因减少摄入量而影响药效。③由于噻嘧啶（包括各种盐）遇光易变质失效。双羟萘酸盐配制混悬药液后应及时用完；而酒石酸盐在国外不容许配制药液，多作预混剂，混于饲料中给药。

【用法与用量】双羟萘酸噻嘧啶片，内服：一次量，犬、猫 2.2kg 以下 5mg，2.2kg 以上 10～15mg。

（四）哌嗪类

哌嗪（Piperazine）

【性状】我国兽药典收载的为枸橼酸哌嗪和磷酸哌嗪。枸橼酸哌嗪为白色结晶粉末或半透明结晶性颗粒；无臭，味酸；微有引湿性。在水中易溶，在甲醇中极微溶解，在乙醇、三氯甲烷、乙醚或石油醚中不溶。磷酸哌嗪为白色鳞片状结晶或结晶性粉末；无臭，味微酸带涩。在沸水中溶解，在水中略溶，在乙醇，三氯甲烷或乙醚中不溶。

【药理作用】本品对敏感线虫产生箭毒样作用，使虫体麻痹，通过粪便排出体外。成熟的虫体对哌嗪较敏感，幼虫和腔驻留幼虫可被部分驱除，但宿主组织中的幼虫则不敏感。对犬弓蛔虫、猫弓蛔虫、狮弓蛔虫具有 52%～100%的作用。哌嗪及其盐易从胃肠道近端吸收，部分在组织中代谢，其余从尿中排泄。

【适应症】主要用于驱除犬、猫的蛔虫。

【药物相互作用】①磷酸哌嗪与噻嘧啶产生颉颃作用，不应同时使用。②泻药会加速磷酸哌嗪从胃肠道排出，使其达不到最大效应，故不能同时使用。③磷酸哌嗪与氯丙嗪合用可诱发癫痫发作。④磷酸哌嗪可影响血中尿酸水平。⑤动物在内服哌嗪和亚硝酸盐后，在胃中哌嗪可转变成亚硝基化合物，形成N，N－硝基哌嗪或N－单硝基哌嗪，二者均为动物致癌物质。

【不良反应】本品在推荐剂量时，很少见不良反应，但在犬或猫，可见腹泻、呕吐和共济失调。

【应用注意】①慢性肝、肾疾病及胃肠蠕动减弱的患犬慎用。②由于未成熟虫体对哌嗪没有成虫那样敏感，通常应重复用药，间隔用药时间，犬、猫为2周。

【用法与用量】磷酸哌嗪片，内服：一次量，每1kg体重，犬、猫0.07～0.1g，隔2～3周再次给药治疗；枸橼酸哌嗪片，内服：一次量，每1kg体重，犬0.1g。

乙胺嗪（Diethylcarbamazine）

又名海群生。

【性状】临床常用枸橼酸盐，为白色结晶性粉末；无臭、味酸苦；微有引湿性。在水中易溶，在乙醇中略溶，在丙酮、三氯甲烷或乙醚中不溶。

【药理作用】本品为哌嗪的衍生物，对犬恶丝虫和微丝蚴有防治作用。内服后迅速由胃肠道吸收，3h后血药达峰值，48h后血药降至零，药物吸收后广泛分布于所有组织器官(脂肪例外)，主要经肾脏排泄，内服后24h内约有70％经尿排泄，其中，以原形排泄的占1％～25％，其余均以含哌嗪环的代谢物形式排出。

【适应症】用于驱除犬恶丝虫、蛔虫等。

【应用注意】①由于个别微丝蚴阳性犬，应用乙胺嗪后会引起过敏反应，甚至致死，因此微丝蚴阳性犬，严禁使用乙胺嗪。②为保证药效，在犬恶丝虫流行地区，在整个有蚊虫季节以及此后两个月内，实行每天连续不断喂药措施（6.6mg/kg)，每隔6个月检查一次微丝蚴。若为阳性则停止预防，重新采取杀成虫、杀微丝蚴措施。③大剂量喂服进行驱蛔虫时，常使空腹的犬、猫呕吐，故宜喂食后服用。因药物对蛔虫未成熟虫体无效，1～20d后再用药一次。

【用法与用量】枸橼酸乙胺嗪片，内服：一次量，每1kg体重，犬、猫50mg。

（五）有机磷

有机磷通常对犬的主要线虫有效，其驱虫作用机理是抑制线虫体内的胆碱酯酶活性，导致乙酰胆碱大量蓄积而引起虫肌麻痹致死。当然宿主与不同寄生虫的胆碱酯酶对有机磷药物的敏感性并不相同，如捻转血矛线虫的胆碱酯酶，能与好乐松形成不可逆的络合物，而对蛔虫胆碱酯酶只能进行可逆性的疏松结合。如果用量不足，蛔虫甚至能“复苏”。我国应用最广的首推敌百虫。

精制敌百虫（Purified Metrifonate，Trichlorfon）

【性状】本品为白色结晶或结晶性粉末；在空气中易吸湿、结块或潮解；稀水溶液易水解，遇碱迅速变质。在水、乙醇、醚、酮及苯中溶解，在煤油、汽油中微溶。

【药理作用】本品为广谱驱虫药，不仅对消化道线虫有效，而且对姜片虫、血吸虫也有一定效果。此外，还用于防治外寄生虫病，如对犬、猫等动物体虱、疥癣等均有良好杀灭作用。蝇、蚊、蚤、蜱、蟑螂等也较敏感，接触药物后迅速死亡。

本品内服或注射均能迅速吸收，吸收后药物主要分布于肝、肾、脑和脾脏，肺、肌肉及脂肪含量较少。体内代谢快，主要经尿排泄。

【适应症】主要用于驱除犬弓首蛔虫、犬钩口线虫、蠕形螨、蜱、虱、蚤等。

【药物相互作用】①由于本品对宿主胆碱酯酶亦存在抑制效应，故在用药前后两周内，动物不宜接触其他有机磷杀虫剂、胆碱酯酶抑制剂（毒扁豆碱、新斯的明）和肌松药，否则毒性大为增强。②碱性物质能使敌百虫迅速分解成毒性更大的敌敌畏，因此忌用碱性水质配制药液，并禁与碱性药物伍用。

【不良反应】本品安全范围较窄，治疗量即使动物出现轻度副交感神经兴奋反应，过量使用可出现中毒症状，主要表现为腹痛、流涎、缩瞳、呼吸困难、大小便失禁、肌痉挛、昏迷直至死亡。轻度中毒的动物能在数小时内自行耐过。

【应用注意】①禁与碱性药物合用。②妊娠及心脏病、胃肠炎的患病动物禁用。③中度中毒应用大剂量阿托品解毒；严重中毒病例，应反复应用阿托品和碘解磷定解救。

【用法与用量】精制敌百虫片，内服：一次量，每1kg体重，犬、猫75mg；喷洒：配成1%～3%溶液喷洒于动物局部体表，治疗体虱疥螨。0.5%～1%喷洒于环境，杀灭蝇、蚊、虱、蚤等。

（六）阿维菌素类

阿维菌素类药物是由阿维链霉菌产生的一组新型大环内酯类抗寄生虫药，目前在这类药物中已商品化的主要有伊维菌素、阿维菌素、多拉菌素和依立菌素。本类药物由于其优异的驱虫活性和较高的安全性，被视为目前最优良、应用最广泛、销量最大的一类新型广谱、高效、安全和用量小的理想抗体内外寄生虫药。

伊维菌素（Ivermectin）

【来源与性状】本品是由阿维链霉菌发酵产生的半合成大环内酯类多组分抗生素，主要含伊维菌素 B_1（$B_{1a}+B_{1b}$）不低于94%，其中 B_{1a} 占85%以上。本品为白色结晶性粉末；无味；微有引湿性。在甲醇、乙醇、丙酮、醋酸乙酯中易溶，在水中几乎不溶。

【药理作用】本品对体内外寄生虫特别是线虫和节肢动物均有良好驱杀作用，如对犬钩口线虫、巴西钩口线虫、欧洲犬钩口线虫、犬鞭虫、犬弓首蛔虫成虫及第四期幼虫、狮弓蛔虫、嗜气毛细线虫、奥氏欧斯勒线虫等有极佳驱除效果。对肠道粪类圆线虫（第三期幼虫除外）有效率95%～100%。本品对犬、猫的某些体外寄生虫如耳螨、疥螨、犬肺刺螨、姬螯螨、蠕形螨等均有效，但对绦虫、吸虫及原生动物无效。

犬内服后2～4h内血药达峰值。吸收后广泛分布于全身组织，并以肝脏和脂肪组织中浓度最高。通常在肝脏中氧化成代谢产物。在5～6d内经粪便排泄的占90%以上，经尿排泄仅占0.5%～2%。

【适应症】广泛用于驱除犬的肠道线虫、耳螨、疥螨、心丝虫和微丝蚴以及体外寄生虫。对于犬，国外仅批准用于预防犬心丝虫感染。我国可内服试用治疗心丝虫微丝蚴虫感染（成虫无效）。

【药物相互作用】与乙胺嗪同时使用，可能发生严重的或致死性脑病。

【不良反应】杀微丝蚴时，犬可发生休克样反应，可能与死亡的微丝蚴有关。

【应用注意】①本品虽较安全，除内服外，仅限于皮下注射，因肌肉、静脉注射易引起中毒反应。每个皮下注射点，亦不宜超过 10ml。②含甘油缩甲醛和丙二醇的国产伊维菌素注射剂，仅适用于牛、羊、猪和驯鹿，用于其他动物，特别是犬易引起严重局部反应。③多数品种犬应用本品均较安全，但有一种长毛牧羊犬（Coliles）对本品敏感，100μg/kg 以上剂量即出现严重不良反应，但 60μg/kg 量，一月一次，连用一年，对预防心丝虫病仍安全有效。④对线虫，尤其是节肢动物产生的驱除作用缓慢。有些虫种，要数天甚至数周才能出现明显药效。⑤阴雨、潮湿及严寒天气均影响 0.5%伊维菌素浇泼剂的药效；宠物皮肤损害时能使毒性增强。

【用法与用量】伊维菌素注射液，皮下注射：一次量，每 1kg 体重，犬、猫0.1～0.2mg。

阿维菌素（Avermectin）

又名阿灭丁、爱比菌素。

【性状】本品为白色或淡黄色粉末；无味。在醋酸乙酯、丙酮、三氯甲烷中易溶，在甲醇、乙醇中略溶，在正己烷，石油醚中微溶，在水中几乎不溶。

【药理作用】本品的驱虫机理、驱虫谱以及药动学情况与伊维菌素相同，其驱虫活性与伊维菌素大致相似，但本品性质较不稳定，特别对光线敏感，贮存不当时易灭活减效。

【适应症】用于犬、兔治疗线虫病、螨病及其他寄生性昆虫病。

【应用注意】①本品毒性较伊维菌素稍强，敏感动物慎用。②性质不太稳定，特别对光线敏感，可迅速氧化灭活。因此，阿维菌素的各种剂型，更应注意贮存使用条件。③其他见伊维菌素。

【用法与用量】阿维菌素注射液，同伊维菌素注射液。

多拉菌素（Doramectin）

【来源与性状】本品是由基因重组的阿维链霉菌新菌株发酵而得，与伊维菌素主要差别为 C_{25} 位为环己基取代。本品为微黄褐色粉末；在水中溶解度极低。

【药理作用】本品为新型、广谱抗寄生虫药，其主要作用与伊维菌素相似，但抗虫活性稍强，毒性较小。本品的主要特点是血药浓度及半衰期均比伊维菌素高或延长两倍。

【适应症】用于治疗宠物的线虫病和螨病等体外寄生虫病。

【药物相互作用】见伊维菌素。

【应用注意】①犬可见严重的不良反应，如死亡等，应慎用。②其他见伊维菌素。

【用法与用量】多拉菌素注射液，同伊维菌素。

美贝霉素肟（Milbemycin Oxime）

【来源与性状】本品是由一种吸湿链霉菌发酵产生的大环内酯抗寄生虫药，主要含 A_4 贝霉素肟不得低于 80%，A_3 美贝霉素肟不得超过 20%。在有机溶剂中易溶，在水中不溶。

【药理作用】本品对某些节肢动物和线虫具有高度活性，是专用于犬的抗寄生虫药。以较低剂量（0.5mg/kg 或更低）对线虫即有驱除效应。对犬恶丝虫发育中幼虫均极敏感，目前本品已在澳大利亚、加拿大、意大利、日本、新西兰和美国上市，主要用以预防微丝蚴和肠道寄生虫（如犬弓首蛔虫、犬鞭虫和钩口线虫等）。本品虽对钩口线虫属钩虫有效，但对弯口属钩虫不理想。本品是强有效的杀犬微丝蚴药物，对犬蠕形螨也极有效。

【适应症】主要用于驱杀体内寄生虫（线虫）和外寄生虫（犬蠕形螨）。

【药物相互作用】本品不能与乙胺嗪合用，必要时至少应间隔 30d。

【应用注意】①本品虽对犬毒性不大，安全范围较广，但长毛牧羊犬对本品仍与伊维菌素同样敏感。②本品治疗微丝蚴时，患犬亦常出现中枢神经抑制、流涎、咳嗽、呼吸急促和呕吐。必要时可以 1mg/kg 剂量的氢化泼尼松以预防。③不足 4 周龄的幼犬，禁用本品。

【用法与用量】美贝霉素肟片，内服：一次量，每 1kg 体重，犬 0.5～1.0mg，每月一次。

莫西菌素（Moxidectin）

【来源】本品是由一种链霉菌发酵产生的半合成单一成分的大环内酯类抗生素。

【药理作用】本品与其他多组分大环内酯类抗寄生虫药（如伊维菌素、阿维菌素、美贝霉素）的不同之处，在于它是单一成分，以及维持更长时间的抗虫活性。具有广谱驱虫活性，对犬线虫和节肢动物寄生虫有高度驱除活性。

本品较伊维菌素更具脂溶性和疏水性，故维持组织的治疗有效药物浓度更持久。主要经粪便排泄，3%经尿排泄。

【适应症】主要用于驱杀体内寄生线虫和体外寄生虫（节肢动物）。

【应用注意】对动物较安全，而且对伊维菌素敏感的长毛牧羊犬（Coliles）用之亦安全。但高剂量，个别犬可能会出现嗜睡、呕吐、共济失调、厌食、下痢等症状。

【用法与用量】莫西菌素片剂，内服：一次量，每 1kg 体重，犬 3μg，每月一次。

（七）其他

硫胂铵钠（Thiacetarsamide Sodium）

【性状】本品为白色或微黄色粉末；易溶于水，水溶液性质稳定。

【药理作用】本品为三价有机胂化合物，目前仍是美国 FDA 唯一批准用于杀犬恶丝虫成虫的胂制剂，通常对微丝蚴无效。

【适应症】用于杀灭犬恶丝虫成虫。静脉注射 4 次后，通常在 5～7d 内成虫死亡。

【应用注意】①本品毒性较大，属肝毒、肾毒药物，肝、肾功能不全动物禁用。在用药过程中，必须对肝、肾功能进行监测，并注意临床观察，如心、肝功能正常，食欲和饮欲良好，无黄疸、尿液澄清时，才能继续用药。②用药后如出现持续呕吐，黄疸或橙色尿等砷中毒症状时应停止给药，通常于 6 周后，肺、肾功能正常时，再继续进行治疗。若中毒反应严重，可用二巯基丙醇解毒。③注射液对局部组织刺激性极强，静脉注射时如漏出血管外，能使局部炎性肿胀甚至组织坏死，通常注入糖皮质激素有助于炎症的减轻。④治疗后的动物死亡率，通常与患丝虫病的轻重程度有关，无症状患犬，几乎无一死亡；症状轻微犬，可能有 3%～5%死亡率；已出现腹水症状等恶病质犬，死亡率甚至可达 50%。

【用法与用量】硫胂胺钠注射液，静脉注射：一次量，每 1kg 体重，犬 2.2mg，一日两次，连用 2d。

二、抗绦虫药

绦虫通常依靠头节攀附于动物消化道黏膜上，以及依靠虫体的波动作用保持在消化道寄生部位。对宠物危害性较大的绦虫主要有犬、猫复孔绦虫、棘球绦虫、带绦虫等。

抗绦虫药根据其作用可分为杀绦虫药和驱绦虫药。能使绦虫在原寄生部位死亡的药物称为杀绦虫药；促使绦虫排出体外的药物称为驱绦虫药。驱绦虫药通常是干扰绦虫的头节吸附于胃肠黏膜，并干扰虫体的蠕动，使其不能保持在胃肠道中。很多天然有机化合物都属于此类，暂时麻痹虫体，需借助于催泻作用将虫体排出体外，否则绦虫可能再次吸附于肠壁。现代合成药物大多具有杀绦虫作用。

早期的抗绦虫药一类为天然植物，如南瓜子、绵马、卡马拉、仙鹤草芽、槟榔等，因为作用有限，已废止不用。另一类为无机化合物，如胂酸化合物（锡、铅、钙）、硫酸铜等，毒性极大，效果有限。人工合成的有机化合物，如丁萘脒、氯硝柳胺、硫双二氯酚、吡喹酮以及国外新上市的伊喹酮（Epsiprantel）等为目前临床常用药物。

氢溴酸槟榔碱（Arecoline Hydrobromide）

【性状】本品为白色或淡黄色结晶性粉末；无臭，味苦。在水和乙醇中易溶，在三氯甲烷和乙醚中微溶。

【药理作用】本品是传统使用的犬细粒棘球绦虫和带绦虫的驱除药。给犬灌服时，能迅速由口腔黏膜吸收。肠溶衣片内服，约15min产生排便效应，并持续30～40min。由消化道吸收的药物，在肝脏中迅速灭活。若皮下注射，宿主仅出现拟胆碱样反应，而无驱虫效果。

【适应症】用于治疗犬细粒棘球绦虫、豆状带绦虫、泡状带绦虫感染。

【药物相互作用】与拟胆碱药物合用时能使毒性加强。

【不良反应】犬大剂量内服后常有呕吐及腹泻症状。猫使用后因支气管黏膜分泌大量黏液可能引起窒息。

【应用注意】①治疗量，有时即使个别犬产生呕吐及腹泻症状，但多数能自行耐过，若遇有严重中毒病例（昏迷、惊厥），可用阿托品解救。②溶液剂投服时，必须用带导管的注射器，直接注药液于舌根处，以保证迅速吞咽。否则，由于广泛地接触口腔黏膜，吸收加速，而使毒性反应大为增强。③用药前，犬应禁食12h，用药后2h若仍不排便，即用盐水灌服，以加速麻痹虫体排除。

【用法与用量】氢溴酸槟榔碱片，内服：一次量，每1kg体重，犬2mg。

丁萘脒（Bunamidine）

【性状】本品常制成盐酸盐和羟萘酸丁萘脒。盐酸丁萘脒为白色结晶性粉末；无臭。在乙醇、三氯甲烷中易溶，可溶于热水中。羟萘酸丁萘脒为淡黄色结晶性粉末，在乙醇中能溶解，不溶于水。

【药理作用】本品对犬、猫绦虫具有杀灭作用。盐酸丁萘脒片剂给犬内服后，在胃内迅速崩解，药物立即对寄生于十二指肠处的绦虫产生作用。若将片剂捣碎或溶于液体中灌服，则迅速由口腔黏膜吸收，血液中的药物浓度高，甚至可引起中毒反应。通常由肠道吸收的少量药物进入肝脏后，极少进入全身循环。

【适应症】盐酸丁萘脒是专用于犬的杀绦虫药，如驱杀细粒棘球绦虫、犬带绦虫成虫、未成熟细粒棘球绦虫。

【应用注意】①盐酸丁萘脒适口性差，加之犬饱食后影响驱虫效果。因此，用药前应禁食 3～ 4h，用药后 3h 进食。②盐酸丁萘脒片剂，不可捣碎或溶于液体中，因为药物除对口腔有刺激性外，并因广泛接触口腔黏膜使吸收加速，甚至中毒。③盐酸丁萘脒对犬毒性较大，肝病患犬禁用。用药后，部分犬出现肝损害以及胃肠道反应，但多能耐受。④心室纤维性颤动往往是应用丁萘脒致死的主要原因，因此，用药后的军犬和牧羊犬应避免剧烈运动。

【用法与用量】盐酸丁萘脒，内服：一次量，每 1kg 体重，犬、猫 25～ 50mg。

氯硝柳胺（Niclosamide）

【性状】本品为浅黄色结晶性粉末；无臭，无味。在水中不溶，在乙醇、三氯甲烷、乙醚中微溶。

【药理作用】本品为杀绦虫药，对多种绦虫均有杀灭效果。通常虫体在通过宿主消化道内已被消化，故粪便中不可能发现绦虫的头节和节片。内服极少由消化道吸收，在肠中保持高浓度。少量吸收后代谢成无效的氨基氯硝柳胺代谢物。

【适应症】用于犬复孔绦虫、豆状带绦虫、泡状带绦虫和猫绦虫感染。

【不良反应】犬、猫对本品较敏感，2 倍治疗量可使犬、猫出现暂时性下痢。4 倍治疗量可使犬肝脏出现病灶性营养不良，肾小球出现渗出物。

【注意】①本品安全范围较广，多数动物使用安全，但犬、猫较敏感，对妊娠动物也安全。②动物在给药前应禁食一夜。

【用法与用量】氯硝柳胺片，内服：一次量，每 1kg 体重，犬、猫 80～ 100mg。

硫双二氯酚（Bithionol）

又名别丁。

【性状】本品为白色或类白色粉末；无臭或微带酚臭。在乙醇、丙酮或乙醚中易溶，在三氯甲烷中溶解，在水中不溶，在稀碱溶液中溶解。

【药理作用】本品为广谱驱虫药，主要对吸虫成虫及囊蚴均有明显杀灭作用，对绦虫也有效，能使绦虫头节破坏溶解；但对华枝睾吸虫病疗效差。对宿主的肠道具有拟胆碱样效应，因此有下泻作用。

内服仅有少量从消化道吸收，并由胆汁排泄，用药 2h 后，胆汁中出现药物高峰浓度，血药浓度远较胆汁浓度为低。

【适应症】主要用于犬、猫多种绦虫和肺吸虫感染。

【药物相互作用】①本品不能与六氯乙烷、吐酒石、吐根碱、六氯对二甲苯联合使用，否则使毒性增强。②禁与乙醇或其他增加硫双二氯酚溶解度的药物合用，否则，促使药物大量吸收，甚至致死。

【应用注意】①多数犬、猫对本品虽耐受性良好，但治疗量常使犬呕吐。②为减轻不良反应，可减少剂量，连用 2～ 3 次。

【用法与用量】硫双二氯酚片，内服：一次量，每 1kg 体重，犬、猫 200mg。

吡喹酮（Praziquantel）

【性状】本品为白色或类白色结晶性粉末；味苦。在三氯甲烷中易溶，在乙醇中溶解，在水或乙醚中不溶。

【药理作用】本品是较理想的新型广谱抗绦虫和抗血吸虫药。对各种绦虫成虫及未成熟虫体均有良效。对血吸虫有很好的效果。内服后几乎全部迅速由消化道吸收。犬用药后30～120min达到血药峰浓度。肌肉或皮下注射，血浆中药物浓度维持时间更长。吸收后药物广泛分布于所有组织器官，其中以肝、肾最高，并可透过血脑屏障进入中枢神经系统，且能进入犬的胆汁。主要在肝脏中迅速代谢灭活，对犬的排泄半衰期约3h，极少量原形药物经尿和粪便排泄。

【适应症】主要用于犬、猫绦虫病和肺吸虫病，如犬豆状带绦虫、犬复孔绦虫、犬细粒棘球绦虫、犬多房棘球绦虫、猫肥颈带绦虫、乔伊绦虫、犬卫氏肺吸虫等感染。

【应用注意】①本品毒性虽极低，但高剂量偶尔可使动物血清谷丙转氨酶轻度升高。②大剂量皮下注射时，可出现局部刺激反应。犬、猫出现的全身反应（发生率为10%）为疼痛、呕吐、下痢、流涎、无力、昏睡等现象，但多能耐过。③不推荐用于4周龄以内幼犬和6周龄以内的小猫，但有吡喹酮与非班太尔配伍的产品可用于各种年龄的犬和猫。还可安全用于妊娠的犬和猫。

【用法与用量】吡喹酮片，内服：一次量，每1kg体重，犬、猫2.5～5mg。吡喹酮注射液，皮下、肌肉注射：一次量，每1kg体重，犬、猫0.1ml。

伊喹酮（Epsiprantel）

【性状】本品为白色结晶粉末，难溶于水。

【药理作用】本品为吡喹酮同系物，是美国20世纪90年代批准上市的犬、猫专用抗绦虫药。内服后，极少为消化道吸收，大部分由粪便排泄，犬内服治疗量，1h血药达峰值。同样剂量喂猫，有83%动物血浆中测不到药物，30min后可测出。犬尿中排泄的药物不足给药量0.1%，且没有代谢产物。此与吡喹酮迅速吸收达血药峰值，并在肝脏灭活，胆汁分泌形成强烈对比，即为伊喹酮在用药部位（消化道）发挥抗绦虫作用奠定基础。

【适应症】主要用于犬、猫绦虫病和肺吸虫病。

【应用注意】本品毒性虽较吡喹酮更低，但美国规定，不足7周龄犬、猫以不用为宜。

【用法与用量】伊喹酮片，内服：一次量，每1kg体重，犬5.5mg，猫2.75mg。

三、抗吸虫药

我国宠物的主要吸虫病为犬、猫肺吸虫。常用的抗吸虫药为吡喹酮、硫双二氯酚、硝碘酚腈等。

硝碘酚腈（Nitroxinil）

又名氰碘硝基酚。为淡黄色粉末；无臭或几乎无臭。在乙醚中略溶，在乙醇中微溶，在水中不溶，在氢氧化钠试液中易溶。本品对肝片吸虫、大片形吸虫成虫有驱杀效果，但对未成熟虫体效果较差。药物排泄缓慢，重复用药应间隔4周以上。硝氯酚氰注射液，皮下注射：一次量，每1kg体重，犬10mg。

四、抗血吸虫药

对人和动物危害严重的血吸虫有日本分体吸虫、曼氏分体吸虫和埃及分体吸虫。我国曾广泛流行的为日本分体吸虫。吡喹酮具有高效、低毒、疗程短、口服有效等特点，是血吸虫病的首选药物，其他具有抗血吸虫作用的药物主要有硝硫氰胺、硝硫氰醚、呋喃丙胺、六氯对二甲苯、敌百虫等。

硝硫氰酯（Nitroscanate）

【性状】本品为浅黄色结晶或结晶性粉末；微臭。在丙酮、二甲亚砜中溶解，在乙醇中极微溶解，在水中不溶。

【药理作用】本品为新型广谱抗吸虫药，国外多用于犬、猫驱虫。犬内服后能吸收入血，吸收后药物能与红细胞和血浆蛋白结合，半衰期长达7～14d，在体内分布不均匀，胆汁中浓度高于血浆浓度10倍，有明显肝肠循环现象，从而奠定杀血吸虫基础。吸收后药物主要经尿液排泄。

【适应症】广泛用于犬、猫驱虫，如狮弓蛔虫、弓首蛔虫、带绦虫、犬复孔绦虫、钩口线虫、细粒棘球绦虫未成熟虫体感染等。

【应用注意】①因对胃肠道有刺激性，犬、猫反应较严重。国外有专用的糖衣丸剂。②本品颗粒愈细，作用愈强。

【用法与用量】内服：一次量，每1kg体重，犬、猫50mg。

第二节　抗原虫药

宠物原虫病主要有球虫、贾第鞭毛虫、隐孢子虫、滴虫、梨形虫、弓形虫、锥虫、利什曼原虫和阿米巴原虫，还有极少数属人畜共患原虫，它们是刚地弓形虫、小隐孢子虫、利什曼原虫和克氏锥虫（非洲锥虫）。本节着重讨论抗球虫药、抗锥虫药、抗梨形虫药和抗滴虫药。

一、抗球虫药

球虫病是寄生于胆管及肠道上皮细胞内的一种原虫病，以消瘦、贫血、下痢、便血为主要临床特征。危害宠物的球虫为等孢球虫，常寄生于人、犬、猫及肉食动物体内。

磺胺喹噁啉（Sulfaquinoxaline）

【性状】本品为淡黄色或黄色粉末；无臭。在乙醇中极微溶解，在水或乙醚中几乎不溶，在氢氧化钠试液中易溶。磺胺喹噁啉钠为类白色或淡黄色粉末；无臭。在水中易溶，在乙醇中微溶。

【药理作用】本品是磺胺类药物中专供用于治疗球虫病的药物。其抗球虫活性峰期是第二代裂殖体，对第一代裂殖体也有一定作用，对有性周期无效。

【适应症】用于犬、猫等孢球虫病。

【应用注意】为防止耐药性产生和降低毒性，本品宜与其他抗球虫药（如氨丙啉或抗菌增效剂）联合应用。

【用法与用量】磺胺喹噁啉钠可溶性粉剂，犬、猫和水貂等，每只每次饮用240mg/l,

可连续使用。

二、抗锥虫药

锥虫病是由寄生于血液和组织细胞间的锥虫引起的一类疾病，危害宠物的主要是伊氏锥虫病。

萘磺苯酰脲（Suramin）

又名苏拉明、那加宁、那加诺。

【性状】本品常用其钠盐，为白色、微粉红色或带乳酪色粉末；味涩，微苦。在水中易溶，在甲醇、乙醇中微溶，在三氯甲烷中不溶。水溶液不稳定，宜新鲜配制，并在5h内用完。

【作用与适应症】本品注射后即与血浆及组织蛋白进行广泛结合，而且不易透过血脑屏障。与蛋白结合后又能缓慢解离释放药物，维持有效血药浓度。本品对伊氏锥虫病有效，用于早期感染，效果显著。

【应用注意】①治疗时，应用药两次（间隔7d）。②现用现配。

【用法与用量】注射用萘磺苯酰脲，静脉注射：一次量，每1kg体重，犬、猫8～12mg。

三、抗梨形虫药

梨形虫病是寄生于红细胞内的原虫病，由蜱通过吸血而传播和流行。宠物常见的梨形虫主要有犬、猫巴贝斯虫、吉氏巴比斯虫和泰勒虫。巴贝斯虫主要寄生在脊椎动物红细胞内，而泰勒虫则在淋巴细胞和红细胞中进行无性生殖。因此在治疗宠物梨形虫病时，必须进行综合性灭蜱（中间宿主）措施。宠物梨形虫病的特征为发热、贫血、黄疸、神经症状、血尿，严重者可致死。早期的抗梨形虫药有台盼蓝、喹啉脲以及吖啶黄等，由于毒性大，现已极少用。

三氮脒（Diminazene Aceturate）

又名贝尼尔。

【性状】本品为黄色或橙色结晶性粉末；无臭；遇光遇热变为橙红色。在水中溶解，在乙醇中几乎不溶，在三氯甲烷及乙醚中不溶。

【药理作用】本品对犬巴贝斯虫和吉氏巴比斯虫引起的临床症状均有明显的消除作用，但不能完全使虫体消失。对猫的猫巴贝斯虫无效。

【适应症】主要用于犬巴贝斯虫和吉氏巴比斯虫感染。

【应用注意】①本品毒性较大，安全范围较窄，治疗量有时也会出现不良反应，但通常能自行耐过。②注射液对局部组织刺激性较强，故大剂量应分点深部肌注。

【用法与用量】注射用三氮脒，肌肉注射：一次量，每1kg体重，3.5mg，用前配成5%～7%灭菌溶液。

二丙酸双脒苯脲（Imidocarb Oipropionate）

【性状】本品为无色粉末，易溶于水。

【药理作用】双脒苯脲属均为二苯脲类抗梨形虫药，兼有预防及治疗作用。注射后吸收并分布于全身组织。由于在肾脏中浓缩，并以原形再吸收，因此残效期极长，用药4周后体内仍残存药物。本品在肝脏中解毒，主要经尿排泄，以原形由粪便排出的不足10%。

【适应症】用于犬巴贝斯虫病。

【药物相互作用】由于本品对宿主具抗胆碱酯酶作用，因此，禁与胆碱酯酶抑制剂（包括杀虫药、化学物质）合用。

【应用注意】①本品毒性虽较其他抗梨形虫药低，但高剂量能使犬、猫出现胆碱酯酶抑制症状（如咳嗽、肌震颤、流涎、疝痛）但通常1h内恢复；若反应严重，可用小剂量阿托品解除。②禁止静脉注射，否则反应强烈，甚至致死。③高剂量注射时对局部组织有刺激性。④为彻底清除带虫状态，本品宜在用药14d药后，再用药一次。

【用法与用量】二丙酸双脒苯脲注射液，皮下、肌肉注射：一次量，每1kg体重，犬6mg。

硫酸喹啉脲（Quinurone Sulfate）

又名阿卡普林、抗焦虫素。

【性状】本品为淡绿黄色或黄色粉末。在水中易溶，在乙醚、三氯甲烷、苯中几乎不溶。

【药理作用】本品对犬巴贝斯虫有良好效果，一般用药后6～12h时出现药效，12～36h体温下降，症状缓解，外周血液内原虫消失。

【适应症】用于犬巴贝斯虫病。

【不良反应】本品毒性较大，应用大剂量可发生血压骤降，导致休克死亡。治疗剂量可出现胆碱能神经兴奋的症状，如站立不安、流涎、出汗、肌肉震颤、疝痛、血压下降、脉搏增快、呼吸困难等副作用，一般持续30min逐渐消失。为减轻或防止副作用，可将总剂量分成2～3份，间隔几小时应用，也可在用药前注射小剂量硫酸阿托品或肾上腺素。

【应用注意】①本品有较强的胆碱能神经兴奋效应，用药前肌注硫酸阿托品或肾上腺素。②禁止静脉注射。

【用法与用量】硫酸喹啉脲注射液，肌肉或皮下注射：一次量，每1kg体重，犬0.25mg。

第三节　杀虫药

具有杀灭体外寄生虫作用的药物称为杀虫药。由螨、蜱、虱、蚤、蝇、蚊等节肢动物引起的动物体外寄生虫病能直接危害动物机体，夺取营养，传播疾病，不仅给宠物造成极大伤害，而且传播许多人畜共患病，严重地危害人体健康。为此，选用高效、安全、经济、方便的杀虫药具有极其重要的意义。

一般说来，所有杀虫药对动物机体都有一定的毒性，甚至在规定剂量范围内也会出现程度不等的不良反应。因此，在选用杀虫药时，尤其应注意其安全性。首先，应选用国内已注册登记、有关部门已批准使用的品种，不可用一般农药作为杀虫药。其次，在产品质量上，要求较高的纯度和极少的杂质。在具体应用时，除严格掌握剂量、浓度和使用方法外，还需要加强动物的饲养管理，如遇有中毒现象，应立即采取解救措施。

杀虫药可分为有机磷类、有机氯类、拟除虫菊酯类及其他类杀虫药。

一、有机磷化合物

此类化合物包括有机磷酸酯类或硫代有机磷酸酯类，具有杀虫效力强、杀虫谱广、残效期短、对环境污染小等特点，但对人、动物毒性一般较大。绝大多数有机磷化合物（敌百虫除外）遇碱易水解，失去杀虫活性，用时应注意。常用的有机磷杀虫药有蝇毒磷、马拉硫磷、敌敌畏、甲基吡啶磷、巴胺磷、二嗪农等。

二嗪农（Diazinon）

【性状】本品为无色油状液体；有淡酯香味。难溶于水，在室温下水中溶解度为40mg/L，易溶于乙醇、丙酮、二甲苯。性质不稳定，在水和酸溶液中迅速分解。

【药理作用】本品为有机磷杀虫、杀螨剂，具有触杀、胃杀和熏蒸内吸作用。对各种螨类、蝇、虱、蜱具有良好杀灭作用。喷洒后在皮肤、被毛上的附着力很强，能维持长期的杀虫作用，一次用药的有效期可达6～8周。被吸收的药物在3d内从尿中排出。

【适应症】主要用于驱杀宠物体表的疥癣、痒螨及虱、蚤等。

【应用注意】本品属中等毒性，对猫毒性较大，应慎用。但项圈制剂适用于犬、猫使用。

【用法与用量】二嗪农项圈，每只猫、犬1条，使用期4个月。

甲基吡啶磷（Azamethiphos）

【性状】本品为白色或类白色结晶性粉末；有特臭。在二氯甲烷中易溶，在甲醇中溶解，在水中微溶。

【药理作用】本品是高效、低毒的新型有机磷杀虫剂，主要以胃毒为主，兼有触杀作用，能杀灭苍蝇、蟑螂、蚂蚁及部分昆虫的成虫。一次性喷雾，苍蝇的减少率可达84%～97%。本品还有残效期长的特点，将其涂于纸板上，悬挂于舍内或贴于墙壁上，残效期可达10～12周，喷洒于墙壁天花板上残效期达6～8周。

【适应症】主要用于灭蝇、蟑螂、蚂蚁、跳蚤、臭虫等。

【应用注意】①本品对眼有轻微刺激性，喷雾时不能向动物直接喷射，食物和水也应转移他处。②本品加水稀释后应当日用完，混悬液停放30min后，宜重新搅拌均匀再用。③本品对人、动物毒性较大，易被皮肤吸收发生中毒，应慎用。

【用法与用量】甲基吡啶磷可湿性粉，喷雾：每200m² 取本品500g，充分混合于4l温水中；涂布：每200m² 取本品250g，充分混合于200ml温水中，涂30点；甲基吡啶磷颗粒剂，分撒：每1m² 取本品2g，用水湿润。

二、有机氯化合物

有机氯杀虫剂是一类含氯原子的有机化合物，是发现和应用最早的一类人工合成杀虫剂。滴滴涕和六六六是这类杀虫剂的杰出代表，但由于其化学性质稳定，大量广泛应用后造成在农产品、食品和环境中残留量过高，并能通过生物链浓缩，对人、动物可能产生慢性毒害等问题，现已禁用。目前，只有氯芬新系列制剂用于犬、猫等宠物体表跳蚤幼虫的驱杀。

氯芬新（Lufenuron）

【药理作用】本品为合成的苯甲酰脲衍生物，属昆虫生长调节剂。蚤通过血液吸收并转送至卵，使幼虫壳质的形成受影响，使蚤的生长繁殖受阻。

【适应症】主要用于抑制犬、猫体表蚤幼虫的发育。

【应用注意】本品仅限于宠物应用。

【用法与用量】氯芬新片，内服：一次量，每 1kg 体重，犬 10mg。每月 1 次，连服 6 次。氯芬新混悬液，内服：一次量，每 1kg 体重，猫 3mg，每月 1 次。

三、拟除虫菊酯类化合物

除虫菊酯为菊科植物除虫菊干燥花序的有效成分，具有杀灭各种害虫作用，特别是击倒力甚强。由于除虫菊人工栽培产量有限，天然除虫菊酯性质不稳定，受到光、热条件易被氧化而失效，杀灭害虫力度不强，虽被击落但不能彻底杀死。为此，在天然除虫菊酯化学结构基础上，人工合成了一系列的除虫菊酯的拟似物，即拟除虫菊酯类。本类药物具有高效、广谱、低毒、性质稳定、残效期长等特点，但多数品种没有熏蒸和内吸作用，害虫易产生耐药性。兽医临床常用的有溴氰菊酯、氰戊菊酯、氟胺氰菊酯、氟氯苯氰菊酯等。

氰戊菊酯（Fenvalerate）

【性状】本品为淡黄色结晶性粉末。在甲醇中溶解，在丙酮或乙酸乙酯中易溶，在石油醚中略溶，在水中几乎不溶。

【药理作用】本品对犬、猫的多种外寄生虫及吸血昆虫如螨、虱、蚤、蜱、蚊、蝇、虻等有良好的杀灭作用，杀虫力强，效果确切。以触杀为主，兼有胃毒和驱避作用，有害昆虫接触后，药物迅速进入虫体的神经系统，表现强烈兴奋、抖动，很快进入全身麻痹、瘫痪，最后击倒而杀灭。

本品对哺乳动物毒性属中等，安全系数较大。本品耐光性较强，稀释后的药液比较稳定，只要保管妥善，药效可保持一个月左右。

【适应症】主要用于驱杀犬体表寄生虫如各类螨、蜱、虱、虻等。也用于杀灭环境、宠物舍卫生昆虫，如蚊、蝇等。

【应用注意】①配制溶液时，水温以 12℃为宜，如水温超过 25℃将会降低药效，超过 50℃则失效。应避免使用碱性水，并忌与碱性物质合用。②治疗犬外寄生虫病时，无论是喷淋、喷洒还是药浴，都应保证犬的被毛被药液充分浸透。

【用法与用量】氰戊菊酯溶液，药浴、喷淋：每 1ml 水，犬 80～100mg；杀灭蚊、蝇、蚤 40～80 mg。

溴氰菊酯（Deltamethrin）

又名敌杀死。

【性状】本品为黄色结晶性粉末。难溶于水，在丙酮、苯、二甲苯中易溶，在酸性和中性溶液中稳定，遇碱迅速分解。

【药理作用】本品杀虫范围广，对多种有害昆虫有良好的杀灭作用。杀虫力强，速效、低毒、低残留。对虫体有触毒和胃毒，无内吸作用。对有机磷和有机氯耐药的虫体，用之仍然高效。比有机磷酸酯有更大的脂溶性，其杀虫效力比滴滴涕强。

【适应症】主要用于驱杀犬体表寄生虫。

【应用注意】①本品对人、动物毒性虽小，但对皮肤、黏膜、眼睛、呼吸道有较强的刺激性，特别对大面积皮肤病或组织损伤者影响更为严重，用时注意防护。②急性中毒无特效解毒药，阿托品能阻止中毒时的流涎症状。主要以对症治疗为主，镇静剂巴比妥类能颉颃其中枢兴奋症状。误服中毒时可用4%碳酸氢钠溶液洗胃。③对塑料制品有腐蚀性。

【用法与用量】溴氰菊酯溶液，以溴氰菊酯计。药浴、喷淋：每1 000L水中5～15g（预防），30～50g（治疗）。必要时间隔7～10d重复处理。

四、其他杀虫药

双甲脒（Amitraz）

【性状】本品为白色或浅黄色结晶性粉末；无臭。在丙酮中易溶，在水中不溶，在乙醇中缓慢分解。

【药理作用】本品是一接触性广谱杀虫剂，兼有胃毒和内吸作用，对各种螨、蜱、蝇、虱等均有效。其杀虫作用可能与干扰神经系统功能有关，使虫体兴奋性增高，口器部分失调，导致口器不能完全由动物皮肤拔出，或者拔出而掉落，同时还能影响昆虫产卵功能及虫卵的发育能力。本品产生杀虫作用较慢，一般在用后24h才能使虱、蜱等解体，48h使患螨部皮肤自行松动脱落，不像拟除虫菊酯那样迅速使虫体击倒（有可能复苏），而是彻底给予杀灭。本品残效期长，一次用药可维持药效6～8周，可保护动物体不再受外寄生虫的侵袭。对人、犬、猫安全。

【适应症】主用于防治犬、猫、兔的体外寄生虫病，如疥螨、痒螨、蜂螨、蜱、虱等。

【应用注意】①对严重病例用药7d后可再用一次，以彻底治愈。②本品对皮肤有刺激作用，防止药液玷污皮肤和眼睛。

【用法与用量】双甲脒溶液，药浴、喷洒、涂擦：宠物配成含双甲脒0.025%～0.05%的溶液。双甲脒项圈，每只犬1条，使用期4个月（驱蜱）、1个月（驱毛囊虫）。

升华硫（Sulfur Sublimat）

【性状】本品为黄色结晶性粉末；有微臭。在水和乙醇中不溶。

【药理作用】本品为硫磺的一种，有灭螨和杀菌（包括真菌）作用。硫磺本身并无此作用，但与皮肤组织有机物接触后，逐渐生成硫化氢、五硫磺酸等，能溶解皮肤角质，使表皮软化并呈现灭螨和杀菌作用。另外，硫磺燃烧时产生二氧化硫，在潮湿情况下，具有还原作用，对真菌孢子有一定破坏能力。

【适应症】治疗宠物疥螨、痒螨病。

【药物相互作用】①硫制剂的配制与贮存过程中勿与铜、铁制品接触以防变色。②本品与药用肥皂或清洁剂、含酒精制剂共用时，可增加对皮肤的刺激及干燥感。③与汞制剂共用时可引起化学反应，释放有臭味的硫化氢，对皮肤有刺激性。

【应用注意】本品应密闭在阴凉处保存。对人的皮肤和眼睛具有刺激性，使用时注意防护。

【用法与用量】升华硫软膏，外用，涂擦患部，一日1次，连用3d。

非泼罗尼（Fipronil）

【药理作用】本品是一种对多种害虫具有防治效果的广谱杀虫药。主要通过胃毒和触杀起作用，也有一定的内吸作用。对480余种农业、畜牧、卫生害虫和螨类均有杀灭效果，其活性是有机磷酸酯、氨基甲酸酯的100倍以上。此外，对拟除虫菊酯类、氨基甲酸酯类杀虫剂产生抗药性的害虫也有极强的驱杀作用。残效期一般为2～4周，最长可达6周。

【适应症】主要用于犬、猫体表的跳蚤、犬蜱及其他体表害虫。

【用法与用量】非泼罗尼喷剂，喷雾：每1kg体重，3～6ml。

复习思考题

1. 阿苯达唑的适应症有哪些？应用时应注意哪些问题？
2. 试述广谱抗蠕虫的药物，比较它们在抗虫谱、作用和应用上的特点。
3. 简述伊维菌素的药理作用、适应症及应用时注意事项。
4. 简述如何使用杀虫药及应该注意哪些问题。

（王立明）

第五章　中枢神经系统药物

中枢神经系统包括脑与脊髓，作用于中枢神经系统的药物根据其作用性质的不同而分为中枢抑制药和中枢兴奋药。中枢抑制药又分为全身麻醉药、化学保定药、镇静安定药与抗惊厥药和镇痛药。

第一节　全身麻醉药

一、概述

全身麻醉药（简称全麻药）是一类能可逆地抑制中枢神经系统，暂时引起意识、感觉、运动及反射消失、骨骼肌松弛，但仍保持延髓生命中枢（呼吸中枢和血管运动中枢）功能的药物，主要用于外科手术前麻醉。为提高麻醉效果和扩大安全范围，常配合应用镇静药、镇痛药和肌松药，现在有些地方也试用中草药麻醉。

全身麻醉药按其理化性质及给药途径的不同可分为：吸入性麻醉药，如乙醚、氟烷、氧化亚氮；非吸入性麻醉药或静脉麻醉，如水合氯醛、氯胺酮、硫喷妥钠。

（一）麻醉分期

麻醉药对中枢神经系统各部位的抑制作用有先后顺序，先抑制大脑皮质，最后是延脑。麻醉逐渐加深时，依次出现各种神经功能受抑制的症状。为了掌握麻醉深度，取得满意的麻醉效果，并防止麻醉事故的发生，通常将麻醉过程分成四期，各期之间并无明显的界限。

第一期 镇痛期（随意运动期）　从麻醉开始到意识消失，此时大脑皮质和网状结构上行激活系统受到抑制，动物对疼痛刺激减弱，呼吸正常，各种反射（角膜、眼睑、吞咽）存在，肌张力正常。

第二期 兴奋期（不随意运动期）　大脑皮层逐渐被抑制，对皮层下中枢失去控制和调节，动物表现为不随意性兴奋、挣扎、鸣叫，呼吸不规则，瞳孔扩大，血压、心率不稳定，各种反射仍存在，肌张力增加。此期不宜进行任何手术。

第一、第二期合称为诱导期，易致心脏停搏、喉头痉挛等麻醉意外。

第三期 外科麻醉期　大脑、间脑、桥脑自上而下逐渐受到抑制，脊髓由下而上逐渐被抑制，延脑机能仍然保存。在外科手术中，该期又分为浅麻醉期和深麻醉期。

浅麻醉期：动物由兴奋转为安静，痛觉、意识完全消失，肌肉松弛，呼吸、血压平稳，瞳孔逐渐缩小，角膜和跖反射仍存在，但较迟钝。此阶段适宜进行一般手术，大手术需配合局部麻醉药。

深麻醉期：麻醉深度扩展至中脑，并向脑桥深入，脊髓胸段已被抑制。动物出现以腹式呼吸为主的呼吸式，瞳孔缩小、角膜反射消失、舌脱出不能回缩。由于麻醉深度不易控制而易转入延脑麻醉期，兽医外科极少在此阶段进行外科手术。

第四期 麻痹期（中毒期）　麻醉由深麻醉期继续深入，动物出现脉搏微弱，瞳孔散大，血压下降，从呼吸肌完全麻痹到循环完全衰竭为止。如动物逐渐苏醒而恢复称为苏醒期，在苏醒过程中，因站立不稳而易于跌撞，应注意防护。外科麻醉禁止到达此期。

上述麻醉的分期，在现代临床麻醉中已难看到。但只要在实践中仔细观察，掌握麻醉深度，不难达到满意的外科麻醉状态。在临床实践中应掌握好麻醉的有关指征是非常重要的，如：①麻醉过深的指征：腹式呼吸，脉搏微弱，血压下降、瞳孔散大，唇紫绀。②麻醉不足的指征：眼睑反射依然存在，呼吸不规则，切割皮肤或翻动内脏时血压升高，出现吞咽、咳嗽及四肢活动等。

（二）麻醉并发症及抢救措施

有些全身麻醉用药时常会发生并发症，严重时会危及生命，所以应及时抢救。

1. 呕吐

较多见于宠物全身麻醉的前期，此时吞咽反射消失，胃内容物常流入或被吸入气管造成严重并发症（窒息或异物性肺炎）的危险。全身麻醉动物的头部应稍为垫高，口朝下，可能时将舌拉出口外，用湿纱布包裹。一旦发生呕吐，应尽可能使呕吐物排出口腔，呕吐停止后用大棉花块清洗口腔。

2. 舌回缩

也是宠物在麻醉时较常见的并发症之一，即在深睡期时肌肉弛缓，舌根向会厌软骨方向移动，造成喉头通道的狭窄或堵塞。此时可听到异常呼吸音或出现痉挛性呼吸和发绀症状，在整个麻醉期内应该注意舌部的状况。一旦发现舌回缩现象时，应立即用手或舌钳将舌牵出，并使其保持伸出口腔外，症状即自行消失。

3. 呼吸停止

可出现于深麻醉期或麻痹期，乃由于延脑的重要生命中枢麻痹或由于麻醉剂中毒、组织的血氧过低所致。当出现呼吸停止的初期症状时，立即撤除麻醉，打开口腔，拉出舌头（或以 20 次/min 左右的节律反复牵拉舌头），并着手进行辅助呼吸。药物抢救方法是立即静脉注入尼可刹米、安钠咖或皮下注射樟脑油等。上述药物根据情况需要可反复应用。在使用呼吸兴奋药的同时，也要进行人工支持呼吸，如用手有节奏地挤压呼吸囊，启用呼吸机等，是其他任何方法所不能代替的。

4. 心搏停止

麻醉时原发性心脏活动停止是最严重的并发症，通常发生在深麻醉期。心脏活动骤停常常没有预兆，表现脉搏和呼吸突然消失，瞳孔散大，创内的血管停止出血。当遇心搏停止，应毫不迟疑地采取抢救措施。可采用心脏按摩术，同时配合人工呼吸。有时也可考虑开胸后直接按压心脏。药物的抢救可以用0.1%盐酸肾上腺素，犬、猫0.1～0.5ml，若由静脉直接给药，在犬、猫应做10倍稀释。为抢救心功能骤然减弱或心脏骤停，可做心室内注射，其效果更好；也可以采用安钠加静脉注射。

（三）复合麻醉

目前，各种全麻药单独应用都不理想，常采用复合麻醉方式，即同时或先后应用两种以上麻醉药物或辅以其他药物，以增强麻醉效果，减少毒副作用等。常用的复合麻醉药见表3—1。

表3—1 常用的复合麻醉药

用药目的	常用药物
镇静、解除精神紧张	巴比妥类、地西泮
短暂性记忆缺失	苯二氮䓬类、氯胺酮、东莨菪碱
基础麻醉	巴比妥类、水合氯醛
诱导麻醉	硫喷妥钠、氧化亚氮
镇痛	阿片类
骨骼肌松弛	琥珀胆碱、筒箭毒碱类
抑制迷走神经反射	阿托品类
降温	氯丙嗪
控制性降压	硝普钠、钙颉颃剂

目前常用的麻醉方式如下。

1. 麻醉前给药

在应用全身麻醉药物前，先用一种或几种药物以补救麻醉药的不足或增强麻醉效果。如麻醉前给予阿托品或东莨菪碱以减少乙醚刺激呼吸道的分泌，防止唾液及支气管分泌所致的吸入性肺炎，并防止因迷走神经兴奋所致的心跳减慢导致的反射性心律失常。术前注射阿片类镇痛药，以增强麻醉效果。

2. 基础麻醉

先用巴比妥类药物或水合氯醛等，使其达到深睡或浅麻状态，在此基础上再进行麻醉，可使药量减少，麻醉平稳。常用于幼小动物。

3. 诱导麻醉

为避免全麻药诱导期过长的缺点，应用诱导期短的硫喷妥钠或氧化亚氮，使迅速进入外科麻醉期，避免诱导期的不良反应，然后改用其他药物维持麻醉。

4. 配合麻醉

如麻醉同时注射琥珀胆碱或筒毒碱类肌松药，以满足手术时肌肉松弛的要求。用局麻药配合全麻药进行麻醉，如先用水合氯醛引起浅麻醉，再在术野获有关部位使用局麻药，以减少水合氯醛的用量及毒性。

5. 混合麻醉

用两种或两种以上药物配合在一起进行麻醉，以达到取长补短的目的。如氟烷与乙醚混合使用、水合氯醛硫酸镁注射液等。

二、吸入性麻醉药

吸入麻醉药是通过肺部吸入而达到麻醉效果的药物，包括气体性（如氧化亚氮、环丙烷）和挥发性液体（如乙醚、氟烷、异氟烷、恩氟烷等）两类。临床使用以液体性吸入麻醉药品种较多，主要采用气管插管直接将麻醉气体送入气管，也称气管内麻醉。其优点是能迅速而有效地控制麻醉深度和较快地终止麻醉，安全且麻醉效果确实。但使用时需要一定的麻醉设备、训练有素的麻醉师和严格的监护，费用较高。为了便于将导管插入气管内，也为了节省麻醉药，临床上常先做浅麻醉或短时麻醉（诱导麻醉），然后再做吸入麻醉。有的药物易燃、易爆、刺激呼吸道等，需小心谨慎。

使用吸入性麻醉药时容易产生一些不良反应：①呼吸和心脏抑制：超过外科麻醉 2～4 倍量的药物可明显抑制呼吸和心脏功能，严重者可致死亡。呼吸抑制可凭借呼吸机来补偿。②胃内容物被吸入肺：由于麻醉时正常反射消失，胃内容物可能反流并被肺吸入，刺激支气管导致痉挛和引起术后肺部炎症。麻醉时采用支气管内插管，把气管分开可预防此并发症。③恶性高热：虽极为罕见，但所有吸入麻醉药均可引起。表现为心动过速、血压升高、酸中毒、高血钾、肌肉僵直和体温异常升高（可达 43℃，严重者可致死），如肌松药琥珀胆碱能触发此反应。此症发生有一定遗传倾向性，难预防。对症处理可采用静注丹曲林和降低体温的方法以及纠正电解质和酸碱平衡。④肝、肾毒性：氟烷等含氟麻醉剂可致肝损害。肾损害仅见于甲氧氟烷，为其代谢物无机氟化物损伤肾小管所致。⑤对手术室工作人员的影响：长期吸入低剂量吸入麻醉药有致头痛、警觉性降低和孕妇流产的可能。宜加强手术室的通风措施。

氟烷（Halothane，Fluothane）

又名三氟氯溴乙烷、氟罗生。

【性状】本品为无色澄明、易流动、易挥发重质液体；无引燃性，无局部刺激性。性质不稳定，遇光、热可缓慢分解，应避光保存。可与乙醇、三氯甲烷、乙醚等任意混合。

【药理作用】麻醉作用迅速强大，诱导期与苏醒期均短。对黏膜无刺激性，不易引起分泌物过多、咳嗽、喉痉挛等。但肌肉松弛及镇痛作用较弱，需配合肌松药和镇痛药。浅麻醉对心血管系统影响不明显，但随麻醉加深血压下降，心率迟缓，心肌收缩力减弱，心输出量减少，因此用氟烷麻醉时要掌握好麻醉深度。

【适应症】目前兽医临床上广泛用于各种年龄的犬、猫手术时的全身麻醉及诱导麻醉。多用于封闭式吸入麻醉，需特殊专用的蒸发器控制浓度。

【药物相互作用】①本品与非去极化肌松药（如筒箭毒碱、库泮溴铵）有显著协同作用，对去极化肌松药（如琥珀胆碱）无影响。②氨茶碱与氟烷麻醉合用易发生心律失常。③抑制肝脏对苯妥英钠的代谢速率，导致其血药浓度升高，可发生苯妥英钠中毒。

【应用注意】①本品有较强的抑制心脏的作用，而镇痛和肌松作用较弱，且易引起呼吸抑制；氟烷对肝、肾均有不良影响。②由于氟烷汽化压高，不能用于开放式给药，只能采用标准蒸发罐（此为吸入麻醉机的关键部件）。当吸入浓度为 3%～5%时，氟烷诱导麻醉快，完成气管插管后，可用低浓度 0.75%～1.5%维持麻醉。由于麻醉起效快，麻醉浓度变化也快，麻醉监护非常必要。心率和呼吸频率可作为判断麻醉深度的指标。临床上先以15～ 20mg/kg剂量的硫喷妥钠作基础麻醉，而后插入气管，给予氟烷吸入麻醉。③因能抑制子宫平滑肌张力，影响催产素的作用，甚至抑制新生幼仔呼吸，故不宜用于剖腹产手术。④使用时避免与铜等金属器具接触，因可被腐蚀。

【用法与用量】闭合式或半闭合式给药。犬、猫先吸入不含氟烷的70%氧化亚氮和30%氧，经1min后再加氟烷于上述合剂中，其浓度为0.5%，时间为30min，以后浓度逐渐增大至1%，约经4min达5%浓度为止，此时氧化亚氮浓度减至60%，氧的浓度为40%。应注意预先肌肉注射阿托品。

甲氧氟烷（Methoxyflurane）

【性状】本品为无色澄明液体；有水果香味。在室温下气化热低，不燃不爆，不受光、空气或碱石灰的作用而分解。在脂肪等组织内溶解度高。

【药理作用】镇痛作用强，当犬处于浅麻状态时，眼睑反射、角膜反射和足底反射均已减弱，靠本身的呼吸吸入甲氧氟烷，血中药物浓度不易达到致死浓度。随着麻醉加深，犬的呼吸变慢。麻醉诱导期长，苏醒较慢，常需数小时。

【适应症】猫、犬手术时的诱导麻醉和维持麻醉，可在氯胺酮、赛拉嗪的诱导下进行麻醉，也可直接应用本品诱导并维持麻醉。

【药物相互作用】①本品可以增强非去极化肌松药的作用并延长作用时间。②抗生素和巴比妥类药物可增加其肾毒性作用。

【应用注意】①本品能使血液变成鲜红色，同时对肝、肾有不良影响，对肝、肾功能不全的动物应禁用。②因会增加出血，故不适宜于产科手术。③麻醉时对呼吸和循环具有一定毒性，吸入浓度不宜过高，并在麻醉过程中密切监测呼吸和心率。

【用法与用量】可采用开放式、半开放式、密闭式及半密闭式吸入麻醉。0.3%浓度用于诱导麻醉，0.5%浓度用于维持麻醉。

麻醉乙醚（Anaesthetic Ether）

【性状】本品为无色澄明、易流动的液体；特臭，味灼烈、微甜；有极强的挥发性与燃烧性，蒸气与空气混合后遇火能爆炸；在空气和日光影响下，渐氧化变质。本品与乙醇、三氯甲烷、苯、石油醚、脂肪油或挥发油均能任意混合，在水中溶解。

【药理作用】乙醚能广泛抑制中枢神经系统，使其意识、痛觉、反射先后消失，肌肉松弛，便于手术。麻醉浓度对呼吸、血压几乎无影响，对心脏、肝脏、肾脏毒性小，安全范围大。但其麻醉的诱导期较长，常有兴奋不安现象，对呼吸道黏膜刺激性大，唾液和呼吸道分泌物显著增多。

【适应症】主要用于犬、猫等中小动物的全身麻醉。可单独使用，也可与其他药物合用，控制、维持麻醉深度。

【药物相互作用】①用于吸入麻醉时，并用肾上腺素或去甲肾上腺素可发生心律失常。②氧化亚氮和氧气不宜与乙醚混合应用，以免发生呼吸道灼伤。③吸入麻醉药与神经肌肉阻断药合用，可不同程度增加后者神经阻断作用，故禁忌腹腔或静脉注射氨基糖苷类抗生素。

【注意】①乙醚开瓶后在室温中不能超过1d或冰箱内存放不超过3d，氧化变质后不宜使用。②全麻前1h，皮下注射阿托品，以抑制呼吸道的过多分泌，并减少乙醚用量。③因其对肝的毒性及局部刺激性强，肝功能严重损害、急性上呼吸道感染的动物禁用。

④过量麻醉可出现呼吸抑制，心脏机能紊乱。⑤本品有极易燃、易爆的危险性以及空气污染等缺点，使用场合不可开放火焰或电火花。

【用法用量】可用开放式、闭合式或半闭合式给药。犬吸入乙醚前注射硫喷妥钠、硫酸阿托品（0.1mg/kg），然后用麻醉口罩吸入乙醚，直至出现麻醉体征。猫、兔、鸽等均可直接吸入，直至出现麻醉体征。

氧化亚氮（Nitrous Oxide）

别名笑气、一氧化二氮。

【性状】本品为无色、味甜、无刺激性液态气体，性质稳定，不燃不爆。

【药理作用】本品麻醉强度约为乙醚的1/7，但毒性小，作用快，无兴奋期，镇痛作用强，苏醒快。对呼吸和肝、肾功能无不良影响。但对心肌略有抑制作用。

【适应症】主要用于诱导麻醉或与其他全身麻醉药配伍使用。

【药物相互作用】与其他麻醉药配伍可达满意的麻醉效果，常与氟烷、甲氧氟烷、乙醚或静脉全麻药合用，很少单独使用。

【注意】①大手术需配合硫喷妥钠及肌肉松弛剂等；吸入气体中氧气浓度不应低于20%；麻醉终止后，应吸入纯氧10min，以防止缺氧。②当动物有低血容量、休克或明显的心脏疾病时，可引起严重的低血压。

【用法与用量】吸入麻醉：小动物用75%氧化亚氮与25%氧混合，通过面罩给予2～3min，然后再加入氟烷，使其在氧化亚氮混合气体中达3%浓度，直至出现下颌松弛等麻醉体征为止。

三、非吸入性麻醉药

非吸入性麻醉药是一类非经吸入而多数经静脉注射产生麻醉效应的药物，又称静脉麻醉药。其给药途径较多，包括静脉注射、腹腔注射、肌肉注射、内服及直肠灌注等，其中静脉注射法显效迅速，为宠物临床常用的方法。

非吸入性麻醉的优点是易于诱导，快速进入外科麻醉期，不出现兴奋期，操作简便，一般不需特殊装置。缺点是不易控制麻醉深度、用药剂量和麻醉时间，用药过量不易排除与解毒，排泄慢、苏醒时间长。

非吸入麻醉药在实践中应用甚广。各种非吸入性麻醉药的选择，可因动物和实验目的及手术经过等因素而不同。犬和兔的慢性手术用戊巴比妥钠麻醉较为合适，麻醉时间可持续2～4h，麻醉后死亡率低；对大白鼠亦适用，麻醉时间可以持续1h，但对小鼠的麻醉时间则很短，不适宜长时手术。

对于非吸入麻醉药的给药，小动物多用腹腔注射，大型宠物可采用静脉注射。静脉注射的原则是先注射麻醉药总量的3/4，在1min内注射完毕，如动物瞳孔收缩为原来的1/4，肌肉松弛，呼吸稍慢，则所用的麻醉药已够量。如果麻醉剂量不足时，隔1min后每20s注射少量，直至将总量注完为止。如果动物还未完全麻醉，隔5min可再补充一些，以达到足够的麻醉深度。腹腔注射虽然方便，但亦有很多缺点，如作用发生慢，兴奋现象明显，麻醉的深浅不易控制，有时偶尔误注入肠腔或膀胱内等。

如果麻醉后动物苏醒则要继续麻醉，可以视动物的情况，补充原来注射麻醉药全剂量的1/4～1/2，最好作静脉注射，便于观察动物反应的情况。如果不是用静脉注入时，则以小量补充，以免过量。

常用的非吸入性麻醉药有巴比妥类（如戊巴比妥、硫喷妥钠）、水合氯醛、乙醇、氯胺酮、丙潘尼地等。

戊巴比妥（Pentobarbital）

【性状】药用为其钠盐，白色结晶性颗粒或粉末；无臭，味微苦；有引湿性，极易溶于水，在醇中易溶，乙醚中几乎不溶。水溶液呈碱性反应，久置或加热均易分解。

【药理作用】戊巴比妥钠是中效巴比妥类药物，小剂量催眠、镇静，大剂量能引起镇痛和深度麻醉以及抗惊厥。对呼吸和循环有显著的抑制作用，能使血液红细胞和白细胞减少，血沉加快，延长凝血时间。苏醒期长，一般6～8h才能完全恢复，猫可长达24～72h。

【适应症】用作中、小动物的全身麻醉药，犬、猫的维持外科麻醉时间约为0.5h，在麻醉前用赛拉嗪，可降低戊巴比妥钠78%用量；也可做小动物的安死剂，静脉注射2倍麻醉剂量可以使犬等小动物无痛苦死亡；还可用于镇静药、基础麻醉药、抗惊厥药及中枢兴奋药中毒的解救。

【药物相互作用】可与水合氯醛或硫喷妥钠伍用进行复合麻醉，也可与氯丙嗪、盐酸普鲁卡因等伍用进行复合麻醉。

【应用注意】①用戊巴比妥钠麻醉的猫，给予氨基糖苷类抗生素可引起神经肌肉的阻断。新生幼猫不宜用其麻醉。②犬应用本品麻醉后在苏醒前通常伴有动作不协调，兴奋和挣扎现象，应防止造成外伤。动物苏醒后，若静脉注射葡萄糖溶液能使动物重新进入麻醉状态。因此，当麻醉过量时禁用葡萄糖。③因麻醉剂量对呼吸呈明显抑制，故静脉注射时宜先以较快速度注入半量，然后视动物反应而缓慢注射。④肝、肾功能不全的患病动物应慎用。

【用法与用量】戊巴比妥钠注射液，静注：一次量，每1kg体重，犬、猫、兔25～30mg。肌肉注射：一次量，每1kg体重，犬25～30mg，临用前用生理盐水配成3%～6%溶液。

硫喷妥钠（Thiopental Sodium）

【性状】本品为微黄色粉末；有蒜臭，味苦；有潮解性。易溶于水（1∶40），水溶液不稳定，呈强碱性（pH值10.5），一般填充氮气密封于玻璃容器中。

【药理作用】本品为超短时间作用的巴比妥类药物。静注后迅速产生麻醉作用，约数秒钟即能奏效，无兴奋期，但维持麻醉时间很短，一次麻醉量约能维持20～30min，易调节麻醉深度。其麻醉深度和维持时间与静注速度有关。注射越快，麻醉则越深，维持时间也越短。苏醒期短，无明显兴奋现象。

对血液循环系统有明显的抑制作用，用量过大、注射过快会引起心脏收缩减慢和血压下降；对呼吸系统有明显的抑制作用，其程度与剂量呈正比关系；对肝、肾影响较小。

【适应症】用于各种动物的诱导麻醉和基础麻醉，单独应用仅适用于小手术；还可用于对抗中枢兴奋药中毒、破伤风以及脑炎等引起的惊厥。

【药物相互作用】①磺胺异恶唑、乙酰水杨酸、保泰松等能置换取代本品与血浆蛋白的结合，提高游离药量和增强麻醉效果，过量时可引起中毒。②阿片类药物会增强本品对呼吸的抑制作用，使其对二氧化碳的敏感性更降低。

【不良反应】猫注射后可出现呼吸窒息、轻度的动脉低血压。

【应用注意】①本品水溶液性质不稳定，宜现配现用，在室温中仅能保存 24h，如溶液呈深黄色或混浊则不能使用。②药液只供静脉注射，不可漏出血管，否则易引起静脉周围炎。因对呼吸中枢具有明显抑制作用，应用时注射速度不宜过快，剂量不宜过大。③本品易引起喉头和支气管痉挛，麻醉前宜给予阿托品。④心、肺功能不良的患病动物禁用，肝、肾功能不全动物慎用。⑤过量引起呼吸和循环抑制时用戊四氮等解救。

【用法与用量】注射用硫喷妥钠，静脉注射：一次量，每 1kg 体重，犬、猫 20～25mg（临用前以注射用水或灭菌生理盐水配成 2.5%溶液），鸟类 50mg（临用前配成 1%溶液）。

氯胺酮（Ketamine）

别名开他敏。

【性状】药用盐酸盐，为白色结晶性粉末；无臭。在水中易溶，水溶液呈酸性（pH 值 3.5～5.5）。在热乙醇中溶解，在乙醚或苯中不溶解。

【药理作用】本品是一种新型镇痛性麻醉药，其脂溶性高，比硫喷妥钠高 5～10 倍。①对中枢神经系统的作用：既有兴奋作用也有抑制作用。大脑功能呈“分离”状态，即给药后表现为镇静、镇痛作用，但动物仅意识模糊，而尚未完全消失，眼睛仍睁开，咳嗽和吞咽反射依然存在，遇有外界刺激，仍能觉醒并表现有意识反应，故将其称为分离麻醉药。同时肌肉张力增加呈木僵样，故又称为“木僵样麻醉”。②对心血管系统的作用：本品是唯一能兴奋心血管的静脉麻醉药，用药后心率加快、血压、全身血管压力、肺动脉压力和肺血管阻力均增高。本品还抑制心肌收缩。③对呼吸系统的作用：具有呼吸抑制作用，但影响轻微。④对肝肾功能无明显影响，但静注后可使转氨酶升高。⑤其他：除升高颅内压外，还可增高眼内压。

【适应症】本品为短效麻醉药，肌肉、静脉注射均可，用于小手术、诊疗处置和镇静性保定。

【药物相互作用】①氟烷减慢氯胺酮的分布和再分布，又抑制肝脏对氯胺酮的代谢，可延长作用时间。②巴比妥类药物或地西泮可延长氯胺酮的消除半衰期，延迟苏醒。③阿托品可消除氯胺酮所致唾液分泌过多、咽喉反射活跃等反应。④肌肉松弛药与氯胺酮有协同效应，但与三碘季铵酚合用时血压升高，心率加快。⑤普鲁卡因可增强氯胺酮的镇痛作用，并部分颉颃氯胺酮引起的升压效应；但大剂量普鲁卡因可加重氯胺酮的抑制作用。⑥与塞拉嗪合用能增强本品的作用并呈现肌松作用，利于进行外科手术。

【不良反应】①可使动物血压升高、唾液分泌增多、呼吸抑制、呕吐等。②高剂量可产生肌肉张力增加、惊厥、呼吸困难、痉挛、心搏暂停和苏醒期延长等。

【应用注意】静注宜缓慢，以免引起心跳过快、暂时性呼吸减慢，甚至一过性呼吸暂停等不良反应。本品应室温避光保存。

【用法与用量】盐酸氯胺酮注射液，肌肉注射：注射前应先皮下注射硫酸阿托品（0.03～0.05mg/kg）预防流涎和腺体分泌。犬每 1kg 体重，10～20mg，5～10min 后犬即平稳地进入浅麻醉状态，一般可获得 20min 左右的安静期。在 1h 内可自然恢复苏醒，副作用小，安全。猫每 1kg 体重 20～30mg，灵长类动物 5～10mg。

第二节　镇静药与抗惊厥药

一、镇静药

镇静药能使中枢神经系统产生轻度的抑制作用，减弱机能活动，从而起到缓和激动，消除躁动、不安，恢复安静的药物。主要用于兴奋不安或具有攻击性行为的动物，以使其安静。这类药物在大剂量时还能缓解中枢病理性过度兴奋症状，即具有抗惊厥作用。临床常用的有吩噻嗪类（如氯丙嗪）、苯二氮䓬类（如地西泮等）。曾用于兽医临床的溴化物，现已少用。

氯丙嗪（Chlorpromazine）

又名冬眠灵、可乐静、氯普马嗪。

【性状】药用盐酸盐为白色或乳白色结晶性粉末；无臭、味苦而麻；粉末或其水溶液遇空气或阳光渐变成黄色、粉红色，最后成紫色。易溶于水（1 ∶ 1）、乙醇（1 ∶ 1.5～3）和三氯甲烷，不溶于乙醚，有吸湿性，新鲜配制的10％水溶液 pH 值 3.5～ 4.5；与碳酸氢钠、巴比妥类钠盐相遇生成沉淀，遇氧化剂变色。

【药理作用】①对中枢神经系统作用：具有强大的中枢安定作用，使狂躁、倔强的动物变得安静、驯服。还能镇吐、止痛、降低体温，并加强催眠药、麻醉药、镇痛药与抗惊厥药的作用。②对心血管系统的作用：抑制血管运动中枢，并可直接舒张血管平滑肌，抑制心脏活动，引起 T 波改变等心电图异常。③对内分泌系统作用：抑制促性腺激素、促肾上腺皮质激素和生长激素的分泌，增加催乳素分泌。④抗休克作用：因其阻断外周 α 受体，直接扩张血管，解除小动脉与小静脉痉挛，改善微循环。同时扩张大静脉作用强，降低心脏前负荷，左心衰竭时可改善心功能。

【应用】①镇静：因破伤风、脑炎及中枢兴奋药中毒引起的惊厥，使其安静，缓解症状。②麻醉前给药：本品配合水合氯醛或其他全麻药可用于全身麻醉。③抗应激反应：犬、猫等在高温季节长途运输时，应用本品可减轻因炎热等不利因素的应激反应，减少死亡率。

【药物相互作用】可用苯海索对抗该药引起的肌肉震颤，但会降低疗效。本品能加强催眠药、麻醉药、镇痛药与抗惊厥药的作用。

【应用注意】①犬、猫等动物往往在剂量过大时出现心率不齐、四肢与头部震颤，甚至四肢与躯干僵硬等不良反应。②对肝功能有一定影响，偶可引起阻塞性黄疸、肝肿大，停药后可恢复。③可发生过敏反应，常见有皮疹、接触性皮炎、剥脱性皮炎、粒细胞减少（此反应少见，一旦发生应立即停药）、哮喘、紫癜等。④本品刺激性大，静注时可引起血栓性静脉炎，肌注局部疼痛较重，可加用1％普鲁卡因作深部肌注。⑤本品有时可引起精神抑郁，用药时应注意。

【用法与用量】盐酸氯丙嗪片，内服：一次量，每 1kg 体重，犬、猫 2～ 3mg。盐酸氯丙嗪注射液，肌肉注射：一次量，每 1kg 体重，犬、猫 1.0～ 3.0mg。复方氯丙嗪注射液，肌肉注射：每 1kg 体重，犬、猫 0.5～ 2.0mg。

乙酰丙嗪（Acepromazine）

又名马来酸乙酰丙嗪、乙酰普马嗪。

【性状】药用马来酸盐为黄色结晶性粉末；无臭。本品 13.5mg 约相当于乙酰丙嗪基质 10mg。在水、乙醇、三氯甲烷中溶解，在乙醚中微溶。

【药理作用】作用基本与氯丙嗪相似，具有镇静、镇吐、降体温、降血压作用。镇静作用强于氯丙嗪，故增强催眠药与麻醉药的作用较氯丙嗪强。

【适应症】基本同氯丙嗪。与哌替啶合用治疗痉挛疝，呈良好的安定镇痛效果，此时用药量为各自的 1/3 量即可。

【不良反应】①口干，腹部或胃部不适。②周围神经炎，嗜睡。③可能引起过敏反应，如皮疹、气喘、过敏性休克。

【用法与用量】乙酰丙嗪片，内服：每 1kg 体重，犬 0.5～2mg，猫 1～2mg。乙酰丙嗪注射液，肌肉、皮下或静脉注射：每 1kg 体重，犬 0.5～1mg，猫 1～2mg。

地西泮（Diazepam）

又名安定、苯甲二氮唑。

【性状】黄白色结晶粉末；几乎无臭或无臭，味极苦。在三氯甲烷中极易溶解，在乙醇和乙醚中易溶，在水中不溶。宜遮光密闭保存。

【药理作用】具有安定、镇静、催眠、肌肉松弛、抗惊厥、抗癫痫等作用。

【适应症】用于各种动物镇静催眠、保定、抗惊厥、抗癫痫、基础麻醉及术前给药；并可治疗犬的癫痫、破伤风及士的宁中毒、防止水貂等动物的攻击等。

【用法与用量】地西泮片，内服：一次量，每 1kg 体重，犬 5～10mg，猫 2～5mg。地西泮注射液，肌肉、静脉注射：犬、猫 0.6～1.2mg。

水合氯醛（Chloral Hydrate）

又名含水氯醛、水化氯醛、水合三氯乙醛、氯氧水。

【性状】本品为白色或无色透明棱柱状结晶；有穿透性刺激性特臭，具有腐蚀性苦味。在水和热乙醇中极易溶解，在乙醚和三氯甲烷中易溶解。水溶液呈中性，久置或遇碱性溶液、日光、热逐渐分解，产生三氯醋酸和盐酸，酸度增高。应密封遮光保存。

【药理作用】①对中枢神经系统的作用：小剂量镇静、中等剂量催眠、大剂量麻醉与抗惊厥。麻醉时解决疼痛能力弱，常配合局麻药以加强镇痛效果。②对心血管系统的作用：对心脏的代谢起抑制作用，心脏也会表现为心动徐缓。③对代谢的影响：降低新陈代谢，抑制体温中枢，体温可下降 1～5℃。麻醉越深，体温下降越快。恢复体温需经 10～24h 以上，此时应注意动物保温，防止感冒等病症发生。

本品吸收后大部分分布于肝脏和其他组织内，很快被乙醇脱氢酶还原成三氯乙醇，后者具有与水合氯醛相等的中枢抑制作用。由于水合氯醛半衰期很短（仅几分钟），所以主要由三氯乙醇发挥催眠作用，它与葡萄糖醛酸结合而失活，并经肾脏排出。三氯乙醇的血浆半衰期为 8h。

【适应症】主要用于：①镇静、催眠、抗惊厥：内服 10～20min 即可入睡，持续 6～8h。多用于急性胃扩张、肠阻塞、食道、膈肌、肠管、膀胱痉挛性疼痛等及士的宁中毒引起的惊厥等。②麻醉：常用于犬的麻醉药或基础麻醉药，全麻以静脉注射为优，亦可内服。

【药物相互作用】①中枢神经抑制药、中枢抑制性抗高血压药（如可乐定、硫酸镁、单胺氧化酶抑制药、三环类抗抑郁药）与本品合用时可使水合氯醛的中枢性抑制作用更明显。②与抗凝血药合用时抗凝效应减弱，应定期测定凝血酶原时间，以决定抗凝血药用量。③内服水合氯醛后静注呋塞米注射液，可导致出汗，烘热、血压升高等。④与氯丙嗪合用可使体温明显下降。

【应用注意】①本品刺激性强，应用时必须稀释。②常用量无毒性，但大剂量可引起心、肝肾损害和呼吸抑制。③严重心、肝、肾疾患的动物忌用。④长期使用有成瘾性与耐受性。

【用法用量】水合氯醛溶液，内服、灌肠：一次量，犬、猫0.3～1g。水合氯醛乙醇注射液、水合氯醛硫酸镁注射液，静脉注射：每1kg体重，犬、猫0.02～0.03g。

二、抗惊厥药

惊厥是各种原因引起的中枢神经过度兴奋的一种症状，表现为全身骨骼肌不自主的强烈收缩。常见于高热、破伤风、癫痫大发作、中枢兴奋药（士的宁）中毒和农药中毒等。抗惊厥药是指能对抗中枢的过度兴奋症状，消除或缓解骨骼肌非自主性强烈收缩的药物。常用的药物有硫酸镁注射液、巴比妥类、水合氯醛和地西泮等。

硫酸镁注射液（Magnesium Sulfate Injection）

【性状】本品为无色的澄明液体，系硫酸镁的灭菌水溶液。

【药理作用】硫酸镁注射给药主要发挥镁离子作用。镁为机体生活必需元素之一，对神经冲动传导及神经肌肉应激性的维持起重要作用，亦是机体多种酶功能活动不可缺少的离子。当血浆中镁离子浓度过低时出现神经及肌肉组织过度兴奋，可致激动。当镁离子浓度升高时引起中枢神经系统抑制，产生镇静及抗惊厥作用。

镁离子松弛骨骼肌的主要原因是由于运动神经末梢乙酰胆碱释放减少。神经末梢递质的释放需要钙离子参与，钙与镁离子化学性质相似，因而互相竞争。镁离子还有直接舒张外周血管的作用，能降低血压。

【适应症】用于缓解破伤风、癫痫及中枢兴奋药中毒引起的惊厥，还可用于治疗膈肌、胆管痉挛或缓解分娩时子宫颈痉挛、尿潴留、慢性砷和钡中毒等。

【药物相互作用】①与硫酸多黏菌素B、硫酸链霉素、葡萄糖酸钙、盐酸多巴酚丁胺、盐酸普鲁卡因、四环素、青霉素和萘夫西林（乙氧萘青霉素）有配伍禁忌。②钙制剂可对抗镁离子神经阻断作用，镁中毒性肌肉麻痹可应用钙制剂治疗。③增强中枢抑制药的中枢抑制作用。④增强水杨酸类药物的肾脏消除，降低其作用。⑤与缩宫素联用可降低后者对子宫的作用。

【应用注意】①静脉注射量过大或给药过速时可致呼吸中枢抑制。若发生麻痹，血压剧降会立即死亡。一旦发现中毒迹象，除应立即停药外，并静脉注射5%氯化钙注射液解救。②40℃以上高温及冰冻、冷藏可产生沉淀，应室温避光保存。

【用法与用量】硫酸镁注射液，静脉、肌肉注射：一次量，犬、猫1～2g。

苯巴比妥（Phenobarbital）

【性状】本品为白色有光泽的结晶性粉末；无臭，味微苦；饱和水溶液显酸性反应。本品在乙醇或乙醚中溶解，在三氯甲烷中略溶，在水中极微溶解；在氢氧化钠或碳酸钠溶液中溶解。

【药理作用】本品为长效巴比妥类药物，具有抑制中枢神经系统作用，尤其是大脑皮层运动区，在低于催眠剂量时即可发挥抗惊厥作用。本品抑制脑干网状结构上行激活系统，减少传入冲动对大脑皮层的影响，同时促进大脑皮层抑制过程的扩散，减弱大脑皮层的兴奋性，产生镇静、催眠作用。加大剂量能使大脑、脑干与脊髓的抑制作用更深，骨骼肌松弛，意识及反射消失，直至抑制延髓生命中枢，引起中毒死亡。本品对丘脑新皮层通路无抑制作用，不具有镇痛效果。当高于一般治疗量时可抑制神经元持续性放电，被认为是抗癫痫作用的药理基础。

本品内服及钠盐肌注均易吸收。广泛分布于组织及体液中，其中以肝、脑中最多。脂溶性低，进入中枢神经系统较慢，药效维持时间长。犬内服苯巴比妥生物利用度可达90%，4～8h达到峰浓度。血浆蛋白结合率为40%～50%，在犬体内半衰期为37～75h。本品为肝微粒体酶诱导剂，可促进本身及其他药物在肝内转化。

【适应症】多用于缓解脑炎、破伤风、高热等疾病引起的中枢兴奋症状及惊厥；解救中枢兴奋药中毒；还可用作犬、猫的镇静药和抗癫痫药。

【药物相互作用】①本品与解热镇痛药合用，可增强其镇痛作用。②利福平与本品相互增加清除率，二者联用时作用均降低。③碱性药物使巴比妥类药物从脑细胞向血浆转移，并加快肾排泄，可用于本类药物中毒的解救措施之一。

【应用注意】①过量抑制呼吸中枢时可用安钠咖、戊四氮、尼可刹米、印防己毒素等中枢兴奋药解救。②内服中毒初期，可用1∶2 000高锰酸钾溶液洗胃，并碱化尿液以加速本品的排泄。③短时间内不宜连续用药。④肝、肾功能障碍的患病动物慎用。

【用法与用量】苯巴比妥片，内服：一次量，每1kg体重，犬、猫6～12mg。注射用苯巴比妥钠，肌肉注射：每1kg体重，犬、猫6～12mg。

第三节　镇痛药

镇痛药是可选择性作用于中枢神经系统痛觉中枢或其受体，在对听觉、触觉和视觉等无明显影响并保持意识清醒的剂量下能选择性地减轻或缓解疼痛的一类药物。该类药物按其成瘾性可分为麻醉性镇痛药（阿片生物碱类镇痛药）和非麻醉性镇痛药。

阿片生物碱类镇痛药有阿片及其合成品（或称阿片类药物）。具有强大的镇痛作用，可用于各种原因引起的急慢性疼痛，但有明显呼吸抑制、镇静和欣快等中枢作用；长期使用易致耐受性、依赖性和成瘾性，在人造成精神变态而出现药物滥用及停药戒断症状，故此类药被称为麻醉性镇痛药，如吗啡、可待因等；也有一些是人工合成代用品，如哌替啶、美沙酮等。属国际管制的麻醉类药品管理范围。

非麻醉性的镇痛药是对麻醉性镇痛药进行结构改造而合成的药物，几乎无成瘾作用。

一、麻醉性镇痛药

阿片为罂粟科植物罂粟未成熟蒴果浆汁的干燥物，含有 20 余种生物碱，按化学结构可分为菲类和苄异喹啉类两大类型。前者如吗啡（含量约 10%）和可待因，具有镇痛作用；后者如罂粟碱，具有平滑肌松弛作用。

吗啡（Morphine）

【来源与性状】本品从鸦片中提取。纯净吗啡为无色或白色结晶或粉末；难溶于水，易吸潮。随着杂质含量的增加颜色逐渐加深，粗制吗啡则为咖啡似的棕褐色粉末。医用吗啡一般为吗啡的硫酸盐、盐酸盐或酒石酸盐，易溶于水，常制成白色小片状或溶于水后制成针剂。

【药理作用】吗啡是镇痛药的代表，主要作用于中枢神经系统及胃肠平滑肌等。①对中枢神经系统的作用：本品具有强烈的麻醉、镇痛作用，是自然存在的任何一种化合物无法比拟的。镇痛范围广泛，几乎适用于各种严重疼痛包括晚期癌变的剧痛，一次给药镇痛时间可达 4～ 5h，且镇痛时能保持意识及其他感觉不受影响。此外还有明显的镇静作用，能消除疼痛所引起的焦虑、紧张、恐惧等情绪反应，显著提高患病动物对疼痛的耐受力。②对呼吸系统的作用：抑制大脑呼吸中枢和咳嗽中枢的活动，使呼吸减慢并产生镇咳作用。急性中毒会导致呼吸中枢麻痹、呼吸停止至死亡。③对心血管系统的作用：治疗量对血管和心率无明显作用，大剂量可引起体位性低血压及心动过缓。④对消化系统的作用：对胃肠道平滑肌、括约肌有兴奋作用，使其张力提高，蠕动减弱，可用于止泻和治疗便秘。

本品肌肉、皮下注射及直肠给药均可吸收。内服可自胃肠道吸收，但首过效应明显，生物利用度低，故常进行注射给药。皮下注射后 30min 已有 60%吸收，约 1/3 与血浆蛋白结合。未结合型吗啡迅速分布于全身，仅有少量通过血脑屏障，但已足以发挥中枢性药理作用。主要在肝内与葡萄糖醛酸结合而失效，其结合物及小量未结合的吗啡于 24h 内大部分自肾排泄。由于猫缺乏此种代谢途径，其在猫的半衰期延长，皮下注射血浆半衰期为 3h。吗啡有小量经乳腺排泄，也可通过胎盘进入胎儿体内。

【适应症】①用于犬麻醉前给药，减少全麻药药量的 1/3～ 1/2。②对一切疼痛均有效，对持续性钝痛比间断性锐痛及内脏绞痛效果更强。用于创伤、手术、烧伤等引起的剧痛。③阿片酊、复方樟脑酊等阿片制剂用于止泻、止咳等。

【药物相互作用】①吩噻嗪类、单胺氧化酶抑制剂、三环抗抑郁药及溴化新斯的明能增强吗啡的抑制作用。②纳洛酮、丙烯吗啡可特异性颉颃吗啡的作用。

【不良反应】①治疗量吗啡有时可引起眩晕、恶心、呕吐、便秘、排尿困难、胆绞痛、呼吸抑制、嗜睡等副作用。②连续反复多次应用易产生耐受性及成瘾，一旦停药，即出现戒断症状，表现为兴奋、流泪、流涕、出汗、震颤、呕吐、腹泻，甚至虚脱、意识丧失等。③急性中毒，表现为昏迷、瞳孔极度缩小（严重缺氧时则瞳孔散大）、呼吸高度抑制、血压降低甚至休克。呼吸麻痹是致死的主要原因。④可引起猫强烈兴奋。

【应用注意】①不宜用于产科镇痛。②胃扩张、肠阻塞及膨胀者禁用，肝、肾功能异常者慎用；对猫易引起强烈兴奋，须慎用；幼仔对本品敏感，慎用或不用。③过量中毒首选纳洛酮、丙烯吗啡特异性颉颃剂治疗。④禁与氯丙嗪、异丙嗪、氨茶碱、巴比妥类、苯妥英钠、哌替啶等药物混合注射。

【用法与用量】盐酸吗啡注射液，皮下、肌肉注射：一次量，每1kg体重，镇痛：犬0.5～1mg。麻醉前给药：犬0.5～2mg。

哌替啶（Pethidine）

又名地美露、杜冷丁、度冷丁、唛啶、美吡利啶、利多尔、吡利啶、唛啶利。

【性状】多为人工合成品，药用其盐酸盐为白色结晶性粉末；无臭，味苦。在水、乙醇和三氯甲烷中易溶解，在乙醚中几乎不溶解。水溶液呈酸性，常温下性质稳定，能耐高压灭菌；久置变为浅红色，应避光保存。

【药理作用】作用与吗啡相似，可作为吗啡的良好代用品。①对中枢神经系统的作用：镇痛作用弱于吗啡，仅相当于吗啡的1/10～1/8。但毒副作用相应较小，恶心、呕吐、便秘、咳嗽等症状均较轻微。猫肌肉注射11mg/kg，镇痛作用在2h内最明显，4h后作用完全消失。犬皮下注射20min后起效，持续3h。对呼吸系统有一定的抑制作用，但较弱，一般不会出现呼吸困难，时间较短。本品有轻度的镇静作用，并增强其他中枢抑制药的作用，犬可用于麻醉前给药。②对平滑肌的作用：本品有微弱的阿托品样作用，可解除平滑肌痉挛。在消化道痉挛疼痛时，可同时起到镇痛和解痉双重作用。对子宫平滑肌无效，大剂量可致支气管平滑肌收缩。

【适应症】主要用于各种创伤疼痛、术后疼痛、内脏剧烈绞痛等的镇痛；犬、猫麻醉前给药；与氯丙嗪、异丙嗪等合用以抗休克和抗惊厥等。

【药物相互作用】①单氨氧化酶抑制剂与本品合用能引起各种严重反应，出现兴奋、精神错乱、惊厥、高热、严重呼吸抑制、发绀，偶尔引起死亡。②其他见吗啡。

【应用注意】①成瘾性比吗啡轻，但连续应用亦会成瘾。②不良反应有出汗、口干、恶心、呕吐等。过量可致瞳孔散大、惊厥、心动过速、血压下降、呼吸抑制、昏迷等。除用纳络酮抢救外，须配合使用巴比妥类以对抗惊厥等。③因对局部有刺激性，一般不作皮下注射；又因其具有心血管抑制作用，易导致血压下降，不宜作静脉注射；可作肌肉注射给药。④不宜与异丙嗪多次合用，否则可致呼吸抑制，引起休克等不良反应。⑤不宜用于妊娠妊娠动物、产科手术。⑥禁用于患有慢性阻塞性肺部疾患、支气管哮喘、肺源性心脏病和严重肝功能减退的动物。

【用法与用量】盐酸哌替啶注射液，皮下或肌肉注射：一次量，每1kg体重，犬、猫5～10mg。

芬太尼（Fentanyl）

【性状】药用枸橼酸盐，白色结晶性粉末；味苦。水溶液呈酸性反应。在热异丙醇中易溶，在甲醇中溶解，在水或三氯甲烷中略溶。

【药理作用】属强效麻醉性镇痛药，作用与吗啡、哌替啶相似，但镇痛效力强、起效快、持续时间短、副作用小。其镇痛作用较吗啡强80～100倍，比哌替啶强500倍，与哌替啶合用可增强镇痛作用。犬静注给药后数分钟内显效，猫皮下注射后20～30min显效，一般维持1h左右，静脉给药后犬的恢复期约1.5h。

【适应症】用于犬的小手术、牙科、眼科手术或需时短暂手术镇痛，可与全麻药或局麻药合用于外科手术，以减少全麻药的用量和毒性，并增强镇痛效果。也可用作有攻击性犬的化学保定、捕捉、长途运输及诊断检查等。猫可用作安定、镇痛药。

【药物相互作用】①单胺氧化酶抑制剂（如苯乙肼、优降宁等）合用，可引起严重低血压、呼吸停止、休克等，故不可用。②中枢抑制剂如巴比妥类、安定剂、麻醉剂，有加强本品的作用，如联合用药，本品的剂量应减少 1/4～ 1/3。③本品中毒时可用纳洛酮对抗。

【应用注意】①大量或长期使用有成瘾性。②静脉注射宜缓慢，以免呼吸抑制。

【用法与用量】芬太尼注射液，皮下或静脉注射：一次量，每 1kg 体重，犬 0.02～0.04mg。猫要与安定合用，防止兴奋。

埃托啡（Etorphine）

药用盐酸双氢埃托啡，又名二氢埃托啡、双氢埃托啡、双氢乙稀啡、双氢乙烯啡。

【药理作用】本品为高强力麻醉性镇痛剂，镇痛强度约为吗啡的 100～ 200 倍，并有镇静与制动作用。对呼吸抑制与成瘾性轻于吗啡。

【适应症】可与中枢抑制药赛拉嗪、氯哌啶醇等合用于犬、猫的化学保定；适用于吗啡、哌替啶无效的慢性顽固性疼痛或用于诱导麻醉或静脉复合麻醉；还可用于内窥镜检查前用药等。

【应用注意】①用药过量而致呼吸抑制时可用纳络酮或丙烯吗啡解救。②应用时可出现恶心、乏力、出汗、呕吐等不良反应；大剂量使用可引起中毒，出现昏迷、呼吸抑制、心脏停搏，乃至死亡。③肝功能障碍的动物慎用。

【用法与用量】埃托啡注射液，肌肉注射：一次量，每 1kg 体重，犬 0.1～ 0.15ml；猫、兔 0.2～ 0.3 ml。

二、其他镇痛药

主要介绍非麻醉性镇痛药，也包括镇痛性化学保定剂。

曲马朵（Tramadol）

又名曲马多、氟比汀。

【药理作用】该药为阿片受体激动药，属非麻醉性中枢镇痛药。内服易于吸收，生物利用及度约 90%，半衰期约 6h。

【适应症】用于中度和严重急、慢性疼痛及外科手术、手术后止痛，诊断或治疗引起的疼痛。

【药物相互作用】该药与中枢抑制药之间有协同作用，不得与单胺氧化酶抑制剂同用。纳洛酮也可颉颃本品的镇痛作用。

【不良反应】与其他镇痛药相似，偶有多汗、头晕、恶心、呕吐、口干、疲劳等。治疗剂量时不抑制呼吸，也不影响心血管功能，不产生便秘等副作用。

【应用注意】①与酒精、镇静药或其他中枢神经系统作用药物合用会引起急性中毒。②对阿片类药物过敏者慎用。③不宜作为轻度疼痛的止痛药，长期应用也可能发生成瘾。

【用量与用法】盐酸曲马朵注射液，静注、肌注、皮下注射、口服及肛门给药：一次

15～30mg，一日2～3次。

赛拉嗪（Xylazine，Rompum）

又名隆朋、盐酸二甲苯胺噻嗪。

【性状】本品为白色结晶或类白色结晶性粉末；味微苦。在丙酮或苯中易溶，在乙醚或三氯甲烷中溶解，在石油醚中微溶，在水中不溶。

【药理作用】本品为镇痛性化学保定剂，具有明显的镇痛、镇静和中枢性肌肉松弛作用。毒性低，安全范围大，无蓄积作用。犬、猫肌肉注射或皮下注射后10～15min，静脉注射3～5min发挥作用。

本品抑制心脏传导，减慢心率，减少心搏输出量，降低心肌含氧量。引起呼吸次数先增加后减少及呼吸加深现象，过量可致呼吸抑制；直接兴奋犬、猫的呕吐中枢，引起呕吐；对子宫平滑肌有一定的兴奋作用；有降低体温的作用。

【适应症】用于犬、猫的镇静与镇痛，达到化学保定效果；大剂量或配合局部麻醉药可进行剖腹产、去势、乳房切开等手术。也可用于猫的催吐。

【药物相互作用】①与水合氯醛、硫喷妥钠或戊巴比妥钠等全身麻醉药合用，可减少全麻药的用量和增强麻醉效果。②本品可增强氯胺酮的催眠镇静作用，使肌肉松弛，并可颉颃其中枢兴奋反应。③与肾上腺素合用可诱发心律失常。④盐酸苯噁唑、盐酸育亨宾可颉颃本药的作用。

【不良反应】犬、猫用药后常出现呕吐、肌肉震颤、心搏徐缓、呼吸频率下降等，在猫还出现排尿增加。

【应用注意】①静脉注射剂量过大时可兴奋中枢神经，引起强烈的惊厥直至突发死亡。中毒时可用盐酸苯噁唑、盐酸育亨宾及阿托品等解救。②静脉注射正常剂量，有时也可发生心脏传导阻滞，心输出量减少，可在用药前先注射阿托品。③对犬，猫可能会引起呕吐。

【用法与用量】盐酸赛拉嗪注射液，肌肉注射：一次量，每1kg体重，犬、猫1～2mg；静脉注射：每1kg体重，犬、猫0.5～1mg。

赛拉唑（Xylazole）

又名静松灵、二甲苯胺噻唑。

【性状】我国合成的二甲苯胺噻唑是赛拉嗪结构中赛嗪环换成噻唑环的衍生物，可与依地酸组成可溶性盐，取名为保定灵。白色结晶或类白色结晶性粉末；味微苦。在三氯甲烷、乙醚和丙酮中可溶解，在水中不溶解。

【药理作用】作用基本同赛拉嗪，具有镇静、镇痛和骨骼肌松弛作用。动物用药后表现为镇静和嗜睡，用药约30min后作用逐渐消失，1h后完全恢复。

【应用】主要用于配合局部麻醉药或全身麻醉药进行各种手术，以达到骨骼肌松弛，或用于动物的捕捉、化学保定、临床诊疗等；也可用于基础麻醉。

【不良反应】、【应用注意】见赛拉嗪。

【用法与用量】盐酸赛拉唑注射液，肌肉注射：一次量，每1kg体重，犬、猫0.5～1.5mg。

第四节　中枢兴奋药

中枢兴奋药是一类能选择性地兴奋中枢神经系统，提高其机能活动的药物。根据药物的主要作用部位可分为大脑兴奋药、延髓兴奋药和脊髓兴奋药 3 类：①大脑兴奋药。能提高大脑皮层的兴奋性，促进脑细胞代谢，改善大脑机能，可引起动物觉醒、神经兴奋与运动亢进，如咖啡因、哌醋甲酯等。②延髓兴奋药。又称为呼吸兴奋药，主要兴奋延髓呼吸中枢，增加呼吸频率和呼吸深度，改善呼吸功能，常用于呼吸衰竭的急救，如尼可刹米、回苏灵、戊四氮等。③脊髓兴奋药。能选择性地兴奋脊髓，小剂量提高脊髓反射兴奋性，大剂量导致强直性惊厥，如士的宁、洛贝林等。

本类药物作用部位的选择性是相对的。随着药物剂量的提高，不但兴奋作用加强，而且对中枢的作用范围亦将扩大。中毒量时，上述药物均能导致中枢神经系统广泛而强烈的兴奋，发生惊厥。严重的惊厥可因能量耗竭而转入抑制，此时不能再用中枢兴奋药来对抗，否则由于中枢过度抑制而致死。为防止用药过量引发中毒，应严格掌握剂量并密切观察病情，一旦出现反射亢进、肌肉抽搐等症状时应立即减量或停药，并结合输液等对症治疗。对因呼吸肌麻痹引起的外周性呼吸抑制，中枢兴奋药无效。对循环衰竭导致的呼吸功能减弱，中枢兴奋药能加重脑细胞缺氧，应慎用。

咖啡因（Caffeine）

【来源与性状】咖啡因即咖啡碱，系由咖啡或茶叶中提得的一种生物碱，属黄嘌呤类，现已人工合成。本品为白色或带极微黄绿色、有丝光的针状结晶；无臭，味苦；有风化性。在热水或三氯甲烷中易溶，在水、乙醇或丙酮中略溶，在乙醚中极微溶解。常与苯甲酸钠制成可溶性苯甲酸钠咖啡因（安钠咖）注射液供临床使用。安钠咖水溶液在 pH 值为 7.5～ 8.5 时稳定。

【药理作用】①对中枢神经系统的作用：本品对中枢神经系统各主要部位均有兴奋作用，但大脑皮层对其特别敏感。小剂量即能提高对外界的感应性与反应能力，使动物精神活泼，活动能力增强。加大剂量则能兴奋呼吸中枢、血管运动中枢和迷走神经中枢，使血压略升、心率减慢，但作用时间短暂，常被其对心脏与血管的直接作用所颉颃。大剂量时可兴奋包括脊髓在内的整个中枢神经系统，中毒量可引起强直或阵挛性惊厥，甚至死亡。②对心血管系统的作用：本品对心脏和血管具有中枢性和末梢性双重作用，前者使心率减慢、血管收缩；后者作用相反。末梢性作用常常占优势，较小剂量时，因兴奋迷走神经而使心率减慢。剂量稍大时，心率、心肌收缩力与心输出量均增加，尤其对心功能不全的动物，心输出量增加明显，对治疗急性心力衰竭很有临床意义。对心血管的作用，较小剂量时兴奋延髓血管运动中枢，使血管收缩；剂量稍大时对血管壁产生直接作用，使血管舒张，对改善心、肺、肾血管的舒张具有临床意义。③对平滑肌的作用：除对血管平滑肌具有舒张作用外，对支气管、胆道与胃肠道平滑肌也有舒张作用。④对泌尿系统作用：因抑制肾小管对钠离子的重吸收而具有利尿作用，同时因心输出量和肾血流量增加，提高肾小球滤过率，也利于利尿作用的发挥。⑤其他作用：促使糖原、甘油三酯分解，引起血糖升高和血中游离脂肪酸增多；直接兴奋骨骼肌，使其活动增强；引起胃液分泌量和酸度升高。

【适应症】①作为中枢兴奋药，主要用于加速麻醉药的苏醒过程，解救中枢抑制药和毒物的中毒，也用于多种疾病引起的呼吸和循环衰竭。②咖啡因与溴化物合用，可调节大脑皮层活动，恢复大脑皮层抑制与兴奋过程的平衡，有助于调节胃肠蠕动和消除疼痛。③安钠咖与高渗葡萄糖、氯化钙配合静脉注射，用于缓解水肿。④作为强心药，用于日射病、热射病及中毒引起的急性心力衰竭。

【药物相互作用】①与氨茶碱同用可增加其毒性。②与麻黄碱、肾上腺素有相互增强作用，不宜同时注射。③与阿司匹林配伍可增加胃酸分泌，加剧消化道刺激反应。④与氟喹诺酮类药物合用时，可使咖啡因代谢减少，从而使其血药浓度提高。

【应用注意】①忌与鞣酸、碘化物及盐酸四环素、盐酸土霉素等酸性药物配伍，以免发生沉淀。②因用量过大或给药过频而发生中毒（惊厥）时，可用溴化物、水合氯醛或巴比妥类药物解救，但不能使用麻黄碱或肾上腺素等强心药物，以防毒性增强。

【用法与用量】苯甲酸钠咖啡因（安钠咖）注射液，内服：一次量，犬 0.2～0.5g，猫 0.1～0.2g。肌肉或静脉注射：一次量，犬 0.1～0.3g，猫 0.03～0.1g，一日 1～2 次。

哌甲酯（Methylphenidate）

又名哌醋甲酯，利他林，利他灵，吕太灵。

【来源】本品系人工合成的苯丙胺类衍生物。

【药理作用】本品有温和的中枢兴奋作用，能改善精神活动。大剂量能引起惊厥。一次内服 2h 达血药峰浓度，首过效应明显。作用可维持 4h 左右，半衰期为 2h。

【适应症】主要用于对抗巴比妥类和其他中枢抑制药中毒引起的昏睡与呼吸抑制，也可用于麻醉后短期恢复（苏醒剂）。

【应用注意】①治疗量时不良反应少，但长期应用可产生食欲减退、腹痛、心动过速等。②大剂量时可使血压升高甚至惊厥，不能与升压药或抗抑郁药合用。③长期反复应用可产生依赖性和耐受性。

【用法与用量】哌甲酯片，内服：一次量，犬 4～6mg，一日 2～3 次，猫 2～4mg。哌甲酯注射液，肌肉或静脉注射：一次量，犬 3～5mg，必要时 30min 后可重复注射 1 次。

尼可刹米（Nikethamide）

【性状】本品为无色或淡黄色的澄明油状液体，放置冷处即成结晶；有轻微的特臭，味苦；有引湿性。本品能与水、乙醇、三氯甲烷或乙醚任意混合。

【药理作用】能选择性地兴奋延髓呼吸中枢，也可作用于颈动脉窦和主动脉体化学感受器而反射性地兴奋呼吸中枢，使呼吸加深加快。对大脑皮层、血管运动中枢和脊髓有微弱的兴奋作用，对其他器官无直接兴奋作用。大剂量或中毒剂量时对大脑皮层运动区及脊髓产生兴奋作用而引起惊厥。

本品内服、注射均易吸收，以静脉注射效果较好。作用时间短暂，一次静脉注射可维持 20～30min。

【适应症】主要用于各种原因引起的呼吸中枢抑制，如解救中枢抑制药的中毒、疾病所致的中枢性呼吸抑制、新生动物窒息或加速麻醉动物的苏醒等。常做肌肉注射给药，紧急时可静脉注射，根据需要可重复给药。对解救阿片类药物中毒所致的呼吸衰竭比戊四氮有效，其他病情则药效不如戊四氮。但本品不易引起惊厥，安全范围较宽。

【不良反应】不良反应少，但剂量过大已接近惊厥剂量时可致血压升高、心律失常、肌肉震颤、僵直，甚至惊厥。

【应用注意】①静脉注射速度不宜过快。②如出现惊厥，应及时静脉注射苯二氮䓬类药物或小剂量硫喷妥钠。③兴奋作用之后常出现中枢神经抑制现象。

【用法与用量】尼可刹米注射液，肌肉、皮下或静脉注射：一次量，犬 0.125～ 0.5g。每 1kg 体重，猫 7.8～ 31.2mg，必要时可间隔 2h 重复注射 1 次。

戊四氮（Pentetrazole）

又名可拉佐。

【性状】本品为白色结晶粉末；无臭、味微辛苦。水溶液呈中性反应。在水或乙醇中易溶，在乙醚或三氯甲烷中溶解。

【药理作用】本品作用、应用与尼可刹米相似，主要兴奋延髓，对呼吸中枢的作用最明显。作用比尼可刹米稍强，但安全范围小，应慎用。过量时对大脑及脊髓亦有兴奋作用，表现为强烈的阵挛性及强直性惊厥。内服或注射给药可迅速被吸收，吸收后在体内分布均匀。

【适应症】主要用于解救呼吸中枢抑制。

【不良反应】本品安全范围小，选择性较差，过量易引起惊厥甚至呼吸麻痹。其他见尼可刹米。

【应用注意】①静脉注射时速度应缓慢。②药效维持时间短，对危急病例可每隔 15～30min 给药一次，直至呼吸好转。③不宜用于吗啡、普鲁卡因中毒的解救。

【用法与用量】戊四氮注射液，肌肉、皮下或静脉注射：一次量，犬 0.02～ 0.1g。

多沙普仑（Doxapram）

又名多普兰。

【性状】药用盐酸盐为人工合成的新型呼吸兴奋药。本品为白色或类白色结晶粉末；无臭。本品在水、三氯甲烷或乙醇中略溶，在乙醚中不溶。

【药理作用】本品作用、适应症及不良反应均与尼可刹米相似，而作用比尼可刹米强。动物实验表明，本品能选择性兴奋呼吸中枢，大剂量可兴奋脊髓和脑干，对大脑皮层几乎无作用。亦可刺激颈动脉体化学感受器，反射性兴奋呼吸中枢，使呼吸加深加快。有轻度脉搏加快和升压作用，可能与儿茶酚胺释放增多有关。

【适应症】①用于犬、猫麻醉中或麻醉后兴奋呼吸活动、加速苏醒及恢复反射等。②做难产或剖腹产后新生犬、猫的呼吸刺激药。③做巴比妥类药物和吸入麻醉药所引起呼吸中枢抑制的专用兴奋药。

【应用注意】①剂量过大可引起反射亢进、心动过速或惊厥。②忌与碱性溶液，如硫喷妥钠等配伍。

【用法用量】盐酸多沙普伦注射液，静脉注射或静滴：一次量，每 1kg 体重，犬 1～5mg，猫 5～ 10mg。必要时可每 1～ 2h 重复给药一次，直至动物苏醒。

山根菜碱（Hydrochloride）

又名洛贝林、山梗菜碱，祛痰菜碱。

【来源与性状】本品是由桔梗科植物北美山梗菜全草和种子中提取出的一种生物碱，

半边莲中也有一定量。现已化学合成。本品为白色结晶或颗粒状粉末；无臭，味苦。在水中溶解，水溶液呈弱酸性反应。在乙醇或三氯甲烷中易溶。遇光及热分解变色，应避光，在阴凉处保存。

【药理作用】可刺激颈动脉窦和主动脉体化学感受器，反射性地兴奋呼吸中枢而使呼吸加快，但对呼吸中枢并无直接兴奋作用。作用快而弱，维持时间短，不易引起惊厥。对迷走神经中枢和血管运动中枢也同时有反射性的兴奋作用；对植物神经节先兴奋而后阻断。

【适应症】主要适用于救治新生仔犬的窒息、一氧化碳中毒、麻醉药过量以及严重疾病引起的呼吸衰竭。

【应用注意】①静脉注射时应缓慢。②剂量过大可引起心动过速、呼吸抑制、血压下降、体温下降、强直性阵挛性惊厥及昏迷。③遇光、受热易分解变色，故应避光、避热保存。

【用法与用量】山根菜碱注射液，皮下注射：一次量，犬 1～10mg，猫 0.5～1.5mg。

樟脑磺酸钠（Sodium Camphorsulfonate）

【性状】本品为白色结晶或结晶性粉末；无臭或几乎无臭，味初微苦、后甜。在水及热乙醇中极易溶解。

【药理作用】注射后对局部刺激而反射性兴奋延髓呼吸中枢和血管运动中枢，吸收后还可直接兴奋延髓呼吸中枢。大剂量兴奋大脑皮层，还有一定的强心作用，使心肌收缩力增强、心输出量增加、血压升高等。

【适应症】主要用于感染性疾病、中枢性抑制药中毒等引起的呼吸抑制、心脏衰弱等。

【应用注意】①本品注射液如出现结晶时，可加温溶解后使用。②过量中毒时可静脉注射水合氯醛、硫酸镁和 10％葡萄糖液解救。

【用法与用量】樟脑磺酸钠注射液，肌肉、皮下或静脉注射：一次量，犬 0.05～0.1g。

士的宁（Strychnine）

又名番木鳖碱。

【来源与性状】本品系由马钱科植物番木鳖或马钱的种子中提取的一种生物碱，无色针状结晶或白色结晶性粉末；无臭，味极苦。在沸水中易溶，在水中略溶，在乙醇或三氯甲烷中微溶，在乙醇中几乎不溶。

【药理作用】本品小剂量对脊髓有选择性兴奋作用，使脊髓反射加快加强。能增加骨骼肌张力，改善肌无力状态；并可提高大脑皮层感觉区的敏感性，大剂量兴奋延脑乃至大脑皮层。内服或注射均能迅速吸收，体内分布均匀。在肝脏内氧化代谢破坏。约 20％以原形由尿及唾液腺排泄。排泄缓慢，易产生蓄积作用。

【适应症】①用作脊髓兴奋剂，用于治疗神经麻痹性疾患，特别是脊髓性不全麻痹，如后躯委顿、括约肌不全松弛，阴茎脱垂和四肢无力等。在中枢抑制药中毒引起呼吸抑制时，其解救效果不及戊四氮、印防己毒素和贝美格，且安全范围小。②作苦味健胃药及反刍兴奋药，治疗慢性消化不良，胃肠弛缓。

【不良反应】本品毒性大，安全范围小，过量易出现肌肉震颤、脊髓兴奋性惊厥、角弓反张等。

【应用注意】①妊娠及有中枢神经系统兴奋症状的犬、猫忌用。②吗啡中毒时及肝、肾功能不全、癫痫、破伤风动物禁用。③本品排泄缓慢，一次剂量从体内排出需要 48~72h，重复给药时可产生蓄积作用，用药间隔应为 3~ 4d。④本品毒性很强，投药过量时约 10min 便出现反射增强、肌肉震颤、颈部僵硬、口吐白沫，继而发生脊髓惊厥，角弓反张等。此时应保持动物安静，避免外界刺激，并迅速肌肉注射巴比妥钠等进行解救。若解救不及时，易产生窒息而死。

【用法与用量】硝酸士的宁注射液，皮下注射：一次量，犬 0.5~ 0.8mg，猫 0.1~ 0.3mg。

复习思考题

1. 麻醉过程分为哪几个期，外科手术在哪一期进行最好，为什么？
2. 使用全身麻醉药时易发生哪些并发症，应该如何解救？
3. 麻醉药、镇痛药和抗惊厥药有何不同，它们之间有何关系？
4. 中枢神经兴奋药分为哪几类？说明剂量变化对中枢兴奋药作用强度、范围的影响。
5. 比较咖啡因、尼可刹米的作用和应用特点。
6. 士的宁的作用部位主要在何处？在兽医临床上有何用途？中毒时临床上有何特征？如何解救？

（何书海）

第六章　外周神经系统药物

外周神经系统可分为传出神经纤维和传入神经纤维两大类，故外周神经系统药物包括传出神经药物和传入神经药物。

第一节　传出神经药物

一、概述

（一）传出神经系统分类

传出神经系统包括植物神经系统和运动神经系统。植物神经系统又称为自主神经系统，支配心肌、平滑肌和腺体等效应器官的活动，主要由交感神经系统和副交感神经系统两部分组成，其特点是自中枢神经系统发出后，都要经过神经节中的突触更换神经元，然后才达到效应器，故自主神经有节前纤维和节后纤维之分。运动神经分布于骨骼肌并支配其活动，自中枢发出后，中途不更换神经元，直接达到骨骼肌，无节前和节后纤维之分。

（二）传出神经递质和受体

传出神经兴奋时通过神经末梢释放的化学递质进行信息传递。目前已知的传出神经的主要递质有乙酰胆碱（acetylcholine，Ach）和去甲肾上腺素（noradrenaline，NA）两种。根据神经冲动时所释放递质不同，传出神经可分为胆碱能神经和肾上腺素能神经。胆碱能神经包括运动神经、植物性神经的节前纤维、副交感神经节后纤维和少部分交感神经节后纤维（支配汗腺者），它们释放的递质是乙酰胆碱。肾上腺素能神经为大部分交感神经节后纤维，它们释放的递质主要是去甲肾上腺素和少部分肾上腺素。

去甲肾上腺素在神经细胞体和轴突中合成，运行至末梢，贮存于囊泡中。当神经冲动到达肾上腺素能神经末梢时产生去极化，此时细胞膜的通透性发生改变，钙离子内流，促使靠近突触前膜的一些囊泡膜与突触前膜结合，然后形成裂孔，通过裂孔，将囊泡内去甲肾上腺素、ATP 和多巴胺羟化酶等排入突触间隙——胞裂外排，钙离子可促使突触前膜上的微丝收缩，于是膜上出现裂口，小泡内容物即由此处释放。

乙酰胆碱是在胆碱能神经细胞体内和其末梢内形成，胆碱乙酰化酶和乙酰辅酶 A 在胞质液内促进胆碱形成乙酰胆碱，乙酰胆碱形成后即贮存在囊泡中。当神经冲动到达时，可能有数百个以上的囊泡，同时向突触间隙释放乙酰胆碱。释放出的递质，通过突触间隙与效应器细胞突触后膜上的受体结合，结合以后导致一系列的生理生化变化，从而使效应器产生兴奋或抑制。

神经递质是通过与受体结合而呈现作用的。受体为特殊的分子结构，可能为蛋白质或酶的活性部分，一般存在于突触前膜或突触后膜，可选择性地同递质或药物结合，从而产生一定的效应。传出神经系统的受体依据神经递质的不同分为胆碱受体和肾上腺受体。胆碱受体能与乙酰胆碱结合，可分为：①毒蕈碱型胆碱受体，简称M受体，是能选择性地与毒蕈碱（为从毒蕈中提出的生物碱）结合的胆碱受体，位于节后胆碱能神经支配的效应器如心脏、胃肠、腺体、瞳孔等处。②烟碱型胆碱受体，简称N受体，是能选择性地与烟碱（烟叶中提出的生物碱）结合的胆碱受体。N受体又分为N_1受体和N_2受体。N_1位于植物性神经节、肾上腺髓质等处，N_2受体位于骨骼肌中。肾上腺素受体位于交感神经节后纤维所支配的效应器细胞膜上，能与去甲肾上腺素、肾上腺素结合。根据它们对不同拟肾上腺素类药物的敏感度不同，肾上腺素受体又可分为：①α型肾上腺素受体，简称α受体或甲受体，位于血管、瞳孔开大肌及腺体等处。②β型肾上腺素受体，简称β受体或乙受体，又有β_1受体与β_2受体之分，前者位于心脏、肠壁、脂肪等处，后者位于血管、支气管等处。

传出神经递质与受体结合时可兴奋受体呈现一系列作用。

1. 胆碱能神经递质的作用

①M样作用（毒蕈碱样作用）：此为兴奋M受体所呈现的作用，表现为心脏兴奋抑制、血管扩张、血压下降、平滑肌收缩、瞳孔缩小、腺体分泌增加等。②N样作用（烟碱样作用）：此为兴奋N受体所呈现的作用，表现为植物性神经节兴奋，肾上腺髓质分泌，骨骼肌收缩等。

2. 肾上腺素能神经递质的作用

①α型作用（甲型作用）：此为兴奋α受体所呈现的作用，表现为皮肤黏膜、内脏血管收缩，瞳孔散大等。②β型作用（乙型作用）：此为兴奋β受体所呈现的作用，表现为心脏兴奋、骨骼肌血管扩张、平滑肌松弛、脂肪和糖原分解等。

胆碱能神经和肾上腺能神经对机体多数器官的作用是相反的，可从整体上这两个神经系统功能的相互颉颃并不是对立的，即多数内脏器官是接受胆碱能神经和肾上腺素能神经的双重支配，其生理功能大多是相互对抗的，表面上似乎是矛盾现象，但在中枢神经系统的调解下，对于机体适应内外环境的变化、维持正常生命活动是完全必要的。可以认为交感神经是调节机体活动状态时的神经系统，而副交感神经则为调解机体在休息状态时的神经系统。如动物在活动特别是争斗时，产生心跳加快、血压上升、支气管扩张、呼吸量增大、代谢增强等现象是由交感神经兴奋引起，而机体在安静状态时的促进消化、维持营养、进行繁殖活动等则是通过副交感神经调解的。

（三）传出神经系统药物作用方式

1. 直接作用于受体

大部分药物能与效应器细胞膜上的受体相结合，如果产生与递质相似的作用，称为拟似药。如与乙酰胆碱作用相似的药物称为拟胆碱药，如与去甲肾上腺素作用相似者称为拟肾上腺素药。相反，由于药物作用于受体，使神经冲动下传时释放的递质不能与受体结合，从而妨碍了植物神经冲动的传递，产生与递质相反的作用，这类药物称为抗胆碱药

（如阿托品）、抗肾上腺素药（如心得宁）。

2. 影响递质

①影响递质生物合成：此类药物较少，无临床应用价值，仅作药理学研究的工具药。②影响递质的生物转化：在正常机体内，递质在神经末梢释放出来发挥化学传递作用后，即被体内相应的酶破坏而失去作用。乙酰胆碱是由胆碱酯酶破坏而失去作用，抗胆碱酯酶药就是通过抑制胆碱酯酶的活性，阻止乙酰胆碱的破坏，从而增强与受体结合的乙酰胆碱的浓度，故能产生拟胆碱作用。虽然与直接作用于受体的拟胆碱药不同，但药理作用相似，也属于拟胆碱药。去甲肾上腺素作用消除主要靠突触前膜的摄取进入囊泡中的贮存部位而失活，少部分被单胺氧化酶和儿茶酚氧位甲基转移酶破坏，所以这两种酶抑制药的实际意义不如抗胆碱酯酶药，即不是理想的外周拟肾上腺素药。③影响递质的转运与贮存：如麻黄碱可促进肾上腺素能神经末梢释放去甲肾上腺素，又能与α、β受体结合；氨甲酰胆碱可使胆碱能神经末梢释放乙酰胆碱，同时又能同α、β受体结合；可卡因可阻止去甲肾上腺素回收至神经末梢，故呈拟肾上腺素作用；利血平能妨碍肾上腺素能神经递质在末梢内贮存，使小泡内递质耗竭作用，表现降压。

（四）传出神经药物分类

按照传出神经药物对突触传递过程的主要作用环节（递质或受体）及作用性质（拟似或颉颃，激动或阻断）进行分类，见表6—1。

表6—1　传出神经药物的分类

分　类		药物举例	主要作用环节与作用性质
拟胆碱药（胆碱受体激动药）	节后拟胆碱药	毒蕈碱、毛果芸香碱、氨甲酰甲胆碱	直接作用于毒蕈碱型胆碱受体
	完全拟胆碱药	乙酰胆碱、氨甲酰胆碱	直接作用；部分通过释放乙酰胆碱而作用于毒蕈碱型和烟碱型胆碱受体
	抗胆碱酯酶药	槟榔、毒扁豆碱、新斯的明、加兰他敏等	抑制胆碱酯酶
抗胆碱药（胆碱受体阻断药）	节后抗胆碱药	阿托品、普鲁本辛	阻断毒蕈碱型胆碱受体
	神经节阻断药	美加明、六甲双铵等	阻断神经节烟碱型胆碱受体
	骨骼肌松弛药	琥珀胆碱、筒箭毒碱等	阻断骨骼肌烟碱型胆碱受体
拟肾上腺素药（肾上腺素受体激动药）	α肾上腺素受体激动药	去甲肾上腺素、去氧肾上腺素	主要直接作用于α肾上腺素受体
	β肾上腺素受体激动药	异丙肾上腺素	主要直接作用于β肾上腺素受体
	α、β肾上腺素受体激动药	肾上腺素、多巴胺	作用于α受体和β受体
	部分激动受体部分释放递质	麻黄碱	部分直接作用于受体，部分促进递质释放
抗肾上腺素药（肾上腺素受体阻断药）	α肾上腺素受体阻断药	酚妥拉明	阻断α_1受体和α_2受体，属短效类
		酚苄明	阻断α_1受体和α_2受体，属长效类
		哌唑嗪 育亨宾	阻断α_1受体 阻断α_2受体
	α、β肾上腺素受体阻断药	普萘洛尔	阻断β_1、β_2受体

二、拟胆碱药

拟胆碱药是一类与神经递质乙酰胆碱相似的药物。按其作用机制不同可分为两大类：

1. 直接与胆碱受体结合的拟胆碱药

（1）完全拟似药：作用与乙酰胆碱完全相似，作用于M胆碱受体和N胆碱受体，如乙酰胆碱、氨甲酰胆碱、槟榔碱。

（2）主要作用于M胆碱受体的拟胆碱药：如毛果芸香碱、醋甲胆碱。

（3）主要作用于N胆碱受体的拟胆碱药：如作用于神经节的N_1受体、骨骼肌的N_2受体，如烟碱。

2. 抗胆碱酯酶药

抑制胆碱酯酶的活性，使胆碱能神经末梢所释放的乙酰胆碱破坏减少，浓度增加，从而发挥拟乙酰胆碱作用。包括：

（1）可逆性抗胆碱酯酶药：与酶结合、可逆。这类药物有毒扁豆碱、新斯的明、加兰他敏等。此类药物与乙酰胆碱有结构关系，对胆碱酯酶亲和力高，竞争胆碱酯酶活性中心，抑制酶活性，是可逆的，随排泄而变化。

（2）难逆性抗胆碱酯酶药：如有机磷酸酯类药物。

本类药物一般能使心率减慢、瞳孔缩小、血管扩张、胃肠蠕动及腺体分泌增加等。临床上可用于胃肠迟缓、肠麻痹等。过量中毒时可用抗胆碱药（如阿托品等）解救。

氨甲酰胆碱（Carbachol）

又名碳酰胆碱。

【来源与性状】本品是人工合成的胆碱酯类，为无色或淡黄色小棱柱形结晶或白色结晶粉末；有潮解性。在水中极易溶，在乙醇中难溶，在丙酮或醚中不溶。耐高温，煮沸亦不被破坏。

【药理作用】本品能直接兴奋M受体和N受体，并可促进胆碱能神经末梢释放乙酰胆碱发挥间接拟胆碱作用。用药3～5min后唾液分泌增强，持续30～40min左右。用药30～40min内胃液分泌可增加几倍，肠液的分泌可增加2～3倍，可持续1.5～3h。

本品是胆碱酯类作用最强的一种，其特点为性质稳定，作用强且持久；对心、血管系统作用较弱；对胃肠、膀胱、子宫等平滑肌器官作用强。小剂量即可促使消化液分泌，加强胃肠收缩，促进内容物迅速排出。一般剂量对骨骼肌无明显影响，但大剂量可引起肌束震颤，乃至麻痹。

【适应症】用于治疗胃肠弛缓、肠便秘、分娩时及分娩后子宫弛缓、胎衣不下及子宫蓄脓等；点眼时可用0.25%～1.5%溶液。

【不良反应】本品作用强烈而广泛，选择性差，较大剂量可引起腹泻、血压下降、呼吸困难、心脏传导阻滞等不良反应。

【应用注意】①禁用于老年、瘦弱、妊娠、心肺疾患及机械性肠梗阻等患病动物。②切勿肌肉和静脉注射。③本品中毒时可用阿托品进行解毒，但效果不理想。④为避免不良反应，可将一次剂量分作2～3次注射，每次间隔30min左右。

【用法与用量】氨甲酰胆碱注射液，皮下注射：一次量，犬0.025～0.1mg。

氯化氨甲酰胆碱（Bethanechol Chloride）

【性状】本品为白色结晶或结晶性粉末；有氨臭；易潮解。在水中极易溶，在乙醇中易溶，在三氯甲烷或乙醚中不溶。

【药理作用】本品能兴奋M受体，对N受体几乎无作用。其特点是对胃肠道和膀胱平滑肌的选择性较高，收缩胃肠道及膀胱平滑肌作用显著，对心血管系统作用很弱。因在体内不易被胆碱酯酶水解，故作用持久。

【适应症】主要用于胃肠弛缓、便秘，也用于膀胱积尿、胎衣不下和子宫蓄脓等。

【应用注意】①肠道完全阻塞及妊娠动物禁用。②过量中毒时用阿托品进行解救。

【用法与用量】氯化氨甲酰胆碱注射液，皮下注射：一次量，犬、猫0.25～0.5mg。

毛果芸香碱（pilocarpine）

【来源与性状】本品是由毛果芸香属植物提取的生物碱，现已能人工合成。常用其硝酸盐。硝酸毛果芸香碱又名匹鲁卡品，为有光泽的无色晶体；味微苦；遇光易变质。在水中极易溶。

【药理作用】本品能选择性地兴奋M胆碱受体，产生与节后胆碱能神经兴奋相似的效应。其特点是对多种腺体和胃肠平滑肌有强烈的兴奋作用，但对心血管系统及其他器官的影响较小，一般情况下并不使心率减慢、血压下降。大剂量时亦能出现神经样作用及兴奋中枢神经系统。

对眼部作用明显，无论是局部点眼还是注射，都能使瞳孔缩小，降低眼内压。

【适应症】主要用于动物的不全阻塞性肠便秘；与扩瞳药交替应用治疗虹膜炎。

【不良反应】流涎、呕吐和出汗为本品的主要不良反应。

【应用注意】①禁用于老年、瘦弱、妊娠、心肺疾患及机械性肠梗阻等患病动物。②当便秘后期机体脱水时，在用药前应大量给水，以补充体液；忌用于完全阻塞的便秘，以防因肠管剧烈收缩，导致肠破裂。③用于肠便秘后期，为安全起见，最好酌情补液及在用药前先注射强心药，以缓解循环障碍。④应用本品后，如出现呼吸困难或肺水肿时，应积极采取对症治疗，可注射氨茶碱扩张支气管。⑤中毒时用阿托品解救。

【用法与用量】硝酸毛果芸香碱注射液，皮下注射：一次量，犬3～20mg。

新斯的明（Neostigmine，Prostigmine）

又名普洛色林、普洛斯的明。

【来源与性状】本品为人工合成的抗胆碱酯酶药。常用其溴化物和甲基硫酸盐，为白色结晶性粉末；无臭，味苦。在水中易溶，在乙醇中不溶。应密封避光保存。

【药理作用】本品能可逆地抑制胆碱酯酶，呈现全部胆碱能神经兴奋的效应，作用特点是对胃肠、膀胱及骨骼肌的作用较强，对骨骼肌的作用最强，除能促进运动神经末梢释放乙酰胆碱外，也能直接作用于骨骼肌的运动终板。对各种腺体、心血管系统、支气管平滑肌及虹膜的作用较弱。

本品内服难吸收且不规则，也不易通过血脑屏障，滴眼也不易通过角膜。在体内部分药物被血浆胆碱酯酶水解，以季胺醇和原形从尿中排泄。经肝脏代谢的部分从胆道排出。

【适应症】用于宠物术后肠麻痹、肠臌气、尿潴留；重症肌无力；1%溶液做缩瞳药；也可治疗室上性、阵发性心动过速。

【药物相互作用】①本品可延长或加强去极化型肌松药氯化琥珀胆碱的肌肉松弛作用。②与非去极化性肌松药（如箭毒、三碘季铵酚等）有颉颃作用。

【不良反应】治疗剂量副作用较小，过量可引起出汗、心动过速、肌肉震颤或肌麻痹。

【应用注意】①机械性肠梗阻、支气管哮喘的患病动物禁用。②中毒时可用阿托品对抗其对M受体的兴奋作用。

【用法与用量】甲硫酸新斯的明注射液，肌肉、皮下注射：一次量，犬0.25～1mg。

三、抗胆碱药

抗胆碱药又称胆碱受体阻断药，是一类作用于节后胆碱能神经支配的效应细胞，阻断节后胆碱能神经兴奋效应的药物。依据抗胆碱药对M受体或N受体作用的选择性及临床主要应用，将抗胆碱药分为M胆碱受体阻断药（如阿托品、东莨菪碱）、N胆碱受体阻断药（如琥珀胆碱、筒箭毒碱）和中枢性抗胆碱药。目前在宠物临床主要应用前两种药物。

（一）M胆碱受体阻断药

阿托品（Atropine）

【来源与性状】本品是从颠茄科植物颠茄中提取的生物碱，现已能人工合成。临床用其硫酸盐，系结晶或白色结晶性粉末；无臭。在乙醇中易溶，在水中极易溶。水溶液久置会变质，应遮光密闭保存，注射剂pH值为3.0～6.5。

【药理作用】本品能竞争性与M胆碱受体相结合，从而阻断乙酰胆碱及外源性拟胆碱药的M样作用。大剂量时也能阻断神经节和骨骼肌运动终板部位的N胆碱受体。阿托品作用广泛，常取决于器官的功能状态。①对平滑肌的解痉作用：治疗剂量可松弛胃肠平滑肌、支气管平滑肌、膀胱平滑肌、胆道和胆囊平滑肌，对子宫平滑肌作用弱。对眼平滑肌的作用，阿托品使虹膜括约肌和睫状肌松弛，表现为散瞳、眼内压升高和调节麻痹。②对腺体的抑制作用：唾液腺和汗腺对本品极敏感，小剂量能使唾液腺、支气管腺及汗腺分泌减少，较大剂量可减少胃液分泌。③对心血管的作用：较大剂量能解除迷走神经对心脏的抑制，对抗因迷走神经过度兴奋所致的传导阻滞及心律失常。大剂量可使心跳加快、血压上升、促进房室传导，并能扩张外周及内脏血管，解除小动脉痉挛，改善微循环。④解毒作用：有机磷农药、拟除虫菊酯类杀虫剂中毒时用其解毒。⑤中枢神经系统的兴奋作用。

【适应症】用于解除胃肠道平滑肌痉挛、唾液分泌过多、有机磷酸酯类药物中毒、麻醉前给药和颉颃胆碱神经兴奋症状。

【药物相互作用】①本品可增强噻嗪类利尿药、拟肾上腺素药物的作用。②加重双甲脒的某些毒性症状，引起肠蠕动的进一步抑制。

【不良反应】①在麻醉前给药或治疗消化道疾病时，易致肠臌胀、便秘等。②各种动物阿托品过量中毒症状基本相似，即表现为口干、瞳孔扩大、脉搏与呼吸次数增加、兴奋不安、肌肉震颤，严重者体温下降、昏迷、呼吸浅表、运动麻痹、括约肌松弛，最后终因窒息而死亡。

【应用注意】①肠梗阻、尿潴留等动物禁用。②中毒解救时宜采用支持性和对症治疗，极度兴奋时可试用毒扁豆碱、短效巴比妥类、水合氯醛等药物对抗。禁用酚噻嗪类药物如氯丙嗪治疗。

【用法与用量】硫酸阿托品片，内服：一次量，每1kg体重，犬、猫0.02～0.04mg。硫酸阿托品注射液，肌肉、皮下或静脉注射：一次量，每1kg体重，麻醉前给药，犬、猫0.02～0.05mg。解除有机磷酸酯类中毒，犬、猫0.1～0.15mg。

东莨菪碱（Scopolamine）

【来源与性状】本品是从洋金花、颠茄、莨菪等提取的一种生物碱。常用氢溴酸盐，为无色结晶或白色结晶性粉末；无臭，微有风化性。在水中易溶，在乙醇中略溶，在三氯甲烷中极微溶，在乙醚中不溶。

【药理作用】作用基本同阿托品相似，但对中枢作用因动物种属不同而异，也与剂量大小密切相关。犬、猫用小剂量可出现出中枢抑制作用，大剂量产生兴奋作用，表现为不安和运动失调。本品易从胃肠道吸收，广泛分布于全身组织，可通过血脑屏障和胎盘屏障，主要在肝脏代谢。

【适应症】主要用于胃肠道平滑肌痉挛、腺体分泌过多等。

【不良反应】用药动物可引起胃肠蠕动减弱、腹胀、便秘、尿潴留、心动过速等。

【用法与用量】氢溴酸东莨菪碱注射液，皮下注射：一次量，犬0.1～0.3mg。

山莨菪碱（Anisodamine）

山莨菪碱的天然品称654，人工合成品称654－2。常用氢溴酸山莨菪碱。本品具有明显的抗外周胆碱作用，能对抗乙酰胆碱所致的平滑肌痉挛和抑制心血管的作用，与阿托品相似而稍弱；同时也能解除血管痉挛，改善微循环；但它的抑制唾液分泌和扩瞳作用则仅为阿托品的1/20～1/10。不易穿透血脑屏障，中枢兴奋作用很少，其毒性较低，解痉作用的选择性相对较高，不良反应与阿托品相似。适用于感染性休克、内脏平滑肌绞痛、有机磷酸酯类药物中毒的治疗。肌肉或静脉注射量为硫酸阿托品的5～10倍。

（二）N_2胆碱受体阻断药（骨骼肌松弛药）

本类药物主要作用于神经肌肉接头，能与后膜N_2受体结合，产生神经肌肉传导阻滞作用，使骨骼肌松弛，故又称为神经肌肉阻断药。依其作用方式不同，又可分去极化型肌松药（如琥珀胆碱、十烃季铵）和非去极化型肌松药（如筒箭毒碱、三碘季铵酚、泮库溴铵等）。

去极化型肌松药又称非竞争性肌松药，此类药物的作用方式类似内源性神经递质乙酰胆碱。药物与N_2受体结合后，也引起终板肌肉细胞膜的去极化，但由于去极化较持久，阻碍了复极化，导致长时间神经肌肉传递阻断（Ⅰ相阻断），逐渐发生肌肉松弛性麻痹。当一次大剂量或反复使用可致受体敏感性降低，引起一种失敏感的阻断（Ⅱ相阻断），又称脱敏阻断。这类药物由于起初有去极化作用，往往在肌松作用发生前有肌纤维震颤表现，一般为细小纤维束，偶尔出现整个骨骼肌震颤现象。抗胆碱酯酶药不能阻断这类药的肌松作用。

非去极化型肌松药又称竞争性肌松药。这类药物与运动终板膜上的N_2胆碱受体结合，形成无活性复合物，阻碍了运动神经末梢释放的乙酰胆碱与N_2受体结合，因而不产生去极化，致使骨骼肌松弛。可见本类药物同递质乙酰胆碱竞争同一受体，属竞争性颉颃。药物肌松作用发生前无肌纤维震颤现象。抗胆碱酯酶药可颉颃这类药的肌松作用。

琥珀胆碱（Succinylcholine，Scoline）

又名司可林。

【性状】本品为白色或近白色结晶粉末；无臭，味苦。在水中易溶解，水溶液呈酸性，见光易分解。在碱性溶液快速分解失效。在乙醇和三氯甲烷中微溶，在乙醚中不溶。需放在凉处遮光密封贮存。

【药理作用】本品为去极化型肌松药。肌松具有一定顺序性，首先是头部的眼肌、耳肌等小肌肉，继而是头部、颈部肌肉，再次为四肢和躯干肌肉，最后是膈肌。当用药过量时，由于膈肌麻痹而窒息死亡。本品作用快，持续时间短，易于控制。一般静注后15s即呈现肌震颤，30～40s后发生肌麻痹。

本品吸收后，绝大部分快速被血浆中胆碱酯酶水解为胆碱和琥珀酸而失去活性。只有10%～15%到达受体部位。不易透过胎盘屏障。小量以原形随尿排出。

【适应症】①肌松性保定药，如犬运输时进行保定，常采用肌注或皮下注射给药，作用出现虽慢，但持续时间却相对较长。②手术时用做麻醉辅助药。

【药物相互作用】①水合氯醛、氯丙嗪、普鲁卡因、氨基糖苷类抗生素能增强本品的肌松作用和毒性，不可合用。②与新斯的明、有机磷酸酯类同时应用，可使作用和毒性增强。③噻嗪类利尿药可增本品的作用。④本品在碱性溶液中可水解失效。

【不良反应】①过量易引起呼吸肌麻痹。②本品使肌肉持久去极化而释放出钾离子，使血钾升高。

【应用注意】①年老体弱、营养不良及妊娠动物忌用。②用药过程中如发现呼吸抑制或停止时宜立即拉出舌头，同时进行人工呼吸、输氧。③心脏衰弱时可立即注射安钠咖，严重者可用肾上腺素。

【用法与用量】氯化琥珀胆碱，肌肉注射：一次量，每1kg体重，犬、猫0.06～0.11mg。

筒箭毒碱（Tubocurarine）

【来源】本品由南美产数种马钱子科及防己科植物中得到的一种生物碱。

【药理作用】本品是最早应用于临床的典型的非去极化型肌松药。药效稳定，肌松效果可靠。因内服难吸收，故静脉给药是主要途径。给药后可即刻产生肌松作用，3～5min达高峰，45min左右可恢复肌张力。本品可引起所有的骨骼肌弛缓性瘫痪，大剂量时具有阻断神经节及释放组胺作用，可引起血压下降、心率减慢、支气管痉挛和唾液分泌增多等。

【适应症】用于犬、猫做肌肉松弛药。但因药源少，并存在一定缺点，现已少用。

【应用注意】①本品安全范围小，大剂量可引起较长时间的呼吸暂停，应慎用。②中毒时可用新斯的明解救。

【用法与用量】氯化筒箭毒碱注射液，静脉注射：一次量，每1kg体重，犬0.4～0.5mg，猫0.3mg，兔0.2mg。

泮库溴铵（Pancuronine Bromide）

又名溴化双哌雄酯、巴夫龙。为近年合成的非去极化型肌松药，属双季胺化合物。

【作用与适应症】作用与筒箭毒碱相似，强度为其3～10倍。等效剂量时作用时间较筒箭毒碱短，治疗剂量时无明显蓄积性。无神经节阻断作用或阻断作用较小。可配合全身麻醉药，使肌肉松弛，利于手术。

【应用注意】①麻醉前宜先用阿托品制止腺体分泌。②本品中毒或手术后造成神经肌肉麻痹时可用新斯的明解救。

【用法与用量】泮库溴铵注射液，静脉注射：一次量，每 1kg 体重，犬、猫0.044～0.11mg。

三碘季铵酚（GallamineTriethiodide）

【性状】本品为白色无定型粉末或颗粒状结晶；无臭，味微苦；有引湿性。在水中极易溶，在乙醇中微溶。

【药理作用】本品为人工合成的非去极化型肌松药。药理作用及持续时间与筒箭毒碱相似，但效力较后者弱，对心率和血压无抑制作用。在运动神经终板的受体上竞争性地阻断乙酰胆碱的作用，使肌肉松弛。其肌松作用强度约为筒箭毒碱的 1/5，作用持续时间约为筒箭毒碱的 1/2。本品对多数动物无阻断神经节和释放组胺作用，而有较强的阿托品样作用，能明显解除迷走神经的张力，使心率加快，血压轻度升高，心输出量增加。对呼吸影响较小。本品在体内不被破坏，多以原形由肾排出。

【适应症】用于全身麻醉时使肌肉松弛及捕捉凶猛动物。

【应用注意】①本品多以原形由肾排出，故肾功能不全的动物禁用。②多数动物剂量超过 0.8～1.0mg/kg 时会发生持续 10～29min 的窒息。中毒时可用毒扁豆碱或新斯的明解救。

【用法与用量】三碘季铵酚注射液，静脉注射：一次量，每 1kg 体重，犬、猫0.25～0.5mg。

四、拟肾上腺素药

拟肾上腺素药又称为肾上腺素受体激动药，是指能兴奋肾上腺素能神经的药物，包括 α 受体兴奋药如去甲肾上腺素；α、β 受体兴奋药如肾上腺素、麻黄碱；β 受体兴奋药如异丙肾上腺素。后者主要用于扩张气管，故又称为支气管扩张药或平喘药。

去甲肾上腺素（Noradrenaline，NA；Norepinephrine，NE）

【来源与性状】人工合成品。药用其酒石酸盐，为白色或近乎白色结晶性粉末；无臭，味苦；遇光易分解。在中性尤其是碱性溶液中，迅速氧化变为粉红色乃至棕色而失效。在酸性溶液中较稳定，在水中易溶，在乙醇中微溶，在三氯甲烷及乙醚中不溶。水溶液 pH 值为 3.5。

【药理作用】本品可直接激动 α 受体，且对 α_1 受体和 α_2 受体无选择性。与肾上腺素相比，对心脏 β_1 受体作用较弱，对支配支气管平滑肌和血管上的 β_2 受体几乎无作用。对皮肤、黏膜血管和肾血管有较强的收缩作用，但冠状血管扩张，主要与心脏兴奋、心脏代谢物腺苷增加及血压升高有关。对心脏作用较肾上腺素弱，激动心脏 β_1 受体，使心肌收缩力加强，心率加快，传导加速，心搏出量增加。小剂量时升压作用不明显，较大剂量时因血管剧烈收缩使外周阻力明显提高，故收缩压与舒张压均明显升高。由于其升压作用较强，可增加休克时心、脑等重要器官的血液供应，临床上常用于休克的治疗。

本品内服无效，皮下或肌肉注射很少吸收，一般采用静脉滴注给药。药物入血后很快消失，较多分布于去甲肾上腺素能神经支配的心脏器官及肾上腺髓质，不易通过血脑屏障。肝脏是外源性去甲肾上腺素主要代谢场所，注入的去甲肾上腺素大部分经儿茶酚胺氧位甲基转移酶和单胺氧化酶酶降解，代谢物随尿排出。由于去甲肾上腺素在机体内迅速被摄取及代谢，故作用时间短暂。

【适应症】用于神经源性休克、药物中毒等引起休克的应急治疗。若长期或大剂量应用反而加重休克时的微循环障碍。故在输液或输血后，患病动物血压仍然低下时，可适当短期应用本品以提高血压，增加心、脑及其他重要器官的血液供应。

【药物相互作用】①与洋地黄毒苷合用，因心肌敏感性升高，易致心律失常。②吩噻嗪类（如氯丙嗪等）引起低血压可用本品对抗，而禁用肾上腺素。③糖皮质激素可减轻本品对血管的不良刺激，增强血管敏感性。④可卡因可抑制去甲肾上腺素的再摄取，使到达受体部位的去甲肾上腺素浓度增加而增强疗效。⑤与催产素、麦角新碱等合用，可增强血管收缩，导致高血压或外周组织缺血。⑥不可与 pH 值大于 6 的液体配伍。本品虽可与生理盐水配伍，但不如在 5%葡萄糖溶液中稳定。如果用生理盐水稀释，宜在 4h 内用完。⑦不可配伍的药物有氨茶碱、异戊巴比妥钠、巴比妥钠、头孢菌素、利多卡因、新生霉素、苯妥英钠、碳酸氢钠、碘化钠、链霉素、磺胺嘧啶钠、硫喷妥钠。

【应用注意】①限用于休克早期的应急抢救，并在短时间内小剂量静脉注射。若长期大剂量应用可导致血管持续强烈收缩，加重组织缺氧、缺血，使休克的微循环障碍恶化。②静脉注射时严防药液外漏，以免引起局部组织坏死。③禁用于器质性心脏病、高血压患病动物。④本品遇光即渐变色，应避光贮存。如注射液呈棕色或有沉淀，即不宜再用。

【用法与用量】重酒石酸去甲肾上腺素注射液，静脉滴注：临用时稀释成每 1ml 中含 4～8μg 药液。

肾上腺素（Adrenaline，Epinephrinc，AD）

【来源与性状】本品是肾上腺髓质嗜铬细胞分泌的激素，药用者为动物肾上腺提取或人工合成。天然品为左旋异构体，合成品为消旋体。药用盐酸盐是白色或类白色结晶性粉末；无臭，味苦；与空气接触或受日光照射，易氧化变质。在中性或碱性水溶液中不稳定，饱和水溶液显弱碱性。注射液变色后不能使用。

【药理作用】本品可激动 α 受体与 β 受体，从而产生较广泛而复杂的作用，并随剂量不同及机体的生理与病理情况，其作用表现有别。本品对 β 受体作用强于 α 受体。①兴奋心脏：通过激动心脏 β_1 受体，提高心脏兴奋性，使心肌收缩力提高，使心肌收缩力、传导及心率、心输出量明显增强，但使心肌代谢增强，耗氧量增加，加之心肌兴奋性提高，此时若剂量过大或静注过快，可引起心率失常，出现期前收缩，甚至心室纤颤。动物应用较大剂量时，心电图显示 T 波下降、ST 段上升或下降。②通过激动血管 α 受体，使皮肤、黏膜血管和肾脏血管强烈收缩；通过激动 β_2 受体，使冠状血管和骨骼肌血管扩张。脑和肺血管收缩作用很微弱，但有时因血压上升而被动扩张。③升高血压：对血压的影响与剂量有关，常用剂量使收缩压升高，舒张压不变或下降；大剂量使收缩压和舒张压均升高。④松弛支气管平滑肌：通过激动支气管平滑肌 β_2 受体，产生快速而强大的松弛支气管平滑肌的作用。此外，还可抑制肥大细胞释放过敏物质，间接缓解支气管平滑肌痉挛，加之该药收缩支气管黏膜血管，降低了毛细血管通透性，从而减轻了支气管黏膜水肿，有助于缓解过敏性疾病的呼吸困难症状。⑤对代谢的影响：活化代谢，增加细胞耗氧量。促进肝糖原和肌糖原分解，使血糖升高，血中乳酸量增加。又有降低外周组织对葡萄糖摄取作用。加速分解，使血中游离脂肪酸增多。

本品内服后可在胃肠道和肝脏迅速代谢，故内服无效。肌肉或皮下注射吸收良好，其中肌肉注射比皮下注射吸收略快。皮下注射一般在5～15min后出现作用，而肌肉注射作用可立即出现，且作用强烈。肾上腺素不能通过血脑屏障，但能通过胎盘屏障和分泌到乳汁中。主要通过神经末梢的摄取和代谢终止其作用，在肝脏和其他组织中由单胺氧化酶、儿茶酚胺氧位甲基转移酶代谢失活。

【适应症】用于心脏骤停的急救，可心腔内注射；缓解严重过敏性疾患的症状，可用于荨麻疹、血清病和血管神经性水肿、支气管哮喘等；亦常与局部麻醉药配伍，以延长局麻持续时间，并可止血。

【药物相互作用】①碱性药物如氨茶碱、磺胺类的钠盐、青霉素钠（钾）等可使本品失效。②某些抗组胺药（如苯海拉明、氯苯那敏）可增强其作用。③酚妥拉明可颉颃本品的升压作用。普萘洛尔可增强其升压作用，并颉颃其兴奋心脏和扩张支气管的作用。④强心苷可使心肌对本品更敏感，合用易出现心律失常。⑤与催产素、麦角新碱等合用，可增强血管收缩，导致血压或外周组织缺血。

【应用注意】①与全麻药如水合氯醛合用时，易发生心室颤动，也不能与洋地黄、钙剂合用。②器质性心脏疾患、甲状腺机能亢进、外伤性及出血性休克等慎用。③过量可导致心肌局部缺血、坏死。④皮下注射误注入血管或静脉注射剂量过大、注射速度过快，可使血压骤升、中枢抑制和呼吸停止。⑤本品应避光保存，变色后不得使用。⑥pH值为3～4时本品较为稳定，当pH值大于5.5时则不稳定，此时药液外观虽无变化，但会发生明显失活。⑦急救时可根据病情，将0.1%盐酸肾上腺素注射液用生理盐水或葡萄糖注射液做10倍稀释后进行静脉输入，必要时可作心内注射。对一般轻症过敏性疾病或病情不十分紧急的急性心力衰竭，不必作静脉注射，可作10倍稀释后皮下或肌肉注射。

【用法与用量】盐酸肾上腺素注射液，皮下注射：一次量，犬0.1～0.5ml，猫0.1～0.2ml；静脉注射：一次量，犬0.1～0.3ml，猫0.1～0.2ml。

麻黄碱（Ephedrine）

又名麻黄素。

【来源与性状】本品是从麻黄科植物草麻黄或贼麻黄中提取的生物碱，现可人工合成。药用其盐酸盐，为白色针状结晶或结晶性粉末；无臭，味苦；遇光易分解。在水中易溶，在乙醇中溶解，在三氯甲烷与乙醚中不溶。

【药理作用】本品化学结构与肾上腺素相似，既能直接激动α受体和β受体，产生拟肾上腺素作用，又可促进去甲肾上腺素能神经末梢释放去甲肾上腺素，发挥间接拟肾上腺素的作用，但作用较肾上腺素弱而持久。对支气管平滑肌β_2受体有较强作用，使支气管平滑肌松弛，故常用作平喘药。对中枢神经系统兴奋作用比肾上腺素强。

本品可内服吸收，皮下及肌肉注射吸收更快，可通过血脑屏障进入脑脊液。不易被单胺氧化酶代谢，只有少量肝内代谢，大部分以原形从尿排出。

【适应症】主要用做平喘药，治疗支气管哮喘；外用治疗鼻炎，以消除黏膜充血肿胀。

【药物相互作用】①与非甾体类抗炎药或神经节阻断药同时应用可增加高血压的发生

机率。②碱化剂（如碳酸氢钠、枸橼酸盐等）可减少麻黄碱从尿中排泄，延长其作用时间。③与强心苷类药物合用，可致心律失常。④与巴比妥类同用时，后者可减轻本品的中枢兴奋作用。⑤茶碱可增强本品中枢神经系统、消化系统作用。⑥与麦角胺、麦角新碱、缩宫素等联合使用，可加剧血管收缩，引起严重高血压、外周组织缺血。

【应用注意】①对肾上腺素、异丙肾上腺素等拟肾上腺素类药物过敏的动物，对本品也过敏。②本品应避光保存。③本品不良反应可见食欲缺乏、恶心、呕吐、口渴、排尿困难、肌无力等。④本品中枢兴奋作用较强，用量过大，动物易产生躁动不安，甚至发生惊厥等中毒症状。严重时可用巴比妥类等缓解。

【用法与用量】盐酸麻黄碱片，内服：一次量，犬0.01～0.03g。盐酸麻黄碱注射液，皮下注射：一次量，犬0.01～0.03g。0.5%～1%溶液，滴鼻：适量。

异丙肾上腺素（Isoprenaline）

【性状】盐酸异丙肾上腺为白色或类白色的结晶性粉末；味微苦，无臭。在水中易溶，在乙醇中微溶。水溶液呈酸性反应，1%溶液pH值为5.0。

【药理作用】本品对β_1、β_2受体具强烈兴奋作用，但对α受体几乎无作用。对心脏有较强的兴奋作用，使心肌收缩力加强，心率加快。扩张骨骼肌血管，对肾和肠系膜血管也有扩张作用，对静脉扩张作用较弱。由于本品能兴奋心脏，使心输出量增加，收缩压上升；又能扩张外周血管，使血液进入毛细血管，外周阻力降低，从而使舒张压下降，提高心肌活动效率。由于兴奋β_2受体，可使支气管平滑肌松弛，此作用略强于肾上腺素。亦具有抑制组胺及其他过敏性物质释放的作用。

【适应症】主要用做平喘药，以缓解急性支气管痉挛所致的呼吸困难；也用于心脏房室阻滞、心脏骤停和休克的治疗。

【应用注意】①用于抗休克时，应先补充血容量，以免因血容量不足而导致血压下降。②溶液在空气中渐由红色变为红褐色，遇碱则迅速变色，故禁与碱性药物配伍应用。应置遮光容器内，保存于阴凉处。

【用法与用量】盐酸异丙肾上腺素注射液，皮下或肌肉注射：犬、猫0.1～0.2mg，每6h一次。静注或静滴：犬、猫0.1～1mg，混入5%葡萄糖溶液中缓慢滴入，直至发挥疗效。

五、抗肾上腺素药

抗肾上腺素药又称为肾上腺素受体阻断药。此类药物能与肾上腺素受体结合，阻碍去甲肾上腺素能神经递质或外源性拟肾上腺素药与受体结合，从而产生抗肾上腺素作用。抗肾上腺素药根据与其结合的受体的不同，可分为α肾上腺素受体阻断药和β肾上腺素受体阻断药两类。前者能高度选择性地与α受体结合，从而颉颃去甲肾上腺素能神经递质或外源性拟肾上腺素药的α型作用，主要表现为血管扩张，外周血压降低。后者能高度选择性地与β受体结合，从而阻断去甲肾上腺素能神经递质或拟肾上腺素药的β型作用，主要表现为心率减慢，心收缩力减弱，心输出量减少，血压稍降低，支气管和血管收缩等。

酚妥拉明（Phentolamine，Rigitine）

【药理作用】本品与α受体结合力弱，作用时间短暂，属于短效类α受体阻断药。对α

受体和β受体的选择性低，但对 α_1 受体的阻断作用弱于对 α_2 受体的作用。由于本品对 α_1 受体的阻断作用，加之对血管的直接扩张效应，表现为血管舒张、血压下降、肺动脉压与外周阻力下降的作用。同时出现心脏收缩力增强，心率加快，心输出量增加的心脏兴奋效应。心脏的兴奋性一方面是因血管舒张、血压下降而引起的反射性交感神经兴奋，使末梢释放的递质增加，同时也与阻断 α_2 受体促进递质释放有关。另外还具有拟胆碱作用，表现胃肠道平滑肌张力增强。

【适应症】用于犬休克治疗。但须补充血容量，最好与去甲肾上腺素伍用。

【用法与用量】甲基磺酸酚妥拉明注射液，静脉滴注：一次量，犬、猫 5mg，混入 5% 葡萄糖溶液 100ml 中缓慢滴入。

普萘洛尔（Propranolol）

又名心得安。

【性状】药用其盐酸盐，为白色结晶性粉末，易溶于水。

【药理作用】本品有较强的β受体阻断作用，但对 β_1、β_2 受体的选择性较低，且无内在拟交感活性。可阻断心脏的 β_1 受体，抑制心脏收缩力与房室传导，减慢心率，循环血流量减少，降低血压，心肌耗氧量降低。阻断平滑肌的 β_2 受体，表现支气管和血管收缩。本品具有防止肾上腺素所致高血糖反应及β受体激动药所致的胰岛素分泌反应；能降低肾上腺素释放，并抑制血小板聚集。

【适应症】用于抗心律失常，如犬心节律障碍，猫不明原因的心肌疾患。

【用法与用量】盐酸普萘洛尔片，内服，一次量，犬 5～40mg，猫 2.5mg，一日 3 次。盐酸普萘洛尔注射液，静脉注射：一次量，犬 1～3mg，猫 0.25mg（稀释于 1ml 生理盐水中滴入）。

第二节　传入神经药物

传入神经药物包括局部麻醉药、保护药、刺激药。

一、局部麻醉药

局部麻醉药，简称局麻药，是能在用药局部可逆性地、暂时地阻断神经冲动的传导，引起机体特定区域丧失感觉，消除疼痛的药物。

【构效关系】局麻药的化学结构与局麻作用密切相关。现合成的局麻药在化学上属于酯类或酰胺类，其基本化学结构都由三部分组成：①亲脂性的芳香烷基或杂环核。②亲水性的烷胺基仲胺或叔胺。③中间连接部分，以酯键或酰胺键结合成芳香酯类（如普鲁卡因、丁卡因等）与酰胺类（如利多卡因、卡波卡因等）。亲脂性芳香烷基有利于药物渗入神经组织，是发挥局麻药作用的基础部位。亲水性烷胺基具有中等强度碱性，有利于制成水溶性盐酸盐，便于临床应用。酯键易被血浆中酯酶水解，而酰胺键可对抗酯酶水解，故酰胺类性质稳定、奏效快、弥散广、时效长。以上三个组成部分中任何一个部分化学结构改变时，局麻效应随之变化。

【局麻作用】局麻药对任何神经都有抑制其兴奋、阻断传导而呈现局麻作用。一般为盐酸盐的局麻药进入微碱性组织后，缓慢水解，释出游离碱基作用于神经组织而发挥局麻作用。其局麻作用强度主要决定于游离碱浓度。如当急性炎症时，组织 pH 值偏低，不利于游离碱释出，故局麻作用减弱或消失。

阻断各种类型神经冲动的传导，与神经纤维种类、粗细、有无髓鞘等有关。细神经纤维比粗神经纤维阻断快，消失慢，无髓鞘比有髓鞘麻醉快，麻醉顺序：痛觉、温觉、触觉、关节感觉、深部感觉。

【局麻药作用机理】神经冲动的产生和传导有赖于动作电位的产生与传导，而动作电位的产生又取决于钠离子的内流，局部麻醉药阻滞神经冲动的传导是由于改变神经纤维细胞膜上的通透性。在神经兴奋时，膜外钠离子不能内流，从而不能产生去极化，阻断了动作电位的产生和神经冲动的传导，局麻药阻塞神经膜离子通道，不能发生神经兴奋的去极化。因而局麻药起着膜稳定剂的作用。此作用与钙离子对神经膜稳定作用相似。

【局麻方法】①表面麻醉：将药液滴于、涂布或喷雾于黏膜，使药物透过黏膜而到达黏膜下感觉神经末梢，使之产生麻醉，对口、耳、鼻、咽喉和尿道手术均可用此方法麻醉。常用丁卡因、利多卡因。②浸润麻醉：将稀浓度药液注射于手术部位皮下、肌肉、浆膜等深部组织，以阻断浸润部位神经冲动传导而产生麻醉作用。适于各种浅表小手术。常用普鲁卡因、利多卡因。③传导麻醉：将药液注射于神经干、神经丛、神经节周围，阻滞神经冲动的传导，使该区神经支配的区域感觉消失。临床常用于腹壁部外科手术及四肢手术等。最常用的药物有普鲁卡因及利多卡因。④硬膜外麻醉：是将药液注入管壁与硬膜间的硬脊膜外腔，以阻滞硬膜外出的脊神经，从而使后躯丧失感觉和运动机能，硬膜外麻醉又分为腰荐膜外麻醉及荐尾硬膜外麻醉，注射于局部，麻醉后躯，硬膜外麻醉本质上是属于传导麻醉。常用于后躯、乳房、外阴部等麻醉。常用普鲁卡因、利多卡因。⑤蛛网膜下腔麻醉：药液注入蛛网膜下腔，可抽出脊髓液为准，常用药有普鲁卡因、利多卡因。兽医临床上很少使用此法。⑥封闭疗法：一般将 0.25%～0.5%的盐酸普鲁卡因注射液注射于患部周围或与患部有关的神经通路，以阻断病灶部位的不良刺激向中枢传导，可减少疼痛及改善组织的神经营养。常用于一些急性炎症，如蜂窝织炎、皮炎、淋巴管炎、四肢深部、组织炎症等。包括静脉内封闭、四肢环状封闭、病灶周围封闭及穴位封闭疗法等。

普鲁卡因（Procaine，Novocaine）

又名奴夫卡因。

【来源与性状】本品为人工合成的局麻药，其盐酸盐为白色结晶或结晶性粉末；无臭，味微苦，随后有麻痹感。在水中易溶，在乙醇中略溶，在三氯甲烷中微溶，在乙醚中几乎不溶。

【药理作用】本品为短效酯类局麻药。注射后约 1～3min 即可产生麻醉作用，持续 45～60min。但因本品具有扩张血管的作用，为延长局麻时间，减少术部出血，常在局麻药中加入少量肾上腺素（每 100ml 药液中加入 0.1%盐酸肾上腺素注射液 0.2～0.5ml），使局麻作用延长 1～2h。对皮肤、黏膜穿透力差，故不适于作表面麻醉。只有在高浓度 3～5h 才产生表面麻醉作用。吸收作用主要表现为对中枢神经系统和心血管系统的影响，低浓度小剂量轻度抑制中枢，有镇痛、解痉和抗过敏作用，大剂量则产生中枢兴奋作用。另外，本品抑制心脏兴奋和传导，延长不应期，降低心脏异位起搏点的规律性，用于治疗心动过速，用普鲁卡因酰胺作抗心律失常药。

本品在用药部位吸收较快，入血后大部分与血浆蛋白结合，而后再逐渐释放，再分布到全身。组织和血浆中假性胆碱酯酶可将其快速水解，生成二乙胺基乙醇和对氨苯甲酸，前者具微弱局麻作用。水解产物进一步代谢后，随尿排出。能较快通过血脑屏障及胎盘。

【适应症】用于浸润麻醉、传导麻醉、硬膜外麻醉、封闭疗法；也可用于解痉、镇痛、镇静，缓解肠痉挛、外伤、烧伤引起的剧痛、全身性痒症。

【药物相互作用】①本品在体内的代谢产物为对氨基苯甲酸和二乙氨基乙醇，前者能竞争性地对抗磺胺药的抗菌作用，后者能增强洋地黄抑制心肌的传导作用。故不应与磺胺药和洋地黄合用。②碱性药物可使本品分解失效或形成沉淀。③氯化铵加速本品排泄。④与青霉素形成盐可延缓青霉素的作用。⑤氯化琥珀胆碱与本品合用可相互抑制代谢过程，增强麻醉和肌松作用。⑥右旋糖酐溶液可使本品的麻醉时间延长。⑦增强氯胺酮的镇痛作用，并能部分颉颃氯胺酮的升压效应，但大剂量可加重氯胺酮对呼吸的抑制作用，应减少静脉注射氯胺酮的用量。

【应用注意】①剂量过大可出现吸收作用，引起中枢神经系统先兴奋、后抑制的中毒症状，应进行对症治疗。②不宜与葡萄糖溶液伍用，虽外观无变化，但麻醉效果降低。③本品可在室温保存，但要避光，不要过热或冰冻。久置变成黄色，药效降低，不可再用。

【用法与用量】盐酸普鲁卡因注射液，浸润麻醉、封闭疗法：0.25%～0.5%溶液。传导麻醉：2%～5%溶液。每个注射点，小动物2～5ml。

利多卡因（Lidocaine）

又名昔罗卡因。

【性状】常用其盐酸盐，为白色结晶性粉末；无臭，味苦，继有麻木感。在水或乙醇中易溶，在三氯甲烷中溶解，在乙醚中不溶。

【药理作用】本品属酰胺类中效麻醉药。局麻作用比普鲁卡因强1～3倍，穿透力强，作用快，扩散广，持续时间长，毒性较小，对组织无刺激性，有轻度扩张血管的作用。其吸收作用表现为对中枢神经抑制，出现嗜睡现象。但大量吸收可引起中枢兴奋，甚至惊厥，而后再转为抑制。还能抑制心室自律性，延长不应期，可治疗心室心动过速。

本品内服因强首过效应而不能达到有效血药浓度，故治疗心律失常时须静注。局部或注射用药后在1h内有80%～90%被吸收，进入体内大部分先经肝微粒体酶系降解，再进一步被酰胺酶水解，最后随尿排出，少量出现在胆汁中。犬的半衰期为0.9h。

【适应症】用于表面麻醉、浸润麻醉、传导麻醉、硬膜外麻醉，也可用于治疗心律失常。

【药物相互作用】①与西咪替丁或心得安合用，可增强本品药效。②与其他抗心律失常药合用，可增加本品的心脏毒性。③氯化琥珀胆碱可控制本品中毒时惊厥的产生。④氨基糖苷类抗生素与本品合用可增强神经阻滞作用。⑤中枢抑制药可增强本品的局麻效果。

【应用注意】①当本品用于硬膜外麻醉和静脉注射时，不可加肾上腺素。②其他见普鲁卡因。

【用法与用量】盐酸利多卡因注射液，表面麻醉：2%～5%溶液。浸润麻醉：0.25%～0.5%溶液。传导麻醉：2%溶液。每个注射点，小动物2～5ml。

丁卡因（Tetracaine，Dicaine）

又名地卡因，化学结构与普鲁卡因相似，中间键为酯，常用盐酸盐。

【性状】盐酸丁卡因为白色结晶或结晶性粉末；无臭，味微苦，有麻舌感。在水中易溶，在乙醇中溶解，在乙醚或苯中不溶。

【药理作用】本品为长效酯类局麻药。脂溶性高，组织穿透力强，持效时间长，局麻作用和毒性均比普鲁卡因强 10 倍，但产生作用较慢，5～ 10min 不等。

【适应症】主要用于眼、鼻、喉的表面麻醉，不做浸润麻醉、传导麻醉。

【应用注意】①无血管收缩作用，应在药液中加入肾上腺素。②因毒性大，作用出现慢，一般不作浸润麻醉。③本品的代谢产物可降低磺胺药的抗菌作用。

【用法与用量】盐酸丁卡因注射液，表面麻醉：滴眼 0.5%～ 1%溶液。喉头喷雾或气管插管：1%～ 2%溶液，泌尿道黏膜 0.1%～ 0.3%溶液。硬膜外麻醉：0.2%～ 0.3%溶液。

二、刺激药

刺激药是指在皮肤、黏膜局部产生非特异性刺激作用而引起适宜程度反应的药物。当刺激药与皮肤或黏膜接触后，首先刺激了感觉神经末梢，引起神经兴奋冲动，一方面向中枢传导，通过同一脑脊髓轴反射和轴突反射，使深层肌肉、肌腱、关节的炎症或相应内脏器官的疼痛得以消除或缓解。另一方面沿着感觉神经纤维逆向传导于附近的血管，引起局部血管扩张（轴突反射），可加强局部的血液循环和改善局部营养，促进慢性炎性产物的吸收，因而可加速局部病变的消散。刺激药主要用于治疗四肢的各种慢性炎症，如慢性变形性骨关节炎、慢性关节周围炎、慢性屈腱炎等。在适宜剂量下，刺激药对皮肤和黏膜仅引起充血发红、发热等轻度刺激的效果。如果药物的浓度过高或局部接触的时间过长，则可引起更进一步的炎症反应，形成水泡、脓疱甚至溃烂坏死，所以，在用药时应注意药物的浓度和用药时间。

松节油（Turpentine Oil）

【性状】本品为无色至微黄色的澄清液体；有臭味；久贮暴露空气中，臭渐增强，色渐变黄。易燃，燃烧时发生浓烟。在乙醇中易溶，与乙醚、三氯甲烷或冰醋酸能任意混合，在水中不溶。

【药理作用】本品对皮肤有较强的刺激作用，并有一定的消毒作用，主要用作外用刺激药。内服适量可刺激消化道黏膜，促进消化液分泌，使胃肠蠕动加强，并有防腐、止酵及消沫作用，可内服作消沫药。若蒸气吸入，对呼吸道黏膜有温和刺激作用，使分泌增加，并有消毒防腐、抗菌消炎作用，可用于上呼吸道炎症的辅助治疗。

【适应症】用于肌肉风湿、腱鞘炎、各种关节炎、肌腱炎、周围神经炎、挫伤等；内服治疗肠膨胀、胃肠迟缓等。蒸气吸入用于上呼吸道炎症的辅助治疗。

【应用注意】①贮存日久或长期暴露空气中，臭气增加，应密封避光，保存于阴凉处。②有肾炎、急性胃肠炎的动物禁止内服，犬对其发泡作用极为敏感，应慎用。

【用法与用量】松节油搽剂，外用：涂于患处。

氨溶液（Ammoia Liquor）

又名氨水。

【性状】本品为无色至微黄色澄清液体；有强刺激性特臭；易挥发，呈碱性反应。能与乙醇或水任意混合。

【药理作用】外用为刺激药，但长时间作用可腐蚀组织。由于氨溶液呈碱性，穿透力强，能除去脂肪、污垢，并能渗入皮肤深层呈现杀菌作用。动物吸入小剂量浓氨溶液，可反射性兴奋呼吸，升高血压。

【适应症】用于肌肉风湿、腱鞘炎、慢性关节炎、肌腱炎等；也可在腹痛动物的腹部皮肤上涂擦，可缓解疼痛；手术前可用其0.5%溶液作为术者的手术消毒药。

【用法与用量】稀氨溶液，外用：涂擦患处。

樟脑（Camphor）

【性状】本品为白色结晶性粉末或无色半透明硬块；加少量的乙醇、三氯甲烷或乙醚，易研碎成细粉；有刺激性特臭，味初辛、后清凉；在常温下易挥发；燃烧时发生黑烟及有光的火焰。在三氯甲烷中极易溶解，在乙醇、乙醚、脂肪油或挥发油中易溶，在水中极微溶解。

【药理作用】对皮肤有温和的刺激作用和镇痛作用。外用于皮肤后首先刺激皮肤冷感觉器，有清凉感，继而使皮肤血管扩强，有温热感，可促进炎性产物吸收，有局部消炎作用，还有微弱的局麻作用及防腐作用。

【适应症】常配成樟脑醑，外用治疗挫伤、肌肉风湿症，腱鞘炎等；内服有防腐止酵作用，可治疗消化不良，胃肠积气等。

【用法与用量】樟脑醑、复方樟脑搽剂，外用：涂擦患处。

浓碘酊（Strong Iodine Tincture）

本品为碘、碘化钾、水和乙醇配制而成。

【适应症】外用治疗局部慢性炎症，如慢性肌腱炎、腱鞘炎、关节炎、骨膜炎或淋巴腺肿等。

【用法与用量】反复涂擦患处。

桉油（Eucalyptus Oil）

【性状】本品为无色或淡黄色的液体；贮存日久，色渐变深。有特异的芳香气，微似樟脑，味辛凉。在乙醇中易溶。

【药理作用】具有局部刺激、消炎作用，做刺激药用。

【适应症】外用于肌肉风湿、关节炎、神经痛、湿疹等，也可用其蒸气治疗支气管炎。

【应用注意】置遮光容器内，满装、密封，阴凉处保存。

【用法与用量】局部涂擦或作蒸气吸入。

三、保护药

保护药是指覆盖于皮肤、黏膜表面，缓和外界刺激，呈机械性保护作用的药物，可以减轻炎症和疼痛，用于治疗皮肤或黏膜炎症。根据其特点可分为收敛药、吸附药、黏浆药和润滑药。

（一）收敛药

收敛药是一种蛋白质沉淀剂，用于黏膜和病变皮肤上可呈现收敛作用。即药物与局部表层组织或渗出物的蛋白质相互作用，形成一层较致密的蛋白薄膜，以保护下层组织和感觉神经末梢免受外界刺激。还可以收缩血管，减少渗出，从而起到局部消炎、镇痛、止血等作用。

收敛药对湿疹、急性皮炎、结膜炎、肠炎等都有疗效。包括植物性收敛药（如鞣酸、鞣酸蛋白）和金属性收敛药（如醋酸铅、硫酸锌、氧化锌、明矾、硝酸银、蛋白银、硫酸铝）。

明矾（Alum）

【性状】本品为无色透明坚硬的大结晶或结晶性碎块，或白色结晶性粉末；无臭，味微甜，极涩。在沸水中极易溶解，在水中易溶，在甘油中缓缓溶解，在乙醇中不溶。

【药理作用】本品能沉淀蛋白质，具有收敛、止血作用；防腐作用较弱，主要做收敛药用。

【适应症】外用于湿疹、皮炎，也可用于结膜炎、子宫炎、咽炎、口腔炎、阴道冲洗等；干燥明矾可作伤口撒粉，起消炎止血作用。

【用法与用量】外用：0.5%～4%溶液冲洗黏膜炎症患部。内服：一次量，犬0.5～2g。

（二）吸附药

吸附药是一类不溶于水，性质稳定，具有极大表面吸附力的微细粉末，临床用于吸附刺激物而起到保护作用，常用的药物有撒布剂（滑石粉、白陶土）及胃肠吸附剂（药用炭、氧化镁）。

药用炭（Medicinal Charcoal）

又名活性炭。

【来源与性状】本品系将动物骨骼或木材在密闭窑内加热烧制，研成黑色微细的粉末；无臭，无味；无砂性，不溶于水。在潮解后药效降低，必须干燥密封保存。

【药理作用】药用炭的粉末细小，表面积大，吸附作用强。内服后不被消化也不被吸收，能吸附大量的气体、病原微生物、发酵产物、化学物质和细菌毒素等，并能覆盖于黏膜表面，保护肠黏膜免受刺激，使肠蠕动减慢，达到止泻的作用。外用有干燥、抑菌、止血和消炎作用。

【适应症】内服用于治疗肠炎、腹泻、中毒等；外用于浅部创伤。

【应用注意】①禁与抗生素、乳酶生合用，因其被吸附而降低药效。②本品的吸附作用是可逆的，用于吸附毒物时，必须用盐类泻药促使排出。在吸附毒物的同时也能吸附营养物质，不宜反复应用。

【用法与用量】内服：一次量，犬0.3～2g。外用：撒布患处。

白陶土（Kaolin）

【性状】本品为白色细粉；加水润湿后有类似于黏土的气味，有脂肪感，颜色加深。

在水、稀硫酸或氢氧化钠试液中几乎不溶。药用白陶土必须150℃干燥灭菌2～3h。

【药理作用】本品有巨大的吸附表面积，能机械性吸附细菌毒素，但较药用炭弱。对皮肤或黏膜有机械性保护作用。

【适应症】内服用于治疗胃肠炎、腹泻等；外用治疗溃疡、糜烂性湿疹和烧伤；白陶土能保水和导热，与食醋配伍制成冷却剂湿敷于局部，治疗急性关节炎、日射病、热射病等。

【用法与用量】内服：一次量，犬1～5g。白陶土敷剂，涂于绒布上约1～3mm厚，加湿，趁热贴敷于患部。

滑石粉（Talc）

【性状】本品为白色或类白色、微细、无砂性粉末；无臭，无味，有吸附性和滑腻感。在水、稀矿酸或稀氢氧化钠溶液中均不溶解。

【药理作用】本品有润滑、机械性保护皮肤和使皮肤表面干燥的作用，常与其他收敛药、消毒防腐药混合制成撒布剂。

【适应症】外用于治疗糜烂性湿疹、皮炎，也可用于手术用胶皮手套的涂粉和润滑剂。

【用法与用量】撒布于患部。

（三）黏浆药

黏浆药是药理性能不活泼的一类高分子物质，溶于水形成糊胶状溶液，类似黏膜分泌的黏液，覆盖于黏膜或皮肤上，有缓和炎症刺激，减轻炎症和阻止毒物吸收的作用。常用药物有淀粉、明胶、阿拉伯胶、火棉胶，可用于肠炎，口腔黏膜炎、喉炎等。

阿拉伯胶（Gum Arabic）

【性状】本品为类球形或卵形颗粒，直径约0.5～6cm，或为多角形碎块；白色或淡黄棕色，半透明，表面有无数细小裂痕。质脆、易碎。碎片透明，断面玻璃样，有光泽。微臭，味淡，胶样。在水中几乎完全溶解，在乙醇中不溶。

【药理作用】本品溶液覆盖在皮肤或黏膜表面起机械性保护作用，作黏浆药。并常与刺激药合用，以减弱对黏膜的刺激性。

【适应症】内服用于消化道炎症；在生物碱、重金属中毒时，内服可阻止毒物的吸收。也可用作不溶性药物混悬液的乳化剂或黏浆基质。

【用法与用量】用时配成10%～20%胶浆溶液，内服：一次量，犬1～3g。

（四）润滑药

润滑药是指油脂类或矿脂类物质，具有油样滑腻和黏着的性质，涂布于皮肤可缓和外来刺激，又防止过度干燥。在药剂上是作为皮肤软膏剂的基质，既有赋形药的作用，又有缓和刺激、保护皮肤、防止皮肤过度干燥的作用。

常用药物有：①矿脂类有凡士林、液体石蜡等。②动物脂类润滑药有豚脂、羊毛脂。③植物油类有豆油、花生油、棉籽油、橄榄油。④合成润滑药有聚乙二醇、吐温－80等。

凡士林（Vaselinum）

【来源与性状】本品是从石油中取得的烃类混合物。黄、白两种凡士林，半透明块状；

无臭或几乎无臭；与皮肤接触有滑腻感；具有一定的拉丝性。可与脂肪油随意混合，在乙醇或水中几乎不溶。性质稳定，可长期保存。35～40℃时可熔化成透明油状液，稍带荧光，呈中性反应，应密封保存。

【药理作用】本品外用于皮肤不被吸收，并阻碍其他药物的吸收，能润滑和软化皮肤、黏膜，缓和外来刺激，起机械性保护作用。

【适应症】对皮肤有润滑和保护作用，用作调制软膏或眼膏的赋形药，涂于患部使药物充分发挥局部作用。

【用法与用量】涂敷于患处。

羊毛脂（Lanolin）

【来源与性状】无水羊毛脂是取自绵羊毛经精制而得类似脂肪的固醇脂。如以7∶3比例与水混合即成含水羊毛脂，为油水乳剂。

【药理作用】无水羊毛脂的特点是有吸水性及穿透力强，为配制水溶性药物的软膏基质，可使药物迅速被黏膜或皮肤吸收。含水羊毛脂在硬度和黏度上比无水羊毛脂更适合于配制软膏，使主药能迅速吸收而呈现吸收作用。

【适应症】、【用法与用量】见凡士林。

甘油（Glycerin）

又名丙三醇。

【性状】本品为无色、澄明的黏稠液体；味甜。水溶液（1∶10）显中性反应。与水或乙醇能任意混溶，在三氯甲烷或乙醚中均不溶。在空气中引湿性很强，故应密封保存。

【药理作用】灌肠后能润滑并轻度刺激肠壁，使蠕动及分泌增强并软化粪块；外用具有润滑和软化局部皮肤组织的作用。

【适应症】①灌肠用于治疗宠物便秘。②外用软膏可润滑和保护皮肤，治疗乳房及乳头皮肤病等。③常用作溶媒或病理标本保存液。

【用法与用量】灌肠：一次量，犬2～10ml。

复习思考题

1. 肾上腺素的哪些作用可用于过敏性休克的抢救？在局麻药注射液中，为什么要加微量肾上腺素？

2. 阿托品的药理作用有哪些？临床上的适应症有哪些？中毒有哪些临床表现？如何救治？

3. 局部麻醉方式有哪几种？如何应用？

4. 盐酸普鲁卡因有何作用和用途？应用中应注意哪些问题？并比较普鲁卡因和利多卡因在作用和应用上各有何特点。

（罗国琦）

第七章　解热镇痛抗炎药

第一节　解热镇痛药

解热镇痛药是一类具有退热，减轻局部钝痛的药物，其中大多数还有抗炎、抗风湿作用。它们在化学结构上各不相同，但都具有抑制前列腺素（PG）合成的共同作用机制。

1. 解热作用

本类药物对各种原因引起的高热均有一定的解热作用，但对正常体温几乎无影响。发热是由于病原体及其毒素刺激白细胞产生并释放内源性致热原（简称内热原，如白细胞介素－1、白细胞介素－6、肿瘤坏死因子等），内热原作用于下丘脑体温调节中枢，使该处的 PG 尤其是 PGE_2 的合成和释放增加，体温调节点提高，使机体产热增加，散热减少，体温升高。解热镇痛抗炎药可抑制 PG 合成酶（环加氧酶），减少 PG 的合成；并能增加机体的散热过程，使皮肤血管显著扩张，出汗增加，最终使体温趋于正常。

发热是机体一种防御性反应，中等程度的发热能增强新陈代谢，加速抗体形成，有利于机体消灭病原。故对一般发热动物可不急于使用解热药，但对热度过高或持久发热的动物适当使用解热药以降低体温，缓解高热引起的并发症如昏迷等。但应注意不能过量使用，以免出汗过多，动物虚脱。解热镇痛抗炎药只能作为对症治疗的药物，应着重对因治疗。

2. 镇痛作用

本类药物有中等程度的镇痛作用，对慢性钝痛如神经痛、肌肉痛、关节痛及局部炎症所致的疼痛有效，对创伤性剧痛和内脏平滑肌绞痛无效。本类药物的镇痛作用部位主要在外周。当组织损伤或炎症时，局部产生与释放某些致痛、致炎物质，如缓激肽、组织胺、5－羟色胺、PG 等。缓激肽和胺类直接刺激痛觉感受器而致痛；PG 可提高痛觉感受器对缓激肽等致痛物质的敏感性，而且其本身也有致痛作用。解热镇痛抗炎药通过抑制 PG 的合成发挥镇痛作用。

3. 抗炎和抗风湿作用

PG 是参与炎症反应的重要生理活性物质，在发炎组织中大量存在，能增强缓激肽等的致炎作用。解热镇痛抗炎药能抑制 PG 的合成与释放，从而缓解炎症。本类药物的抗风湿作用是解热、镇痛和消炎作用的综合结果，能明显缓解风湿及类风湿的症状，但不能根除病因阻止病程的发展，仅有对症治疗作用。

本类药物按化学结构可分为苯胺类、吡唑酮类、有机酸类和其他类。苯胺类有非那西汀和对乙酰氨基酚；吡唑酮类有氨基比林、安乃近、保泰松等，都是安替比林的衍生物，均有解热、镇痛和消炎作用，且氨基比林和安乃近解热作用强，保泰松消炎作用较好；有机酸类又分为甲酸类（水杨酸类、芬那酸类）、乙酸类（吲哚类）、丙酸类（含苯丙酸类如萘普生和含萘丙酸类如布洛芬、酮洛芬、吡洛芬等）；其他药有氟尼新葡甲胺等。各类药物均有镇痛作用，对于炎性疼痛，吲哚类和芬那酸类的效果好，吡唑酮类和水杨酸类次之；在解热和抗炎作用上，苯胺类、吡唑酮类和水杨酸类作用较好；阿司匹林、吡唑酮类和吲哚类的抗炎、抗风湿作用较强。苯胺类几乎无抗风湿作用。

阿司匹林（Acetylsalicylic Acid，Aspirin）

又名乙酰水杨酸。

【性状】本品为白色结晶或结晶性粉末；无臭或微带醋酸臭，味微酸。遇湿气缓缓水解，在乙醇中易溶，在三氯甲烷或乙醚中溶解，在水或无水乙醇中微溶；在氢氧化钠试液中溶解，但同时分解。

【药理作用】本品具有较温和的解热镇痛作用和较强的抗炎、抗风湿作用；还可抑制肾小管对尿酸的重吸收，促进尿酸排泄，用于痛风；抑制血小板凝集，延长出血时间，用于防止血栓形成。在胃内不被破坏，对胃黏膜的刺激作用比水杨酸钠小。

本品内服后可在胃和小肠前段迅速吸收，全身分布广泛，主要在肝脏代谢。猫因缺乏葡萄糖醛酸转移酶，故半衰期较长并对本品敏感。药物原形及代谢产物经肾迅速排出，在酸性尿液中排泄缓慢，碱化尿液能加速其排泄。犬的半衰期为7.5h，猫为37.6h。

【适应症】用于治疗发热、风湿症、肌肉和关节疼痛，软组织和痛风症。

【药物相互作用】①与其他水杨酸类解热镇痛药、双香豆素类抗凝血药、巴比妥类、苯妥英钠等药物合用时，作用增强，甚至毒性增加。因本品的血浆蛋白结合率高，可使这些药物从血浆蛋白结合部位游离出来。②与糖皮质激素合用可使胃肠出血加剧，因后者能刺激胃酸分泌、降低胃及十二指肠黏膜对胃酸的抵抗力。③与碱性药物（如碳酸氢钠）合用，可加速本品的排泄，使疗效降低，一般不宜合用。但在治疗痛风时，可同服等量碳酸氢钠，以防尿酸在肾小管内沉积。

【应用注意】①本品能抑制凝血酶原合成，大量或长期应用易发生出血倾向，可用维生素K治疗。②对消化道有刺激性，不宜空腹投药，与碳酸钙同服可减少对胃的刺激性。③长期使用可引发胃肠溃疡，胃炎、胃溃疡、肾功能不全犬慎用。④不宜用于猫，对猫有严重的毒性反应。⑤老龄犬、体弱或体温过高患犬，解热时宜用小剂量，多饮水，以利于排汗和降温，否则会因出汗过多而造成水和电解质平衡失调或虚脱。⑥动物发生中毒时，可采用洗胃、导泻、内服碳酸氢钠及静注5%葡萄糖和0.9%氯化钠等解救。

【用法与用量】阿司匹林片，内服：一次量，犬0.2～1g。

水杨酸钠（Sodium Salicylate）

又名柳酸钠。

【性状】本品为白色或微带淡红色的细微鳞片，或白色结晶性粉末；无臭或微带特臭。易溶于水和乙醇。

【药理作用】本品具有解热镇痛、消炎、抗风湿作用，临床上主要用作抗风湿药，可减轻风湿性关节炎疼痛，消退肿胀；对关节肿胀等非化脓性炎症也有一定疗效；有促进尿酸排泄的作用，可用于痛风。

【适应症】用于肌肉风湿病、急性风湿性关节炎的治疗。

【药物相互作用】见阿司匹林。

【应用注意】①内服时在胃酸作用下分解出水杨酸，对胃产生较强刺激作用。②注射液仅供静注，静注要缓慢，且不能漏出血管外。③长期或大剂量使用时，能抑制凝血酶原合成而产生出血倾向，也可引起耳聋、肾炎等。

【用法与用量】水杨酸钠片，内服：一次量，犬 0.2～2g，猫 0.1～0.2g。水杨酸钠注射液，静脉注射：一次量，犬 0.1～0.5g，猫 0.05～0.1g。

对乙酰氨基酚（Paracetamol）

又名扑热息痛。

【性状】本品为白色结晶或结晶性粉末；无臭，味微苦。在热水和多数有机溶剂中易溶。

【药理作用】本品解热作用类似阿司匹林，但镇痛、抗炎作用较差。其抑制丘脑前列腺素合成与释放的作用较强，抑制外周前列腺素合成与释放的作用较弱。对血小板及凝血机制无影响；副作用比非那西汀小。

本品内服吸收快，30min 后血药达峰浓度，主要在肝脏代谢，代谢物经肾排出。

【适应症】主要用于发热、肌肉痛、关节痛和风湿痛。

【药物相互作用】①长期大量与其他非甾体抗炎药合用时可明显增加肾毒性。②与抗凝血药合用，可增加抗凝血作用，故要调整抗凝血药的用量。③与糖皮质激素同用，可增加胃肠道不良反应。④本品可加强或延长磺胺类药物的作用，使血药浓度升高，增强效应和不良反应。⑤甲氧苄啶与本品大剂量或长期联用，可引起贫血、血小板降低或白细胞减少。⑥阿托品阻滞本品的胃肠道吸收，延迟药效发挥作用。

【应用注意】①猫易引起严重毒性反应，不宜使用。②剂量过大或长时间使用可导致高铁血红蛋白症，引起组织缺氧、发绀。③大剂量可引起肝、肾损害，在给药后 12h 内使用乙酰半胱氨酸或蛋氨酸可以预防肝损害。④肝、肾功能不全的患犬及幼犬慎用。

【用法与用量】对乙酰氨基酚片，内服：一次量，犬 0.1～1g。对乙酰氨基酚注射液，肌肉注射：一次量，犬 0.1～0.5g。

氨基比林（Aminophenazone）

【性状】本品为白色或几乎白色的结晶性粉末；无臭，味微苦。遇光渐变质；在乙醇或三氯甲烷中易溶，在水或乙醚中溶解。常与巴比妥制成复方氨基比林注射液。

【药理作用】本品具有较强的解热、镇痛作用，解热作用强于安替比林、对乙酰氨基酚、非那西汀，镇痛作用强于阿司匹林；具有抗风湿和抗炎作用，其疗效与水杨酸类相近。

【适应症】用于发热性疾患、关节炎、肌肉痛和风湿症等。

【药物相互作用】与巴比妥配成复方制剂，能增强镇痛效果，有利于缓解疼痛。

【应用注意】本品长期连续应用可引起粒性白细胞减少症。

【用法与用量】复方氨基比林注射液，肌肉、皮下注射：一次量，小型犬 1～2ml，大型犬 5～10 ml，猫 1～2ml。

安乃近（Metamizole Sodium，Analgin）

【来源与性状】本品为氨基比林与亚硫酸钠的合成物，为白色或略带微黄色的结晶或结晶性粉末；无臭，味微苦。在水中易溶，在乙醇中略溶，在乙醚中几乎不溶。

【药理作用】本品有较强的解热、镇痛作用，解热作用为氨基比林的 3 倍，镇痛作用与氨基比林相同；也有一定的消炎和抗风湿作用。内服吸收迅速，作用较快，药效维持 3～4h。

【适应症】用于发热性疾病、关节痛、肌肉痛、风湿症；还用于肠痉挛、肠臌气时制止腹痛。

【药物相互作用】①不能与氯丙嗪合用，以免体温剧降。②不能与巴比妥类及保泰松合用，因相互作用会影响肝微粒体酶活性。

【应用注意】①长期连续应用可引起粒性白细胞减少症，应注意检查白细胞数。②抑制凝血酶原形成，加重出血的倾向。③不宜于穴位和关节部位注射，否则可能引起肌肉萎缩和关节机能障碍。④不得与任何其他药物混合注射。

【用法与用量】安乃近片，内服：一次量，犬 0.5～1g，猫 0.2g。安乃近注射液，肌肉注射：一次量，犬 0.3～0.6g，猫 0.1g。

萘普生（Naproxen）

又名消痛灵、萘洛芬。

【性状】本品为白色或类白色结晶性粉末；无臭或几乎无臭。在甲醇、乙醇或三氯甲烷中溶解，在乙醇中略溶，在水中几乎不溶。

【药理作用】本品对前列腺素合成酶的抑制作用为阿司匹林的 20 倍。抗炎作用明显，亦有解热、镇痛作用，药效比保泰松强。

【适应症】本品用于治疗风湿症、肌炎、软组织炎症所致的疼痛、跛行和关节炎等。

【药物相互作用】①本品可增强肝素、双香豆素等抗凝药的抗凝血作用，可出现出血倾向，并有导致消化性溃疡的可能。②与呋塞米或氢氯噻嗪等合用，可使其排钠利尿效果下降。③本品可与糖皮质激素或水杨酸类合用，但疗效并不比单用糖皮质激素或水杨酸类好。④丙磺舒可增加本品的血药浓度，明显延长本品的血浆半衰期，可增强疗效。⑤阿司匹林可加速本品的排出。

【应用注意】①本品副作用较阿司匹林、消炎痛、保泰松轻，但仍有胃肠道反应，甚至出血，消化道溃疡动物禁用。②能明显抑制白细胞游走，对血小板黏着和聚集亦有抑制作用，可延长出血时间。③长期或高剂量应用对肾脏、肝脏有影响。④犬对本品敏感，可见出血或胃肠道毒性。

【用法与用量】萘普生片，内服：一次量，每 1kg 体重，犬 2～5mg。

氟尼新葡甲胺（Flunixin Meglumine）

【性状】本品为白色或类白色结晶性粉末；无臭。在水、甲醇、乙醇中溶解，在乙酸乙酯中几乎不溶。

【药理作用】本品是强效环氧化酶抑制剂，具有解热、镇痛、抗炎和抗风湿作用。

【适应症】用于犬、猫的发热性、炎性疾患，肌肉痛和软组织痛，如犬的发热、内毒素炎症及败血症。

【药物相互作用】①不得与抗炎性镇痛药、非甾体类抗炎药等合用，以免加重对胃肠道的毒副作用，如溃疡、出血。②与血浆蛋白结合率高，与其他药物联合应用时，本品可能置换与血浆蛋白结合的其他药物或者自身被其他药物置换，以致被置换的药物作用增强，甚至产生毒性。

【不良反应】主要不良反应为呕吐和腹泻，在极高剂量或长期应用时可引起胃肠溃疡。

【应用注意】①犬相当敏感，建议犬只用一次，或连用不超过 3d。②不得用于胃肠溃疡、胃肠道及其他组织出血的动物。③勿与其他同类药物同时使用。

【用法与用量】氟尼新葡甲胺颗粒，以氟尼新计，内服：一次量，每 1kg 体重，犬、猫 2mg。一日 1～ 2 次，连用不超过 5d。氟尼新葡甲胺注射液，肌肉、静脉注射：一次量，每 1kg 体重，犬、猫 1～ 2mg，一日 1～ 2 次，连用不超过 5d。

第二节 皮质激素类药

肾上腺皮质激素是肾上腺皮质所分泌的激素的总称，属于甾体类（或类固醇）化合物。按照生理功能可分为盐皮质激素、糖皮质激素和氮皮质激素。

盐皮质激素由肾上腺皮质球状带分泌，包括醛固酮和脱氧皮质酮，主要作用于水盐代谢，引起水、钠潴留和排钾，维持机体的电解质平衡和体液容量，临床少用，故不详述。糖皮质激素由肾上腺皮质束状带分泌，包括氢化可的松和可的松，主要影响糖代谢，对脂肪、蛋白质代谢也有调节作用，对水盐代谢作用较弱。药理剂量的糖皮质激素具有明显的抗炎、抗毒素、抗休克和免疫抑制等作用，临床上广泛应用。氮皮质激素由肾上腺皮质网状带分泌，包括雄激素和雌激素，其生理功能较弱，也无药理学意义。本章着重介绍糖皮质激素。

一、概述

【体内过程】本类药物在胃肠道迅速被吸收，血中峰浓度一般在 2h 内出现；肌肉或皮下注射后，可在 1h 内达到峰浓度。人工合成的糖皮质激素在肝内被代谢为葡萄糖醛酸或硫酸的结合物，代谢产物或原形药物从尿液和胆汁中排泄。根据生物半衰期长短，糖皮质激素类药物分为短效糖皮质激素（＜12h）如氢化可的松、可的松、泼尼松、泼尼松龙、甲基氢化泼尼松；中效糖皮质激素（12～ 36h）如去炎松；长效糖皮质激素（＞36h）如地塞米松、倍他米松。

【药理作用】①抗炎作用：药理剂量的糖皮质激素具有强大的抗炎作用，对各种原因引起的炎症（物理性、化学性、生物性、免疫性损伤）和炎症的不同阶段都有对抗作用。在各种急性炎症的早期，可收缩局部血管，降低毛细血管的通透性，抑制白细胞浸润及吞噬反应，减少各种炎症因子的释放，减轻渗出、水肿，从而改善红、肿、热、痛等症状；炎症后期，可抑制毛细血管和成纤维细胞的增生，延缓肉芽组织生长，防止组织粘连及瘢痕形成，减轻后遗症。但应注意，炎症反应是机体的一种防御机能，炎症后期的反应是组织修复的重要过程。因此，糖皮质激素在抗炎的同时，也降低了机体的防御及修复机能，可诱发或加重感染，阻碍创口愈合。②免疫抑制与抗过敏：糖皮质激素对免疫反应有多方面的抑制作用。可抑制吞噬细胞对抗原的吞噬和处理；抑制淋巴细胞的DNA、RNA和蛋白质的生物合成，使淋巴细胞破坏、解体，也可使淋巴细胞移行至血管外组织，从而使循环淋巴细胞数减少；诱导淋巴细胞凋亡；干扰淋巴细胞在抗原作用下的分裂和增殖；干扰补体参与的免疫反应；抑制某些与慢性炎症有关的细胞因子（IL－2，IL－6和TNF－α等）的基因表达。糖皮质激素能缓解许多过敏性疾病的症状，抑制因过敏反应而产生的病理变化，如过敏性充血、水肿、渗出、皮疹、平滑肌痉挛及细胞损害等，能抑制组织器官的移植排异反应，对于自身免疫性疾病也能发挥一定的近期疗效。③抗毒素：本品能增强机体对细菌内毒素的耐受力，对抗和缓解细菌内毒素引起的反应，减轻对机体造成的损害。但不能中和与破坏细菌内毒素，对细菌外毒素也无防御作用。糖皮质激素在感染性毒血症中的解热和改善中毒症状的作用，与其稳定溶酶体膜、减少内致热原的释放、降低体温调节中枢对内致热原的敏感性有关。④抗休克：大剂量糖皮质激素具有抗休克作用，广泛用于各种休克，如中毒性休克、感染性休克、过敏性休克、低血容量休克。其机制与抗炎、抗毒素及免疫抑制作用的综合因素有关，其中糖皮质激素对溶酶体膜的稳定作用是其抗休克的重要药理基础。此外，大剂量的糖皮质激素能降低外周血管阻力，改善微循环阻滞，增加回心血量，对休克也可起到良好的治疗作用。⑤对代谢的影响：能促进肝脏的糖原异生作用，使血糖升高；加速蛋白质的分解，抑制蛋白质的合成和增加尿氮的排泄量，造成负氮平衡。长期大剂量使用可导致肌肉萎缩、伤口愈合不良、生长缓慢等；加速脂肪分解，并抑制其合成。长期大剂量使用能使四肢脂肪向面部和躯干积聚，出现向心性肥胖。对水盐代谢的影响较小，尤其是人工半合成品。但长期使用仍可引起水、钠潴留，低血钾，并促进钙、磷排泄。⑥对血液系统的影响：糖皮质激素能刺激骨髓造血功能，使红细胞和血红蛋白含量增加，大剂量可使血小板增多，纤维蛋白原增多，缩短凝血时间；加快骨髓中性粒细胞释放入血液循环，使中性粒细胞数量增加；可使淋巴组织萎缩，导致血中淋巴细胞、单核细胞和嗜酸性粒细胞数目明显减少。

【适应症】①治疗感染性疾病：一般的感染性疾病不得使用糖皮质激素，严重急性感染性疾病如各种败血症、中毒性肺炎、中毒性菌痢、腹膜炎、产后急性子宫内膜炎等，应用糖皮质激素治疗，可控制过度的炎症反应，为对因治疗争取时间。②治疗皮肤疾病：糖皮质激素药物对于皮肤的非特异性或变态反应性疾病有较好的疗效。对于皮肤瘙痒症、荨麻疹、过敏性皮炎、脂溢性皮炎、湿疹和其他化脓性炎症，局部或全身给药，都能使病情明显好转。③治疗局部性炎症：如关节炎、腱鞘炎、结膜炎、角膜炎、眼睑疾病等。④治疗休克：糖皮质激素药物对于各种休克都有较好的疗效，如中毒性休克、过敏性休克、创伤性休克等。⑤治疗免疫性疾病：如全身性红斑狼疮、天疱疮、自身免疫性溶血性贫血等。

【不良反应与应用注意】①长期大剂量使用糖皮质激素，可引起糖、蛋白质、脂肪和水盐代谢紊乱。糖皮质激素保钠排钾的作用常导致动物出现水肿和低血钾症；具有促进蛋白质分解，抑制蛋白质合成，增加钙、磷排泄和抑制肉芽组织增生，可引起动物肌肉萎缩无力、骨质疏松、幼犬生长抑制、创口愈合迟缓等；影响胎儿发育并可致畸胎。可根据情况适时停药，或给予必要的治疗。用药期间应注意补充维生素D、钙及蛋白质；孕犬、幼犬不宜长期使用，骨软症、糖尿病、骨折治疗期均不宜使用糖皮质激素。②糖皮质激素对病原微生物无抑制作用，但能抑制炎症反应和免疫反应，降低机体的防御功能，致使原有病灶恶化扩散，或造成继发感染。以真菌、结核菌、变形杆菌和各种疱疹病毒感染为主。多发生在中程或长程疗法时，但亦可在短期使用大剂量糖皮质激素后出现。因此对细菌感染性疾病必须配合应用足量有效的抗菌药物。抗菌药物不能有效控制的感染禁用；结核菌素诊断期和疫苗接种期等均不宜使用。③长期用药可使肾上腺皮质功能减退，使皮质激素分泌减少或停止。如果外源性激素减量过快或突然停药，可出现类肾上腺皮质机能不全症状，如发热、无力、精神沉郁、食欲不振、血糖和血压下降，同时可引起原有病症复发或加重。因此，必须采取逐渐减量、缓慢停药的方法，以促进肾上腺皮质机能的恢复。④糖皮质激素可促进胃酸、胃蛋白酶分泌，抑制胃黏液，降低胃肠黏膜的抵抗力，可诱发或加重犬、猫的胃、十二指肠溃疡，甚至造成消化道出血，还可诱发胰腺炎、脂肪肝。故胃肠溃疡、胰腺炎应避免使用糖皮质激素类药物。

二、常用的糖皮质激素药

氢化可的松（Hydrocortisone）

【来源与性状】本品为天然的糖皮质激素，白色或类白色的结晶性粉末；无臭，苦味。遇光渐变质。在乙醇或丙酮中略溶，在三氯甲烷中微溶，在乙醚中几乎不溶，在水中不溶。

【药理作用】本品具有抗炎、抗过敏、抗毒素、抗休克作用，见概述。

【适应症】本品可用于中毒性感染或其他危重病症，如败血症、中毒性菌痢、腹膜炎、子宫炎、休克等；也用于治疗关节炎、腱鞘炎、眼科炎症和皮肤过敏等疾病。

【药物相互作用】①与解热镇痛抗炎药合用易引起消化道溃疡。②可使内服抗凝血药的疗效降低，合用时应适当增加抗凝血药的剂量。③苯巴比妥、苯妥英钠、利福平等肝药酶诱导剂可促进本品的代谢，使药效降低。④与抗胆碱能药（如阿托品）长期合用，可致眼压增高。⑤与降糖药如胰岛素合用时，可使血糖升高，应适当调整降糖药剂量。⑥甲状腺激素可使氢化可的松的代谢清除率增加，应适当调整后者的剂量。⑦与强心苷合用，可增加毒性及心律紊乱的发生。⑧与排钾利尿药合用，可致严重低血钾，并由于水、钠潴留而减弱利尿药的排钠利尿效应。

【不良反应】①有较强的水、钠潴留和排钾作用。②有较强的免疫抑制作用。③妊娠后期大剂量使用可引起流产。

【应用注意】①用于严重感染时必须配合抗菌药物。②长期使用本品可引起水肿、低血钾症、肌肉萎缩、骨质疏松、幼犬生长抑制等不良反应。③长期用药不能突然停药，应逐渐减量。④骨软症、骨折治疗期、创伤修复期、疫苗接种期、糖尿病动物禁用。⑤妊娠早期及后期动物禁用。⑥严格掌握适应症，防止滥用。

【用法与用量】氢化可的松注射液，静脉注射：一次量，犬5～20mg，猫1～5mg，一日1次。

醋酸泼尼松（Prednisone Acetate）

又名强的松。

【性状】本品为白色或几乎白色的结晶性粉末；无臭，味苦。在三氯甲烷中易溶，在丙酮中略溶，在乙醇或乙酸乙酯中微溶，在水中不溶。

【药理作用】本品在体内转化为氢化泼尼松后显效，其抗炎作用与糖原异生作用比氢化可的松强4～5倍，而水、钠潴留的副作用显著减轻。抗炎、抗过敏、抗毒素、抗休克作用强，副作用少。还能促进蛋白质转变为葡萄糖，减少机体对糖的利用，使血糖和肝糖原增加，出现糖尿，并能增加胃液分泌。

【适应症】用于细菌感染、过敏性疾病、风湿、肾病综合征、哮喘、湿疹等；眼膏外用于角膜炎、虹膜炎、结膜炎等。

【药物相互作用】、【不良反应】见氢化可的松。

【应用注意】①眼部有感染时应与抗菌药物合用。②角膜溃疡忌用。③其他见氢化可的松。

【用法与用量】醋酸泼尼松片，内服：一次量，每1kg体重，犬、猫0.5～2mg，一日1次。0.5%眼膏，外用。

地塞米松（Dexamethasone）

又名氟美松、德沙美松。

【性状】本品为白色或类白色的结晶性粉末。醋酸地塞米松为白色或类白色结晶或结晶性粉末；无臭，味微苦。在丙酮中易溶，在甲醇或无水乙醇中溶解，在乙醇或三氯甲烷中略溶，在乙醚中极微溶解，在水中不溶。地塞米松钠为白色或微黄色粉末；无臭，味微苦。有引湿性。在水或甲醇中溶解，在丙酮或乙醚中几乎不溶。

【药理作用】本品作用与氢化可的松基本相似，但作用较强，显效时间长，副作用较小，应用广泛。抗炎作用与糖原异生作用为氢化可的松的25倍，而水、钠潴留和排钾作用仅为氢化可的松的3/4。

本品肌注给药后，在犬显示出快速的全身作用，0.5h血药达峰浓度，半衰期约48h，主要经粪和尿排泄。

【适应症】同氢化可的松。

【药物相互作用】、【不良反应】、【应用注意】见氢化可的松。

【用法与用量】地塞米松磷酸钠注射液，肌肉、静脉注射：一次量，犬、猫0.125～1mg。醋酸地塞米松片，内服：一次量，犬、猫0.5～2mg。醋酸地塞米松片，内服：一次量，犬、猫0.5～2mg。

倍他米松（Betamethasone）

【性状】本品为地塞米松的同分异构体，为白色或类白色的结晶性粉末；无臭，味苦。在乙醇中略溶，在水或三氯甲烷中几乎不溶。

【药理作用】本品与地塞米松的作用相似，但其抗炎作用与糖原异生作用较后者强，为氢化可的松的30倍；钠潴留作用稍弱于地塞米松。

本品内服、肌注均易吸收，在体内分布广泛。犬的肌注半衰期为48h。

【适应症】用于犬、猫的炎症性、过敏性疾病等。

【药物相互作用】、【不良反应】、【应用注意】见氢化可的松。

【用法与用量】倍他米松片，内服：一次量，犬、猫0.25～1mg。

醋酸氟轻松（Fluocinolone）

又名丙酮化氟新龙、醋酸肤轻松、仙乃乐。

【性状】本品为白色或类白色的结晶性粉末；无臭，无味。在丙酮中略溶，在乙醇中微溶，在水或石油醚中不溶。

【药理作用】本品为外用皮质激素，疗效显著，副作用较小。局部涂敷，对皮肤、黏膜的炎症、皮肤瘙痒和过敏反应等均能迅速显效，止痒效果尤其明显。

【适应症】主要用于各种皮肤病，如湿疹、过敏性皮炎、皮肤瘙痒等。

【药物相互作用】见氢化可的松。

【应用注意】①本品对并发细菌感染的皮肤病，应与相应的抗生素合用，若感染未改善应停用。②真菌性或病毒性皮肤病禁用。

【用法与用量】醋酸氟轻松软膏，外用：涂于患处。

注射用促皮质激素（Corticotrophin for Injection）

促肾上腺皮质激素（ACTH），简称为促皮质激素。

【性状】本品为白色或淡黄色粉末或块状体。在水中极易溶解。

【药理作用】本品能刺激肾上腺皮质合成和分泌氢化可的松和皮质酮等，间接发挥糖皮质激素类药物的作用。在肾上腺皮质功能健全时有效。作用与糖皮质激素相似，但起效慢而弱，水、钠潴留作用明显。

本品注射很容易吸收，在肌注部位部分可被组织酶所破坏。因多肽易被消化酶破坏，内服无效。肌注或静注后很快从血液中消失，仅有少量以原形从尿中排泄，半衰期仅为 6min。

【应用注意】①使用本品，必须有完整的肾上腺皮质功能。②长期应用可引起水、钠潴留、创伤愈合延缓、感染扩散等，还可引起过敏反应。③其他见氢化可的松。

【用法与用量】注射用促皮质激素，肌肉注射：一次量，犬 5～10 IU，一日 2～3 次（临用前用 5%葡萄糖注射液溶解）。

复习思考题

1. 解热镇痛药为什么能使发热的动物体温降低？对正常动物的体温有无影响？
2. 试比较各类解热、镇痛、抗炎及抗风湿药的作用和应用上的特点。
3. 药理剂量的糖皮质激素有哪些作用？如何合理地使用它们才可避免产生不良反应？

（谢淑玲）

第八章　消化系统药物

消化系统疾病是宠物的常发病，其病因很多，从发病原因看可分为原发性和继发性两种。原发性消化系统疾病主要是由于日粮品质不良和饲养管理不善而引起消化机能紊乱，主要表现为胃肠的分泌、蠕动、吸收和排泄等机能障碍，从而产生食欲不振、消化不良等症状。继发性消化系统疾病则是以某些疾病如传染病、寄生虫病、中毒性疾病等并发症形式出现。

消化系统疾病的治疗应在消除病因的基础上，通过纠正胃肠消化功能紊乱，改善消化机能，从而促进营养成分的消化吸收，增强机体抗病能力。作用于消化系统药物很多，根据其药理作用和临床应用可分为健胃药与助消化药、抗酸药、止吐药与催吐药、制酵药与消沫药、泻药与止泻药。

第一节　健胃药与助消化药

一、健胃药

健胃药是指能提高食欲，促进唾液和胃液分泌，加强消化机能的药物，按其性质与作用可分为苦味健胃药、芳香性健胃药和盐类健胃药 3 类。

（一）苦味健胃药

苦味健胃药多来源于植物，其特点是具有强烈的苦味，内服可刺激舌部味觉感受器，反射性地兴奋食物中枢，使唾液和胃液分泌，食欲提高，促进消化机能。

龙胆（Radix Gentianae）

【来源与性状】龙胆是龙胆科植物龙胆的干燥根茎和根，含龙胆苦苷、龙胆糖、龙胆碱等有效成分。粉末为淡棕黄色，应密闭干燥保存。

【药理作用】内服可刺激舌味觉感觉器，反射性地引起食物中枢兴奋，促进唾液与胃液分泌，加强消化，改善食欲。

【适应症】主要用于食欲减退、消化不良及一般热性病的恢复期。

【用法与用量】龙胆末，内服：一次量，犬 1～5g，猫 0.5～1g。龙胆酊，内服：一次量，犬、猫 1～3ml。复方龙胆酊，内服：一次量，犬、猫 1～4ml。

马钱子（Semen Strychni）

【来源与性状】马钱子是马钱科植物番木鳖成熟种子，有效成分为番木鳖碱，亦称士的宁。味苦，有毒。其乙醇制剂又名番木鳖酊，为棕色液体。

【药理作用】因味极苦，内服后主要发挥其苦味健胃作用。其吸收作用是增强中枢神经系统的兴奋性，先是加强脊髓的反射兴奋性，随后兴奋延髓和大脑。

【适应症】用于治疗消化不良、食欲不振等。

【应用注意】①剂量过大易致中毒。应用时必须严格控制剂量，连续用药不能超过1周，以免发生蓄积中毒。②妊娠动物禁用。③毒性较大，不宜生用。

【用法与用量】马钱子酊，内服：一次量，犬0.1～0.6ml。马钱子流浸膏，内服：一次量，犬0.01～0.06ml。

（二）芳香性健胃药

本类药物含有挥发油，内服后对消化道黏膜有轻度的刺激作用，能反射性增加消化液分泌，促进胃肠蠕动。此外，还有轻度的抑菌和制止发酵作用；药物吸收后，一部分挥发油经呼吸道排出能增加支气管腺的分泌，有轻度祛痰作用。因此，健胃、驱风、制酵、祛痰是挥发油的共有作用。临床上常将本类药物配成复方，用于消化不良、胃肠内轻度发酵和积食、气胀等。

陈皮（Pericarpium Citri Reticulatae）

又名橙皮。

【来源与性状】陈皮为芸香科植物橘及其成熟果实的干燥果皮，内含挥发油、橙皮苷、穿皮酮和肌醇等。

【作用与适应症】内服具有健胃、驱风等作用，刺激消化道黏膜，增强消化液的分泌及肠蠕动。常与本类其他药物配合，用于消化不良、积食气胀和咳嗽多痰等。

【用法与用量】陈皮酊，内服：一次量，犬、猫1～5ml。

桂皮（Cassia bark）

又名肉桂。

【来源与性状】桂皮为樟科植物肉桂的树皮，内含挥发性桂皮油。本品粉末为红棕色，气味浓烈，味甜，辣。

【作用与适应症】本品能健胃、驱风和缓解肠管痉挛，扩张血管，改善血液循环。常用于消化不良、胃肠气胀、产后虚弱。

【应用注意】妊娠动物慎用，以免引起流产。

【用法与用量】桂皮酊，内服：一次量，犬、猫10～20ml。

（三）盐类健胃药

盐类健胃药主要有氯化钠、碳酸氢钠、人工盐等。内服少量盐类，通过渗透压作用，可轻度刺激消化道黏膜，反射性地引起胃肠蠕动增强，消化液分泌增加，提高食欲。吸收后又可补充离子，调节体内离子平衡。

人工盐（Artificial Carlsbad Salt）

又名人工矿泉盐。

【来源与性状】本品由干燥硫酸钠44%、碳酸氢钠36%、氯化钠18%、硫酸钾2%混合制成，为白色干燥粉末，易溶于水，水溶液呈弱碱性。应密封保存。

【药理作用】本品具有多种盐类的综合作用。内服少量时，能促进胃肠分泌和蠕动，中和胃酸，从而产生健胃作用。小剂量还有利胆作用。内服大量时，由于其渗透压作用，在肠管内保持大量水分，并刺激肠管蠕动、软化粪便，而引起缓泻作用。

【适应症】小剂量用于消化不良、胃肠弛缓；大剂量用于便秘初期。

【应用注意】①禁与酸性物质或酸类健胃药、胃蛋白酶等配用。②内服作泻剂时宜大量饮水。

【用法与用量】人工盐，内服：一次量，犬10～20g。

二、助消化药

助消化药多为消化液中成分或促进消化液分泌的药物，能促进食物的消化，用于消化道分泌机能减弱，消化不良。如稀盐酸、淀粉酶、胃蛋白酶、胰酶等，它们能补充消化液中某种成分的不足，发挥替代疗法的作用，从而迅速恢复正常的消化活动。助消化药作用迅速、奏效快。但必须对症下药，否则，不仅无效，有时反而有害。在临床上常与健胃药配合应用。

稀盐酸（Dilute Hydrochloric Acid）

【性状】本品为10%盐酸溶液，无色澄明液体；无臭，味酸。呈强酸性反应，应置玻璃塞瓶内密封保存。

【药理作用】盐酸是胃液的主要成分之一，内服适量能增加胃液酸度，使胃蛋白酶原活化为胃蛋白酶，并提供胃蛋白酶作用所需要的酸性环境；进入十二指肠后，可促进胰液和胆汁的分泌，有助于脂肪及其他食物的进一步消化；能增加钙、铁等盐类的溶解与吸收。此外，稀盐酸还可抑制一些细菌的繁殖，有制酵和减轻气胀的作用。

【适应症】适用于慢性胃炎、胃癌、发酵性消化不良等。

【应用注意】①用量不宜过大，浓度不宜过高。否则会反射性引起幽门括约肌痉挛性收缩，影响胃内排空，并产生腹痛。②禁与碱类、盐类健胃药、有机酸、洋地黄及其制剂配合使用。③用前加50倍水稀释成0.2%的溶液使用。

【用法与用量】稀盐酸，内服：一次量，犬0.1～0.5ml。

胃蛋白酶（Pepsin）

【来源与性状】胃蛋白酶是由胃腺主细胞分泌的胃蛋白酶原，在胃酸作用下转变而成。药用来自牛、猪、羊等胃黏膜。《中国兽药典》规定，每1g胃蛋白酶至少能使凝固的卵蛋白3 800g完全消化。本品为白色或淡黄色粉末，味微酸，有吸湿性。能溶于水，水溶液呈酸性。在70℃以上或碱性条件下，易被破坏失效，在弱酸性条件下则较稳定。

【药理作用】本品是一种蛋白质分解酶，内服后初步水解蛋白质为蛋白胨，有利于蛋白质的进一步分解吸收。在酸性环境中作用强，pH值1.8时其活性最强。

【适应症】常与稀盐酸同服用于胃液分泌不足或胃蛋白酶缺乏引起的消化不良。

【药物相互作用】①与抗酸药（如氢氧化铝）同服，因胃内 pH 值升高而使其活力降低。②本品的药理作用与硫糖铝相颉颃，二者不能同用。③遇鞣酸、没食子酸、重金属盐等可产生沉淀。

【应用注意】①禁止与碱性药物、鞣酸、重金属盐等配合使用。②温度超过 70℃时迅速失活，剧烈搅拌可破坏其活性，导致减效。③用前先将稀盐酸加水作 20 倍稀释后，再加入本品，于食前灌服。

【用法与用量】内服：一次量，犬 80～800 IU，猫 80～240 IU。

胰酶（Pancreatin）

【来源与性状】胰酶取自牛、猪、羊等动物的胰腺，含胰蛋白酶、胰淀粉酶及胰脂肪酶。本品为淡黄色粉末；可溶于水，遇热、酸、碱和重金属盐易失效。

【药理作用】内服后能分解蛋白质、淀粉和脂肪等，其助消化作用在中性或弱碱性环境中作用最强（pH 值为 7.8～8.7），常与碳酸氢钠配伍使用。

【适应症】用于胰腺机能障碍，如胰腺疾病或胰腺分泌不足所引起的消化不良。

【用法与用量】胰酶片，内服：一次量，犬 0.2～0.5g，猫 0.1～0.2g。

乳酶生（Lactasin）

【性状】本品为白色或淡黄色的干燥粉末；无腐臭或其他恶臭。

【药理作用】本品为干燥活乳酸杆菌制剂，能分解糖类产生乳酸，使肠内酸性增高，从而抑制肠内腐败菌的繁殖，减少发酵和产气。

【适应症】用于消化不良、腹胀及消化不良性腹泻。

【药物相互作用】抗菌药或吸附剂、收敛剂、酊剂及乙醇可使其失活或降低活性。

【应用注意】①不应与抗菌药或吸附剂、收敛剂、酊剂及乙醇同用，以免降低疗效。②食前服用。③超过有效期后，其中活菌数量很少，不宜再用。

【用法与用量】乳酶生片，内服：一次量，犬 0.3～0.5g。

干酵母（Saccharomyces Siccum，Yeast）

又名食母生，为麦酒酵母菌的干燥菌体。

【性状】本品呈淡黄白色或黄棕色的薄片、颗粒或粉末；有酵母的特臭，味微苦。

【药理作用】本品含 B 族维生素，每 1g 含维生素 B_1 0.1～0.2mg、核黄素 0.04～0.06mg、烟酸 0.03～0.06mg，此外还含有维生素 B_6、维生素 B_{12}、叶酸、肌醇及麦芽糖酶、转化酶等。这些成分多为体内酶系统的重要组成物质，参与体内糖、脂肪、蛋白质的代谢和生物氧化过程，促进消化。

【适应症】用于 B 族维生素缺乏症，如多发性神经炎、糙皮病、酮血病等治疗及消化不良的辅助治疗。

【用法与用量】干酵母片，内服，一次量，犬 8～12g。

第二节 抗酸药

用于宠物临床的抗酸药有 3 类：①弱碱性物质，如氢氧化镁、氢氧化铝、碳酸钙、氧化镁等。内服后能降低胃内容物酸度，从而减轻或消除胃酸对胃、十二指肠黏膜的侵蚀和对溃疡面的刺激，并减弱胃蛋白酶活性，发挥缓解疼痛和促进愈合的作用。此外，有的抗酸药在中和胃酸时，还能形成胶状物质，覆盖在溃疡面上，产生收敛、止血和保护作用，促进溃疡的愈合。②节后拟胆碱药，如溴丙胺太林、甲吡戊痉平等。抑制胃酸及唾液分泌，用于治疗胃酸过多、消化性溃疡等症。③H_2 受体阻断药，如西咪替丁、雷尼替丁、法莫替丁和尼扎替丁等。临床上主要用于胃炎，胃、十二指肠溃疡，应激或药物引起的糜烂性胃炎等。

氢氧化镁（Magnesium Hydroxide）

【性状】本品为白色粉末；无臭，无味。在水或乙醇中不溶，在稀酸中溶解。

【药理作用】本品抗酸作用较强、较快。镁离子有导泻作用，少量吸收经肾排出，如肾功能不良可引起血镁过高。

【适应症】作为抗酸药，用于胃酸过多和胃炎等症。

【用法与用量】镁乳，内服：一次量，犬 5～30ml，猫 5～15ml。

溴丙胺太林（Propantheline Bromide）

又名普鲁本辛。

【性状】本品为白色或类白色结晶粉末；无臭，味极苦。在水、乙醇或三氯甲烷中极易溶，在乙醚和苯中不溶。

【药理作用】本品为节后抗胆碱药，对胃肠道 M 受体选择性高，有类似阿托品样作用，治疗剂量对胃肠道平滑肌的抑制作用强而持久，也可减少唾液、胃液及汗液的分泌。此外，尚有神经节阻断作用。中毒量时可阻断神经肌肉传导，引起呼吸肌麻痹等。

【适应症】用于胃酸过多及缓解胃肠痉挛。

【药物相互作用】延缓呋喃妥因与地高辛在肠内的停留时间，增加上述药物的吸收。

【用法与用量】溴丙胺太林片，内服：一次量，小犬 5～7.5mg，中犬 15mg，大犬 30mg，猫 5～7.5mg。每 8h 一次。

甲吡戊痉平（Glycopyrrolate）

又名格隆溴铵、胃长宁。

【性状】本品为白色结晶性粉末；无臭，味苦，溶于水。

【药理作用】本品为节后抗胆碱药，作用类似于阿托品，抑制胃液及唾液分泌较强。对胃肠道解痉作用较差。

【适应症】用于胃酸过多、消化性溃疡。

【用法与用量】胃长宁注射液，肌肉或皮下注射：一次量，每 1kg 体重，犬 0.01mg。

西咪替丁（Cimetidine）

又名甲氰咪胍、甲氰咪胺、泰胃美。

【来源与性状】本品为人工合成品，白色或类白色结晶性粉末；几乎无臭，味苦。在水中微溶。

【药理作用】本品为较强的 H_2 受体阻断药，能降低胃液的分泌量和胃液中 H^+ 浓度，降低胃蛋白酶和胰酶的活性。对因化学刺激引起的腐蚀性胃炎有预防和保护作用，对应激性胃溃疡和上消化道出血也有明显疗效。本品还能减弱免疫抑制细胞的活性、增强免疫反应，从而阻止肿瘤转移和延长存活期。

【适应症】主要用于治疗胃肠溃疡、胃炎、胰腺炎和急性胃肠出血。

【药物相互作用】①能与肝微粒体酶结合而抑制酶的活性，降低肝血流量，干扰其他药物的吸收。②与氢氧化铝、氧化镁同时服用，可降低本品的血药浓度。③本品可使胃液pH值升高，与四环素合用时，可使四环素的溶解速率降低，吸收减少，作用减弱。④与阿司匹林合用，可使阿司匹林作用增强。⑤本品与氨基糖苷类抗生素合用时可能导致呼吸抑制或呼吸停止。

【应用注意】①突然停药可能引起慢性消化性溃疡穿孔。②应避免本品与抗胆碱药同时使用，以防加重中枢神经毒性反应。③严重的呼吸系统疾患，急性胰腺炎，慢性炎症、肝、肾功能不全的动物慎用。

【用法与用量】西咪替丁片，内服：一次量，每1kg体重，犬、猫5～10mg，一日两次。

雷尼替丁（Ranitidine）

又名甲硝呋胍，呋喃硝胺。

【性状】本品为类白色或淡黄色结晶性粉末；有异臭，味微苦带涩；极易吸潮，吸潮后颜色变深。极易溶于水。

【药理作用】本品作用与西咪替丁相似，但较西咪替丁强，对胃和十二指肠溃疡的疗效高，具有速效和长效的特点，副作用小而且安全。

【适应症】同西咪替丁。

【药物相互作用】①本品可降低维生素B_{12}的吸收，长期使用可致维生素B_{12}缺乏。②其他见西咪替丁。

【应用注意】见西咪替丁。

【用法与用量】雷尼替丁片，内服：一次量，每1kg体重，犬、猫0.5mg，一日3次。

第三节　止吐药与催吐药

一、止吐药

恶心、呕吐是宠物许多疾病的常见伴发症状，长期剧烈呕吐可引起机体脱水及电解质紊乱。止吐药是一类通过不同环节抑制呕吐反应的药物，主要用于犬、猫及灵长类动物以制止呕吐反应。

甲氧氯普胺（Metoclopramide）

又名胃复安、灭吐灵。

【性状】本品为白色结晶性粉末；遇光变为黄色，毒性增强。

【药理作用】本品为多巴胺D_2受体阻断剂，抑制延髓催吐化学感受区，反射地抑制呕吐中枢，止吐作用强大。内服生物利用度为75％，易通过血脑屏障和胎盘屏障，半衰期为4～6h。

【适应症】用于各种原因引起的呕吐、慢性功能性消化不良引起的胃肠运动障碍包括恶心、呕吐等症。

【应用注意】①大剂量静脉注射或长期应用，可引起锥体外系反应，如肌震颤、震颤麻痹（又名帕金森病）、坐立不安等。②禁与阿托品、颠茄制剂合用，以防药效降低。③犬、猫妊娠期禁用。

【用法与用量】内服：一次量，犬、猫 10～20mg。胃复安注射液，肌肉注射：一次量，犬、猫 10～20mg。

舒必利（Sulpiride）

又名止吐灵。

【性状】本品为白色结晶性粉末；无臭，味苦。在冰醋酸或稀醋酸中易溶，在乙醇、丙酮中难溶，在水、乙醚、三氯甲烷、苯中不溶。

【药理作用】本品属中枢性止吐药，止吐作用强大，效果好于胃复安。

【适应症】常用作犬的止吐药。

【用法与用量】内服：一次量，犬 0.3～0.5mg。

氯苯甲嗪（Meclozine）

又名敏可静。

【性状】本品为白色或微黄色结晶粉末；无臭，几乎无味。在水中溶解。

【药理作用】本品主要是抑制前庭神经而止吐，还有中枢抑制作用和抗胆碱作用，是晕动病及变态反应性呕吐的主要治疗药物。一次用药可维持 12～24h。

【适应症】用于犬、猫的呕吐病。

【用法与用量】盐酸氯苯甲嗪片，内服：一次量，犬 25mg，猫 12.5mg。

二、催吐药

催吐药是一类能引起呕吐的药物。催吐作用可由兴奋中枢呕吐化学感受区引起，如阿朴吗啡；也可通过刺激食道、胃等消化道黏膜，反射地兴奋呕吐中枢，引起呕吐，如硫酸铜。本类药物主要用于犬、猫等具有呕吐机能的动物，进行中毒解救，排出胃内未吸收的毒物，减少毒物的吸收。

阿朴吗啡（Apomorphine）

又名去水吗啡。

【性状】本品为白色或灰白色细小有闪光结晶或结晶性粉末；无臭。在水和乙醇中溶解，水溶液呈中性。

【药理作用】本品属中枢反射性催吐药，直接刺激延髓催吐化学感受区，反射性兴奋呕吐中枢，引起恶心、呕吐。内服作用较弱、缓慢，皮下注射后约 5～15min 即可产生强烈的呕吐。

【适应症】常用作犬驱出胃内毒物，猫一般不用。

【用法与用量】皮下注射：一次量，犬 2～3mg，猫 1～2mg。

硫酸铜（Cupri Sulfate）

【性状】本品为蓝色结晶性颗粒或粉末；有风化性。在水中易溶，在乙醇中微溶。应密闭保存。

【药理作用】低浓度有收敛和刺激作用；1%溶液有催吐作用。

【适应症】用作犬、猫的催吐。

【应用注意】①如果发生中毒，可灌服牛奶、蛋清或内服氧化镁等解救。②2%溶液反复应用可导致胃肠炎，10%～30%溶液有腐蚀作用。③为提高疗效，增加铜离子的离解度，可在1%硫酸铜溶液1 000ml中加入盐酸1～4ml。灌药前禁饮12～24h，灌后禁饮2～3h。

【用法与用量】内服：一次量，犬0.1～0.5g，猫0.05～0.1g，配成1%溶液。

第四节　制酵药

制酵药是指能制止胃肠内容物异常发酵的药物，主要用于治疗胃肠臌气。另外，抗生素、磺胺药、消毒防腐药等都有一定程度的制酵作用。

芳香氨醑（Aromatic Ammonia Spirit）

【来源】本品为由碳酸铵（3%）、浓氨溶液（6%）、柠檬油（0.5%）等制成的液体制剂。

【药理作用】本品中的氨、乙醇和茴香中所含茴香醚及挥发油，均具有挥发性和局部刺激性，也有抑菌作用。内服后可抑制胃肠道内细菌的发酵作用，并刺激胃肠，使蠕动加强，有利于气体排出；同时由于刺激胃肠道增加消化液分泌，可改善消化机能。

【适应症】用于消化不良、胃肠积食及气胀；配合氯化铵，也可用于急、慢性支气管炎。

【用法与用量】内服：一次量，犬0.6～4ml。

薄荷脑（Menthol）

【性状】本品为无色针状或棱柱状结晶、白色结晶性粉末或溶块；有类似薄荷的刺激性臭气，味初灼热，后清凉；在水中微溶，在乙醇、乙醚、三氯甲烷或石油醚中极易溶解，与冰醋酸、液状石蜡、脂肪油或挥发油能任意混合。

【药理作用】①本品内服作为祛风药、解痉镇痛药，可增强胃肠蠕动，促进胃肠道内的气体排出。②本品溶于石蜡油后用于发炎黏膜，可使血管收缩、肿胀减轻、炎症消退，可用于治疗支气管炎。

【适应症】用于胃肠臌气和支气管炎。

【用法与用量】薄荷脑，内服：一次量，犬0.1～0.2g。

第五节　泻药与止泻药

一、泻药

泻药是一类能促进肠蠕动，增加肠内容积，软化粪便，加速粪便排泄的药物。临床主要用于治疗便秘、排出胃肠道内的毒物及腐败分解物，还与驱虫药合用以驱除肠道寄生虫。根据作用方式和特点分为容积性泻药、刺激性泻药和润滑性泻药 3 类。

（一）容积性泻药

容积性泻药为非吸收的盐类和食物性纤维素等物质，临床上常用的有硫酸钠和硫酸镁，又称为盐类泻药。盐类泻药易溶于水，其溶液中的离子不易被肠壁吸收，在肠内形成高渗的盐溶液，保持大量水分，增大肠内容积，对肠壁感受器产生机械刺激。盐类的离子对肠黏膜也有一定的化学刺激作用，促进肠管蠕动，促使排便。

影响盐类泻药的致泻作用因素如下：①与盐类离子在消化道内吸收的难易程度有关。一般难吸收者，下泻作用强。②与内服溶液的浓度密切相关，硫酸钠的等渗溶液为 3.2%，硫酸镁为 4%。致泻时硫酸钠、硫酸镁应配成 4%~ 6%或 6%~ 8%溶液灌服。③如果与大黄等植物性泻药配伍，可产生协同作用。④盐类溶液浓度过高（10%以上），不仅会延长致泻时间，降低致泻效果，而且进入十二指肠后，能反射性地引起幽门括约肌痉挛，妨碍胃内容物排空，有时甚至可引起肠炎。⑤小肠阻塞时因阻塞部位接近胃，不宜选用盐类泻药。否则易继发胃扩张。⑥下泻作用与动物体内含水量多少有关。若机体内水量多，则能提高下泻作用，故用药前应进行补液或大量饮水。

硫酸钠（Sodium Sulfate）

又名芒硝。

【性状】本品为无色、透明大块结晶或颗粒状粉末；无臭；味苦、咸。在水中易溶，易失去结晶水而风化，有引湿性，应密闭保存。

【药理作用】本品小剂量内服，能轻度刺激消化道黏膜，使胃肠的分泌与蠕动稍增加，产生健胃作用；内服大剂量时，在肠内解离出的 SO_4^{2-} 和 Na^+ 不易被肠壁吸收，在肠腔内保留大量水分，增加肠内容积，且稀释肠内容物，软化粪便，并刺激肠壁增强其蠕动，从而产生泻下作用。

【适应症】主要治疗大肠便秘、排除肠内毒物或辅助驱虫药排除虫体，外用于化脓创和瘘管的冲洗、引流等。

【用法与用量】内服：一次量，犬 10~ 25g，猫 2~ 4g（配成 6%~ 8%溶液灌服）。外用：10%~ 20%硫酸钠溶液，冲洗患处。

硫酸镁（Magnesium Sulfate）

【性状】本品为无色细小针状结晶或斜方形柱状结晶；味苦而咸；有风化性。在水中易溶，在乙醇中几乎不溶。

【药理作用】、【适应症】同于硫酸钠。

【应用注意】①注射过量或静脉速度过快，使血镁过高引起中毒，出现中枢抑制呼吸抑制等。②肾功能不全的动物应慎用。③中毒时可静脉注射氯化钙进行解救。④在机体脱水、肠炎时，镁离子吸收增多会产生毒副作用。⑤其他见泻药。

【用法与用量】内服：一次量，犬 10～20g，猫 5～10g（配成 6%～8%溶液灌服）。

（二）刺激性泻药

刺激性泻药有大黄、芦荟、番泻叶、蓖麻油、巴豆油、牵牛子、酚酞等，此类药物内服后，在胃内一般无变化，到达肠内后分解出有效成分，对肠黏膜感受器产生化学性刺激，反射性促进肠管蠕动和增加肠液分泌，产生泻下作用。

大黄（Radix et Rhizoma Rhei）

又名川军。

【性状】药用其干燥的根茎，含苦味质、鞣酸及蒽醌苷类的衍生物（大黄素、大黄酚、大黄酸）。大黄末呈黄色，不溶于水。

【药理作用】①内服小剂量，呈现苦味健胃作用。②内含大量鞣质，内服中剂量呈现收敛止泻作用。③内含蒽醌苷类，内服大剂量，在胃内并不起作用，在小肠吸收后大部分失效，只有 3%在体内水解成大黄素、大黄酚、大黄酸，经大肠分泌到肠腔，刺激肠黏膜反射地增强肠蠕动而引起下泻。泻下作用出现缓慢，一般须经 6～24h 才能排粪，且由于鞣酸的收敛作用，有时排粪后可再引起便秘。④体外试验证明，大黄素和大黄酸对金色葡萄球菌、大肠杆菌、链球菌，痢疾杆菌、绿脓杆菌和皮肤真菌等有较强的抑制作用。

【适应症】主要做健胃药，常用其酊剂或散剂配合其他健胃药治疗消化不良；与硫酸钠配合作泻药；与陈石灰配成撒布剂，外用治疗化脓疮；与地榆末配合调油，擦于局部，用于治疗烧伤和烫伤等。

【用法与用量】健胃，内服：一次量，犬 0.5～2g。止泻，内服：一次量，犬 3～7g。下泻，内服：一次量，犬 2～7g。

蓖麻油（Castor Oil）

【来源与性状】本品为大戟科植物蓖麻的成熟种子经压榨而得的植物油。为淡黄色澄明的黏稠液体，在水中不溶，在乙醇中微溶。

【药理作用】本品本身无刺激性，只有润滑作用。内服后在肠内一部分受胰脂肪酶作用，分解为蓖麻油酸和甘油，前者在小肠中与钠结合成蓖麻油酸钠，刺激肠黏膜感受器，促进肠蠕动，使内容物从小肠迅速往大肠移送；后者对肠道起润滑作用。另一部分未被分解的蓖麻油以原形通过肠道，对粪便和肠壁也起润滑作用。用药后经 4～8h 可引起排粪。

【适应症】主要用于小肠便秘。

【应用注意】①采用冷压法制成的工业用蓖麻油，含有蓖麻毒蛋白，不能服用。②妊娠和肠炎动物及应用脂溶性驱虫药时，不能用本品作泻药。③不能长期反复应用，以免影响消化功能。

【用法与用量】内服：一次量，犬 5～25ml，猫 4～10ml。

（三）滑润性泻药

滑润性泻药又称为油类泻药，是通过局部滑润并软化粪便而发挥作用。临床常用的有液体石蜡、花生油、棉籽油、菜籽油、芝麻油和猪油等。

液体石蜡（Liquid Paraffin）

【来源与性状】本品是石油提炼过程中的一种副产品，为无色透明的油状液体；无臭、无味。在水和乙醇中不溶，在三氯甲烷、乙醚或挥发油中溶解。

【药理作用】本品内服后在消化道内不起变化，也不被肠壁吸收，以原形通过整个肠管，对肠腔只起润滑和保护作用。泻下作用缓和，无刺激性，比较安全。

【适应症】适用于小肠阻塞、肠炎及妊娠动物便秘。

【应用注意】不能长期反复应用，以免影响消化及阻碍脂溶性维生素和钙、磷吸收。

【用法与用量】内服：一次量，犬 10～30ml，猫 5～10ml（可加温水灌服）。

植物油（Vegetable Oil）

植物油包括豆油、菜籽油、芝麻油、花生油、棉籽油等。

【药理作用】大量灌服这些油类后，只有小部分在肠内分解，大部分以原形通过肠管，润滑肠道，软化粪便，促进排粪。

【适应症】适用于小肠阻塞、大肠便秘等。

【应用注意】①不用于排出脂溶性毒物。②慎用于妊娠和肠炎动物。

【用法与用量】内服：一次量，犬 10～30ml。

二、止泻药

止泻药是一类能制止腹泻，保护肠黏膜、吸附有毒物质或收敛消炎的药物。根据药物作用特点可分为：保护性止泻药、吸附性止泻药、抗菌止泻药、抑制肠蠕动止泻药。

（一）保护性止泻药

本类药物具有收敛作用，能在肠黏膜表面形成蛋白保护膜。

鞣酸（Tannic Acid）

【性状】本品为淡黄色至淡棕色粉末，或疏松有光泽的鳞片，或海绵状的块；微有特臭，味极涩。水溶液显酸性反应，久置后缓缓分解。在水中极易溶解，在乙醇、丙酮、甘油中易溶，在三氯甲烷、乙醚、苯或石油醚中几乎不溶。

【药理作用】本品为蛋白质沉淀剂，具有收敛作用。内服后与胃黏膜蛋白结合成鞣酸蛋白，被覆于胃肠黏膜起保护作用。鞣酸蛋白到达小肠后再分解，释放鞣酸，产生收敛止泻作用。另外，鞣酸还能与一些生物碱结合发生沉淀。

【适应症】内服用于小动物止泻和作为某些生物碱中毒的解毒剂；也可用于湿疹、创伤等。

【用法与用量】内服：一次量，犬 0.2～2g。洗胃：配成 0.5%～1%溶液。外用：配成5%～10%溶液。

鞣酸蛋白（Tannalbumin）

【来源与性状】本品是由鞣酸和蛋白质相互作用而制成，含鞣酸50%。为棕褐色粉末；无臭。在水和乙醇中不溶，应遮光密闭保存。

【药理作用】内服后在胃内酸性环境下稳定，到达小肠内在碱性肠液中，受胰蛋白酶等作用，蛋白质部分被消化释放出鞣酸，发挥收敛和保护作用。此作用持久且能达到肠管后部。

【适应症】主要用于治疗急性肠炎和非细菌性腹泻。

【用法与用量】内服：一次量，犬0.3～2g。

碱式硝酸铋（Bismuth Subnitrate）

又名次硝酸铋。

【性状】本品为白色粉末；无臭，无味。在水和乙醇中不溶，在盐酸或硝酸中易溶。

【药理作用】本品内服后在胃肠内能缓慢地解离出铋离子。铋离子既能与蛋白质结合呈收敛作用，又能在肠内与硫化氢结合，形成不溶性硫化铋覆盖于黏膜表面，保护肠黏膜，并减少硫化氢对肠壁的刺激而发挥止泻作用。外用时在炎性组织中也能缓慢地解离出铋离子，与细菌、组织表层的蛋白质结合，产生收敛和抑菌消炎作用。

【适应症】内服用于治疗肠炎和腹泻；外用治疗湿疹和烧伤，10%软膏可用于创伤或溃疡治疗。

【应用注意】①碱式硝酸铋在肠内溶解后，可产生亚硝酸盐，用量大时可引起中毒。②遇光变质，应遮光密闭保存。③对由病原菌引起的腹泻，应先用抗菌药控制其感染后再用本品。

【用法与用量】内服：一次量，犬0.3～2g。

碱式碳酸铋（Bismuth Subcarbonate）

又名次碳酸铋。

【性状】本品为白色或微带淡黄色的粉末；无臭，无味；遇光即缓缓变质。在水和乙醇中不溶。

【药理作用】作用同碱式硝酸铋，但副作用较轻。

【适应症】适于胃肠炎及腹泻等。

【用法与用量】碱式碳酸铋片，内服：一次量，犬0.3～2g。

（二）吸附性止泻药

本类药物具有吸附作用，能吸附毒物、毒素等，从而减少其对肠黏膜的刺激。常用药用炭、白陶土，见第六章吸附性保护药。

（三）抗菌止泻药

腹泻多因微生物感染所引起，故临床上往往首先考虑使用抗菌药物，进行对因治疗，使肠道炎症消退而止泻。如磺胺脒、喹诺酮类、黄连素和庆大霉素等均有较强的抗菌止泻作用。

(四) 抑制肠蠕动止泻药

当腹泻不止或有剧烈腹痛时，为了防止脱水、消除腹痛，可选用肠道平滑肌抑制药，如阿托品、颠茄等，松弛胃肠平滑肌减少肠管蠕动而止泻。

三、泻药与止泻药的合理选用

1. 泻药的合理选用

①大肠便秘的早、中期，一般首选盐类泻药如硫酸钠或硫酸镁，也可大剂量灌服人工盐缓泻。②小肠阻塞的早、中期，一般以选用液体石蜡、植物油为主。③排除毒物，一般选用盐类泻药，不宜用油类泻药。④便秘后期，局部已产生炎症或其他病变时，一般只能选用润滑性泻药，并配合补液、强心、消炎等。

应用泻药时应注意：①不论哪种泻药都会不同程度地影响消化和吸收，多次或长期应用可导致机体虚弱或脱水，一般只用 1～ 2 次，且用药前后给予充分饮水。②对肠炎或妊娠动物应选用油类泻药，禁用刺激性泻药，以免加剧炎症或流产。③高脂溶性药物或毒物引起中毒时，禁用油类泻药，以免促进毒物吸收而加重病情，应选用盐类泻药。④单用泻药不能奏效时，应进行综合治疗，如治疗便秘时，泻药与制酵药、强心药、体液补充剂配合应用，效果较好。⑤对诊断未明的肠梗阻不可随意使用泻药，对机械性肠梗阻禁用。

2. 止泻药的合理选用

腹泻是机体的一种保护性反应，有利于细菌、毒物或腐败分解产物的排出。腹泻的早期不应立即使用止泻药，应先用泻药排除有害物质，再用止泻药。但剧烈或长期腹泻，不仅影响营养物质吸收，严重的会引起机体脱水及钾、钠、氯等电解质紊乱，这时必须立即应用止泻药，并注意补充水分和电解质等，采取综合治疗。

复习思考题

1. 试述容积性泻药为什么能产生泻下作用，及影响下泻效果的因素有哪些？
2. 应用泻药应注意的问题有哪些？
3. 健胃药与助消化药有何不同？如何合理应用？
4. 泻药和止泻药各分为哪几类？临床上如何合理选用？

（崔晓文）

第九章　呼吸系统药物

呼吸系统疾病是宠物常发病，主要表现为积痰、咳嗽、喘息。该病的原因包括病毒、细菌、蠕虫感染、化学刺激、过敏反应、神经功能失调、气候骤变等，其中病原微生物引起的炎性疾病较多，一般应首先进行对因治疗，同时适当使用祛痰、止咳和平喘药，以缓解症状。

第一节　祛痰药

祛痰药是能增加呼吸道分泌，使痰液变稀并易于排出的药物。其作用在于促进气管或支气管内腺体的分泌，使黏痰变稀或增进纤毛上皮运动或直接降低黏痰的黏滞性，在机体保护性咳嗽反射参与下，促进痰液排出，间接起到镇咳、平喘的功效。

氯化铵（Ammonium Chloride）

【性状】本品为无色结晶或白色结晶性粉末；无臭；味咸、凉；有吸湿性。在水中易溶，在乙醇中微溶。密封干燥保存。

【药理作用】①刺激性祛痰作用。内服对胃黏膜产生局部刺激作用，反射性地引起呼吸道腺体的分泌，使痰液变稀，易于咳出。同时可覆盖在发炎的支气管黏膜表面，使黏膜少受刺激，减轻咳嗽。少部分氯化铵由呼吸道排出，也刺激腺体分泌增加。②渗透性利尿作用。吸收后的氯化铵在体内可分解为 NH_4^+、Cl^-，NH_4^+ 在肝脏内合成尿素，它和 Cl^- 经肾排出时产生渗透性利尿作用。③本品为酸性盐，能酸化尿液及体液，可用于改变某些药物经肾排出的速度或代谢性碱中毒。

【适应症】用于急、慢性呼吸道炎症痰多不易咳出的患病动物。

【药物相互作用】①本品遇碱或重金属盐类即分解。②与磺胺类药物并用，可能使磺胺药在尿道析出结晶，发生泌尿道损害如尿闭、血尿等。

【应用注意】①禁与磺胺类药物并用，以免磺胺在酸性尿中析出结晶，损害泌尿道。②溃疡病与肝、肾功能不良者慎用，以免引起酸中毒和高血氨症。③与碱或重金属盐配合分解失效。④用药后有恶心、呕吐反应。

【用法与用量】内服：一次量，犬、猫 0.2～1g，一日 3 次。

碘化钾（Potassium Iodide）

【性状】本品为无色透明结晶或白色颗粒状粉末，无臭，味咸、带苦；微有引湿性。

在水中极易溶解，水溶液呈中性反应。遮光、密封保存。

【药理作用】本品内服可刺激胃黏膜，反射性地增加支气管腺体分泌。同时，吸收后有一部分碘离子迅速从呼吸道排出，直接刺激支气管腺体，促进分泌，稀释痰液，易于咳出。另外，碘化钾进入机体后，缓慢游离出碘，一部分成为甲状腺素的成分参与代谢，另一部分进入病变组织中，溶解病变组织和消散炎性产物。本品还能使机体代谢旺盛，改善血液循环。

【适应症】用于慢性或亚急性支气管炎；作为助溶剂用于配制碘酊和复方碘溶液。

【药物相互作用】①与甘汞混合后能生成金属汞和碘化汞，使毒性增强。②本品溶液遇生物碱可生成沉淀。

【应用注意】①本品刺激性强，不适用于急性支气管炎的治疗。②长期服用易发生碘中毒。

【用法与用量】碘化钾片，内服：一次量，犬 0.2～1g。

乙酰半胱氨酸（Acetylcysteine）

又名痰易净。

【性状】本品为白色结晶性粉末；有类似蒜的臭气，味酸；有引湿性。在水或乙醇中易溶解。

【药理作用】本品为黏痰溶解药，能使黏痰中连接黏蛋白肽链的二硫键断裂，降低痰的黏滞性，易于咳出。雾化吸入用于治疗黏稠痰阻塞气道、咳嗽困难者。紧急时气管内滴入，可迅速使痰变稀，便于吸引排痰。

【适应症】用于黏痰引起的呼吸困难、咳嗽。

【应用注意】①有特殊臭味，可引起恶心、呕吐。②对呼吸道有刺激性，可致支气管痉挛，加用异丙肾上腺素可以避免。③支气管哮喘的患病动物慎用。④滴入气管可产生大量分泌液，故应及时吸引排痰。⑤雾化吸入时不宜与铁、铜等制剂接触。

【用法与用量】喷雾用乙酰半胱氨酸，喷雾：犬、猫 50ml/h，每 12h 喷雾 30～60min。

溴己新（Bromhexine）

又名溴己铵。

【性状】盐酸溴己新为白色结晶性粉末；无味。在乙醇或三氯甲烷中微溶，在水中极微溶解。

【药理作用】本品可裂解黏痰中的黏多糖，并抑制其合成，使痰液变稀，也有镇咳作用。

【适应症】用于慢性支气管炎、哮喘及支气管扩张症痰液黏稠不易咳出者。

【应用注意】①少数病例可感胃部不适，偶见转氨酶升高。②消化性溃疡、肝功不良者慎用。

【用法与用量】盐酸溴己新片，内服：一次量，每 1kg 体重，犬 1.6～2.5mg，猫 1mg。

第二节　镇咳药

咳嗽是机体的一种防御性反应，能使异物或炎性产物咳出。轻度咳嗽有助于祛痰，对机体有利。剧烈而频繁的咳嗽易加重呼吸道损伤，造成肺气肿、心功能障碍等不良后果，此时除积极对因治疗外，还应配合镇咳药。如痰液黏稠不易咳出，还应配合使用祛痰药。

根据药物作用部位的不同可分为中枢性镇咳药和外周性镇咳药。中枢性镇咳药主要是抑制延髓咳嗽中枢而止咳，其镇咳作用较强，临床常用药有可待因、喷托维林、二氧丙嗪等。外周性镇咳药又称末梢性镇咳药，是作用于呼吸道黏膜，通过降低黏膜感受器的敏感性或减轻黏膜的刺激而发挥镇咳作用，如苯佐那酯、甘草等。

可待因（Codeine）

又名甲基吗啡。

【来源与性状】本品从阿片中提取，也可由吗啡甲基化而得。为无色细微结晶；味苦。在三氯甲烷、乙醇、丙酮、戊醇中易溶，在苯、乙醚中稍溶，在四氯化碳和水中微溶。它与多种酸形成结晶盐，常用其硫酸盐或磷酸盐。

【药理作用】与吗啡相似，有镇咳、镇痛作用，对咳嗽中枢的作用为吗啡的1/4，镇痛作用为吗啡的1/10～1/7，镇咳剂量不抑制呼吸，成瘾性也较吗啡弱。对呼吸中枢也有一定的抑制作用。内服易吸收，20min起效，作用持续时间4～6h。

【适应症】主要用于剧烈的刺激性干咳，也用于中等强度的疼痛。

【药物相互作用】①丙烯吗啡能颉颃本品的镇痛作用和中枢性呼吸抑制作用。②与美沙芬或其他吗啡受体兴奋药合用时，可加重呼吸抑制作用。③与全麻药或其他中枢神经抑制药合用时，可加重中枢性呼吸抑制及产生低血压。与肌松药合用，则呼吸抑制更显著。

【应用注意】①内服偶尔有恶心、呕吐、便秘等不良反应。②大剂量能明显抑制呼吸中枢，也可引起烦躁不安等中枢神经兴奋症状。用药过量可引起惊厥。长期应用可引起依赖性，停药时可引起戒断综合征。③对多痰的咳嗽不宜应用。

【用法与用量】磷酸可待因片，内服：一次量，猫、犬15～30mg，一日2～3次。

喷托维林（Pentoxyverin）

又名咳必清、维静宁。

【性状】本品为人工合成的非成瘾性中枢镇咳药。其枸橼酸盐为白色结晶性粉末；无臭，味苦；有吸湿性。在水中易溶，水溶液呈酸性。

【药理作用】选择性抑制咳嗽中枢，强度为可待因的1/3，并有阿托品样作用和局部麻醉作用，能松弛支气管平滑肌和抑制呼吸道感受器。

【适应症】用于上呼吸道感染引起的急性咳嗽，也可与祛痰药合用于伴有剧咳的呼吸道炎症。

【应用注意】①本品应用时偶有轻度口干、便秘等。②有阿托品样作用，大剂量时易产生腹胀、便秘。青光眼动物禁用。③多痰性咳嗽、心脏功能不全并伴有肺部淤血的动物禁用。

【用法与用量】枸橼酸喷托维林片，内服：一次量，犬 0.01～0.05g。

第三节 平喘药

凡能解除支气管平滑肌痉挛，扩张支气管，缓解喘息的药物称平喘药。喘息是支气管哮喘和喘息型支气管炎的主要症状，除抗原能致变态反应性喘息外，寒冷、烟尘等非特异性刺激也可引起喘息。平喘药根据其作用特点分为支气管扩张药和抗过敏药。前者主要为拟肾上腺素类药物（如麻黄碱、异丙肾上腺素）和茶碱类药物（如氨茶碱）；后者包括糖皮质激素类和肥大细胞稳定药，这些药物在兽医临床很少使用。

氨茶碱（Aminophylline）

【来源与性状】本品是茶碱和乙二胺的复盐，白色或淡黄色的颗粒或粉末，易结块；微有氨臭，味苦。在水中易溶，水溶液呈碱性。露置于空气中吸收二氧化碳并析出茶碱，应遮光、密闭保存。

【药理作用】氨茶碱的作用与咖啡因相似，是通过抑制磷酸二酯酶，减少环腺苷酸（cAMP）的降解，增加细胞内 cAMP 的浓度而实现的，抑制组胺和慢反应物质等过敏介质的释放，松弛支气管平滑肌，另外兴奋心肌，并有利尿作用。其松弛平滑肌的作用对处于痉挛状态的支气管更为显著，对急、慢性哮喘，不论内服、注射或直肠给药，均有疗效，对喘息型慢性支气管炎，由于它能兴奋骨骼肌，可增强呼吸肌收缩力和减轻呼吸肌疲劳的感觉。

【适应症】用于缓解痉挛性支气管炎，急、慢性支气管哮喘和心力衰竭时气喘的治疗；也可作为心性水肿的辅助治疗。

【药物相互作用】①与克林霉素、红霉素、四环素、林可霉素合用时，可降低本品在肝脏的清除率，使血药浓度升高，甚至出现毒性反应。②与其他茶碱类合用时，不良反应增多。③酸性药物可使其排泄加快，碱性药物可延缓其排泄。④与儿茶酚胺类及其他拟肾上腺素类药物合用，能增加心律失常的发生率。⑤可使青霉素灭活失效。⑥呋塞米可使本品血药浓度降低近 5%，两药合用可增强利尿作用。

【应用注意】①本品对局部有刺激性，应深部肌注或静注。②安全范围较小，尤其是静脉注射太快易引起心律失常、血压骤降、兴奋不安甚至惊厥，静注量不要过大，并以葡萄糖溶液稀释至 2.5%以下浓度，缓慢注入。③氨茶碱呈碱性，不宜与维生素 C 等酸性药物配用。④肝功能低下、心力衰竭的动物禁用。

【用法与用量】氨茶碱片，内服：犬、猫 10～15mg。氨茶碱注射液，肌肉、静注：一次量，犬 0.05～0.1g。

复习思考题：

1. 平喘药分为哪几类？各举一个代表药并简述其平喘机制。
2. 乙酰半胱氨酸是如何产生祛痰作用的？有何临床用途？

（崔晓文）

第十章　血液循环系统药物

第一节　作用于心脏的药物

一、强心苷

强心药是一类选择性作用于心脏，能加强心肌收缩力，从而改善心脏功能的药物。具有强心作用的药物很多，有直接兴奋心肌（如强心苷），也有通过神经的调节影响心脏的机能活动（如拟肾上腺素药），也有通过影响 cAMP 的代谢而起强心作用（如咖啡因）。它们的作用机制、适应症均有不同，如强心苷用于毒物、毒素、过劳、重症贫血、维生素 B_1 缺乏、心肌炎症等引起的慢性心功能不全。咖啡因、樟脑强心迅速，但持续时间短，适于过劳、中暑、中毒等疾病过程中的急性心脏衰竭，并改善循环。肾上腺素强心作用快而有力，能提高心肌兴奋性，扩张冠状血管，改善心肌缺血、缺氧状态，但大剂量诱发心律不齐或心室颤动，适用于心力衰竭和心跳骤停的复跳治疗。有关咖啡因、肾上腺素等药物见相关部分内容。此处重点介绍治疗心功能不全的药物。

心功能不全（或称为心力衰竭）是指心肌因收缩力减弱或衰竭，致使心排出血量减少，静脉回流受阻等呈现的全身血液循环障碍的一种临床综合征。伴有静脉系统充血，故又称为充血性心力衰竭。临床表现以呼吸困难、水肿及发绀为主的综合症状。临床对其治疗除消除原发因素外，主要使用能改善心脏功能、增强心肌收缩力的药物。强心苷至今仍是治疗本病的首选药物。此外还有血管扩张药，如 α 受体阻断剂，通过扩张血管，降低心脏前、后负荷，阻断心力衰竭病理过程的恶性循环，改善心脏功能，控制心力衰竭症状的发展。利尿药是另一种用于治疗心功能不全的药物，可用于消除水、钠潴留，减少循环血容量，降低心脏前、后负荷，常作为轻度心力衰竭的首选药和各种原因引起的心力衰竭的基础治疗药物。

各类强心苷对心脏作用的性质相同，基本作用是加强心肌收缩力、减慢心率、抑制传导、使心输出量增加、减轻淤血症状和消除水肿。为了便于临床选用，一般按其作用快慢分为两类：①慢作用类：有洋地黄（叶粉）、洋地黄毒苷。作用出现慢，维持时间长，在体内代谢缓慢，蓄积性大，适用于慢性心功能不全。②快作用类：有毒毛旋花苷 K、西地兰、地高辛等。作用出现快，维持时间短，在体内代谢快，蓄积性小，适用于急性心功能不全或慢性心功能不全的急性发作。

【来源】强心苷来源广泛，主要从洋地黄、毒毛旋花、羊角拗、夹竹桃、铃兰、福寿草、万年青等植物中提取。

【药理作用】①增强心肌收缩力（正性肌力作用）：强心苷能选择性地作用于心肌，增强心肌收缩力，使心脏在收缩期心室内搏出的血量增多，残余血量减少，每次搏出血量和每分钟搏出血量增加。同时心肌收缩敏捷，速度加快，使心动周期收缩期变短，而舒张期相对延长，有利于静脉血回流，从而增加输出血量、消除水肿和缓解呼吸困难。②降低心肌耗氧量：心肌耗氧量取决于心肌收缩力、心率、心室壁张力等因素，其中以心室容积尤为重要。使用强心苷后，虽然心肌收缩力增强而增加耗氧量，但由于心肌收缩力增强后心脏射血充分，心腔内残余血量减少，心室容积缩小，室壁张力下降，前负荷减轻，从而抵消了因心肌收缩力增强而增加的耗氧量，所以总耗氧量不增加甚至减少，心脏工作效率较用药前显著提高。③减慢心率（负性频率作用）：当心脏收缩时，强而有力的血流冲击颈动脉窦、主动脉弓的压力感受器，反射性提高迷走神经兴奋性，从而抑制窦房结，减慢心率。④抑制传导：小剂量时通过加强心肌收缩，反射性兴奋迷走神经，使房室结的传导减慢；较大剂量时可直接抑制房室结和房室束，使房室传导减慢；中毒剂量时，抑制程度加强，可产生传导阻滞。⑤利尿作用：对心功能不全的患病宠物，能增加尿量，消除水肿。

【给药方法】强心苷的传统用法分两步给药，首先在短期内给予全效量，使心脏功能改善，心率减慢接近正常，尿量增加；然后每天给予较小剂量以维持疗效，称为维持量，维持量约为全效量的1/10。全效量的给药方法有：①缓给法：适用于慢性、病情较缓的动物。将全效量分为8剂，每8h内服一剂。首次投药量为全效量的1/3，第二次为全效量的1/6，以后每次为全效量的1/12。②速给法：适用于急性、病情较急的动物，首次注射全效量的1/2，以后每隔2h注射全效量的1/10。达到洋地黄化后，每天给予一次维持量。应用维持量的时间长短随病情而定，往往需要维持用药1～2周或更长时间，用量也可按病情作适当调整。

【药物相互作用】①糖皮质激素、排钾利尿药可使机体出现低血钾，易诱发强心苷中毒。②钙剂与强心苷有协同作用，两药合用毒性反应增强。③新霉素、利福平、对氨基水杨酸钠在肠中与地高辛结合，影响其吸收，降低其血药浓度。④抗真菌药两性霉素B可使钾丢失增加，两药联用时应及时纠正钾不足。⑤红霉素、四环素类通过杀灭肠内寄生菌，使强心苷的生物利用度提高，血药浓度升高5%～12%。

【不良反应】①胃肠道紊乱，厌食、下泻、呕吐、体重减轻。②较高剂量可引起心律失常。③对本品的毒性作用存在种属差异性，猫对本品较敏感。

【应用注意】①洋地黄排泄慢，具有蓄积作用。在用药前应先询问用药史，只有在2周内未曾用过洋地黄的动物才能按常规给药。②用药期间不宜使用肾上腺素、麻黄碱及钙剂，以免增强毒性。③禁用于急性心肌炎、心内膜炎及主动脉瓣闭锁不全等疾病。④洋地黄安全范围窄，易于中毒，必须严格控制用量。中毒时出现传导阻滞或窦性心动过缓宜用阿托品解救。治疗及预防轻度的中毒用钾盐，可静脉注射或内服。⑤低血钾能增加心脏对强心苷类药物的敏感性，不应与高渗葡萄糖、排钾性利尿药合用。适当补钾可预防或减轻强心苷的毒性反应。⑥动物处于休克、贫血、尿毒症等情况下不宜使用本品，除非有充血性心力衰竭发生。

洋地黄毒苷（Digitoxin）

【性状】本品为白色或类白色的结晶性粉末；无臭。在三氯甲烷中略溶，在乙醚或乙醇中微溶，在水中不溶。

【药理作用】本品对心脏有高度选择作用，治疗量能明显加强衰竭心脏的收缩力，使心肌收缩敏捷，并通过植物神经介导，减慢心率和房室传导速率。并可继发产生利尿作用。

本品内服给药吸收迅速，犬的半衰期为8～49h，在猫的半衰期很长，一般不推荐用于猫。

【适应症】用于慢性心功能不全、阵发性室上性心动多速和心房颤动等。

【药物相互作用】、【不良反应】见强心苷。

【用法与用量】洋地黄毒苷注射液，全效量，静脉注射：每1kg体重，犬0.1～1mg，维持量为其1/10。洋地黄酊，内服：每1kg体重，犬0.5～1ml。

毒毛旋花苷K（Strophanthin K）

【性状】本品为白色或微黄色粉末，遇光易变质。在三氯甲烷中极微溶解，在乙醚或苯中几乎不溶，在水或乙醇中溶解。

【药理作用】同于洋地黄毒苷。本品内服吸收很少，且不规则。静脉注射作用快，3～10min即显效，0.5～2h作用达高峰，持续时间10～12h。体内排泄快，蓄积性小。

【适应症】用于充血性心力衰竭。

【药物相互作用】、【不良反应】见强心苷。

【用法与用量】毒毛旋花苷K注射液，静脉注射：一次量，犬0.25～0.5mg。用前以5%葡萄糖注射液稀释，缓慢注射。

地高辛（Digoxin）

【性状】本品为白色结晶或结晶性粉末；无臭，味苦。在吡啶中易溶，在稀醇中微溶，在三氯甲烷中极微溶解，在水或乙醚中不溶。

【药理作用】同强心苷。内服给药吸收较迅速但不完全，一部分在肝脏代谢，主要经肾脏排泄，另一部分经胆汁排泄。

【适应症】用于各种原因所致的慢性心功能不全、阵发性室上性心动过速和心房颤动等。

【药物相互作用】①本品pH值低于3时发生水解，不宜与较强酸、碱性药物配伍。②建议不要与其他药物配伍使用。③其他见强心苷。

【用法与用量】地高辛片，内服：每1kg体重，洋地黄化剂量，犬0.02mg，每12h一次，连用3次；维持剂量，犬0.01mg。地高辛注射液，静脉注射：每1kg体重，首次量，犬0.01mg；维持量，犬0.005mg，每12h一次。

二、抗心率失常药物

正常心脏在窦房结的控制下按一定频率进行有节律的跳动，当心脏的冲动起源异常或冲动传导障碍时均可发生心率失常。用于抗心率失常药物较多，常用药物有奎尼丁、普鲁卡因 胺、利多卡因等。

奎尼丁（Quinidine）

【来源】奎尼丁是茜草科植物金鸡钠树皮所含的一种生物碱，是抗疟药奎宁的右旋体。

【药理作用】本品对心脏节律有直接和间接的作用，直接作用是与膜钠通道蛋白结合产生阻断作用，抑制 Na^+ 内流；本品还具有阿托品样的间接作用。

奎尼丁的作用表现为抑制心脏兴奋性、传导速率和收缩性，能延长有效不应期，从而防止折返移动现象的发生和增加传导次数；并具有抗胆碱能神经的活性，降低迷走神经的张力，并促进房室结的传导。

【适应症】主要用于小动物室性心律失常、不应期室上性心动过速、室上性心律失常伴有异常传导的综合征和急性心房纤维性颤动。

【药物相互作用】①药物代谢酶诱导剂苯巴比妥能减弱本品的作用。②本品有α受体阻断作用，与其他血管舒张药有相加作用。③合用硝酸甘油应注意诱发严重的体位性低血压。

【不良反应】①犬有厌食、呕吐或腹泻等胃肠道反应。②心血管系统可能出现衰弱、低血压和负性心力作用。

【用法与用量】硫酸奎尼丁片，内服：一次量，每 1kg 体重，犬 6～ 16mg，猫 4～8mg，一日 3～ 4 次。

普鲁卡因胺（Procainamide）

【来源与性状】本品是普鲁卡因的衍生物，结晶性粉末，其盐酸盐易溶于水，溶于乙醇。

【药理作用】本品对心肌的直接作用与奎尼丁相似但较弱，能降低心脏自律性，减慢传导速度，延长心房和心室的不应期。它仅有微弱的抗担碱作用，不阻断α受体。

【适应症】常用于室性早搏、阵发性室性心动过速。静脉注射可抢救危急病例。

【不良反应】与奎尼丁相似。静脉注射速度过快可引起血压显著下降。

【用法与用量】盐酸普鲁卡因胺片，内服：一次量，每 1kg 体重，犬 8～ 20mg，隔 4～6h 一次。

第二节　止血药与抗凝血药

在生理状态下，血液维持正常的流动性而又不发生出血，是因为血液中的凝血系统和抗凝系统保持着精准的动态平衡。平衡一旦破坏，就会出现出血或血栓性疾病，此时应选用促凝血药或抗凝血药加以纠正。

血液凝固是一个复杂的蛋白质水解活化的连锁反应，最终使可溶性的纤维蛋白原变成稳定、难溶的纤维蛋白，网罗血细胞而成血凝块。凝血过程可分三个步骤：①凝血活素的形成。当血管损伤，血液内原来无活性的接触因子Ⅻ，与创面或异物接触被激活，并与血小板因子、Ca^{2+} 及血液中的一些凝血因子（Ⅺ、Ⅸ、Ⅷ、Ⅹ、Ⅴ）起反应，形成凝血活素；另外各种组织中含有一种能促进凝血的脂蛋白，叫做组织因子。当组织受损伤，组织因子被释放出而同血液相混合，并与 Ca^{2+} 及一些凝血因子（Ⅶ、Ⅹ、Ⅴ）起反应，形成凝血活素。②凝血酶的形成。在凝血活素和 Ca^{2+} 的参与下，血浆中无活性的凝血酶原转变为有活性的凝血酶。③纤维蛋白的形成。血浆中处于溶解状态的纤维蛋白原，在凝血酶的作用下转变为纤维蛋白单体，然后发生多分子聚合作用，形成纤维蛋白多聚体，产生凝血块而起到止血作用。

纤维蛋白溶解指凝固的血液在某些酶的作用下重新溶解的现象，血液中含有的能溶解血纤维蛋白的酶系统称为纤维蛋白溶解系统或纤溶系统，由纤溶酶原、纤溶酶、纤溶酶原激活因子和纤溶酶原、纤溶酶抑制因子组成。血浆中含有纤维蛋白溶解酶原，被激活因子作用后，变为纤维蛋白溶酶，此酶具有分解纤维蛋白能力。

一、止血药

临床上将止血药分为局部止血药和全身止血药两类。局部止血药如吸收性明胶海绵，全身止血药按其作用机理可分为 3 类：①作用于血管的结构与机能的止血药，如安络血等。②影响凝血过程的止血药，如酚磺乙胺、维生素 K。③抗纤维蛋白溶解的止血药，如 6一氨基己酸、凝血酸、氨甲苯酸等。

维生素 K（Vitamin K）

【来源与性状】天然维生素 K_1 存在于植物中，维生素 K_2 由肠道细菌合成，均为脂溶性。人工合成的维生素 K_3、维生素 K_4 均为水溶性。维生素 K_1 为黄色至橙色澄清的黏稠液体，无臭或几乎无臭。遇光易分解，在三氯甲烷、乙醚或植物油中易溶，在乙醇中略溶，在水中不溶。维生素 K_3 为亚硫酸氢钠甲萘醌，为白色结晶性粉末；无臭或微有特臭；有引湿性，遇光易分解。在水中易溶，在乙醚、乙醇或苯中几乎不溶。维生素 K_4 为甲萘氢醌。

【药理作用】本品为羧化酶的辅酶，参与凝血因子Ⅱ、Ⅶ、Ⅸ、Ⅹ的合成。参与这些因子的无活性前体物形成活性产物的羧化作用。缺乏维生素 K 可导致这些因子的合成障碍，引起出血或出血倾向。

天然的维生素 K_1、维生素 K_2 均为脂溶性的，其吸收有赖于胆汁的增溶作用，胆汁缺乏时则吸收不良。人工合成的维生素 K_3 为水溶性的，内服可直接吸收，也可肌注给药。吸收后的维生素 K 随脂蛋白转运，在肝内被利用。

【适应症】用于维生素 K 缺乏引起的出血（如抗凝血性杀鼠药中毒、梗阻性黄疸、胆瘘，慢性腹泻，香豆素类、水杨酸钠等所致出血）和各种原因引起的维生素 K 缺乏症。

【药物相互作用】①较大剂量的水杨酸类、磺胺药可影响本品的效应。②巴比妥类可诱导本品代谢加速，不宜合用。

【应用注意】①维生素 K_1 静脉注射太快可产生潮红、呼吸困难、胸痛、虚脱。②维生素 K_3、维生素 K_4 有刺激性，长期应用可刺激肾脏而引起蛋白尿，还能引起溶血性贫血和肝细胞损害。③长期应用广谱抗生素应作适当补充，以免维生素 K 缺乏。④静脉注射只限于其他途径无法应用的情况下，注射速度宜缓慢。⑤维生素 K_1 注射液可用生理盐水、5％葡萄糖注射液或 5％葡萄糖生理盐水稀释，稀释后应立即注射，未用完部分应弃置不用。⑥严格掌握用法与用量，不宜长期大量应用维生素 K_3。

【用法与用量】亚硫酸氢钠甲萘醌注射液，肌肉注射：一次量，犬 10～ 30mg，每日 2～ 3 次。维生素 K_1 注射液，肌肉、静脉注射：一次量，每 1kg 体重，犬、猫 0.5～ 2mg。

酚磺乙胺（Etamsylate）

又名止血敏。

【性状】本品为白色结晶性粉末；无臭，味苦；具有引湿性。水中易溶，乙醇中溶解。遇光易变质，遮光、密封保存。

【药理作用】本品能促进血小板增生，增强血小板凝集并促进释放凝血因子，缩短凝血时间；还可增加毛细血管抵抗力，降低毛细血管通透性，防止血液外渗。本品作用迅速，肌注后 1h 作用最强，药效可维持 4～6h。毒性低，无副作用。

【适应症】用于防治各种出血性疾病，如手术前后止血、消化道出血、膀胱出血、子宫出血等，也可与其他止血药合用。

【用法与用量】酚磺乙胺注射液，肌肉、静注：一次量，犬 0.25～0.5g，一日 2～3 次。用于预防外科手术出血时，一般在手术前 15～30min 用药。

安特诺新（Adrenosin）

又名安络血。

【来源与性状】本品为肾上腺色素缩氨脲与水杨酸钠生成的水溶性复合物，橙红色结晶或结晶性粉末；无臭，无味。在水、乙醇中极微溶解，在三氯甲烷和乙醚中不溶。

【药理作用】本品主要作用于毛细血管，增强毛细血管对损伤的抵抗力，降低毛细血管的脆性，使受伤血管断端回缩，并降低毛细血管的通透性，减少血液外渗。

【适应症】用于毛细血管损伤或通透性增加的出血，如鼻出血、紫癜等；也用于产后出血、手术后出血、内脏出血和尿血等。

【应用注意】①本品含水杨酸，长期应用可产生水杨酸样反应。②抗组胺药能抑制本品作用，用前 48h 应停止给予抗组胺药。③不影响凝血过程，对大出血或动脉出血疗效差。

【用法与用量】安络血注射液，肌肉注射：一次量，犬 0.25～0.5g，一日 2～3 次。

明胶（Gelatin）

【性状】本品为淡黄色至黄色、半透明、微带光泽的粉粒或薄片；无臭；潮湿后易为细菌分解；在水中久浸即吸水膨胀并软化，重量可增加 5～10 倍。在热水或甘油与水的热混合液中溶解，在乙醇、三氯甲烷或乙醚中不溶，在醋酸中溶解。

【药理作用】由本品制成的明胶海绵，能吸收大量血液，并促进血小板破裂释出凝血因子而促进血液凝固。另外，吸收性明胶海绵敷于出血处，对创面渗血有机械性压迫止血作用，可用作局部止血剂。

【适应症】用于创口渗血区出血，如外伤性出血、手术出血、毛细血管渗血、鼻出血等；也可用作赋形剂。

【应用注意】①本品为灭菌制品，使用过程中要求无菌操作，以防污染。②包装打开后不宜再消毒，以免延长吸收时间。

【用法与用量】贴于出血处，再用干纱布压迫。

三氯化铁（Ferrous Trichloride）

【性状】本品为橙黄色或棕黄色的结晶性块；无臭或稍带盐酸臭，味带铁涩，露置空气中，极易潮解，在日光下一部分还原为氯化亚铁。在水中极易溶解，在醇、醚或甘油中易溶。

【药理作用】本品用于局部能使血液和组织蛋白沉淀，亦有可能封闭断端毛细血管。

外用产生收敛止血作用。

【适应症】用于皮肤和黏膜的出血。

【应用注意】①本品水溶液应临用时配制。②浓度过高，可损伤局部组织。

【用法与用量】外用：配成1%～3%溶液用于皮肤和黏膜的出血。涂于局部或制成止血海绵应用。

二、抗凝血药

凡能延缓或阻止血液凝固的药物称为抗凝血药，简称抗凝剂。一般可将其分为4类：①主要影响凝血酶和凝血因子形成的药物，如肝素和香豆素类，主要用于体内抗凝。②体外抗凝血药，如枸橼酸钠，用于体外血样检查的抗凝。③促进纤维蛋白溶解药，对已形成的血栓有溶解作用，如链激酶、尿激酶、组织纤溶酶原激活剂等，主要用于急性血栓性疾病。④抗血小板聚集药，如阿司匹林、双嘧达莫（潘生丁）、右旋糖酐等，主要用于预防血栓形成。宠物临床常用肝素、枸橼酸钠。

肝素（Heparin）

【来源】肝素首先从肝脏发现而得名，天然存在于肥大细胞，现主要从牛肺或猪小肠黏膜提取。

【药理作用】本品在体内、体外均有强大抗凝血作用，对凝血过程每一步几乎都有抑制作用，可使多种凝血因子灭活。静脉注射后抗凝作用立即发生，但深部皮下注射则需1～2h后才起作用。本品还能与血管内皮细胞壁结合，传递负电荷，影响血小板的聚集和黏附，并增加纤溶酶原激活因子的水平。

【适应症】①血栓栓塞性疾病，防止血栓形成与扩大，如深静脉血栓、肺栓塞、脑栓塞以及急性心肌梗塞。②弥漫性血管内凝血，应早期应用，防止因纤维蛋白原及其他凝血因子耗竭而发生继发性出血。③心血管手术、心导管、血液透析等抗凝。

【应用注意】①应用过量易引起自发性出血。一旦发生，停用肝素，注射特效解毒剂鱼精蛋白。②连续应用3～6月，可引起骨质疏松，产生自发性骨折。③可引起皮疹、药热等过敏反应。④肝、肾功能不全，有出血素质、消化性溃疡的动物禁用。

【用法与用量】肝素钠注射液，治疗血栓、栓塞症，皮下、静注：一次量，每1kg体重，犬150～250IU，猫250～375IU，每日3次。治疗弥散性血管内凝血，小动物75IU。

枸橼酸钠（Sodium Citrate）

又名柠檬酸钠。

【性状】本品为白色无臭结晶性粉末；无臭，味咸、凉。在水中易溶，在乙醇中不溶，水溶液近中性。有风化性，应密封保存。

【药理作用】本品的枸橼酸根离子与血浆中钙离子形成难解离的可溶性复合体，使血浆钙离子浓度迅速降低而产生抗凝血作用。

【适应症】主要用于防止体外血液凝固，如输血或化验室血样抗凝等。

【应用注意】①输血时，枸橼酸钠用量不可过大，否则血钙迅速降低，使动物中毒甚至死亡。此时可静脉注射钙剂缓解。②枸橼酸钠碱性较强，不适合做血液生化检查。

【用法与用量】枸橼酸钠注射液，间接输血，配成2.5%～4%灭菌溶液，每100ml全血中加10ml。

香豆素类

【来源与性状】是一类含有4－羟基香豆素基本结构的物质，内服参与体内代谢才发挥抗凝作用，故称口服抗凝药。有双香豆素、华法林（苄丙酮香豆素）和醋硝香豆素（新抗凝）等，它们的药理作用相同。

【药理作用】香豆素类是维生素K颉颃剂，在肝脏抑制维生素K由环氧化物向氢醌型转化，从而阻止维生素K的反复利用，影响含有谷氨酸残基的凝血因子Ⅱ、凝血因子Ⅶ、凝血因子Ⅸ、凝血因子Ⅹ的羧化作用，使这些因子停留于无凝血活性的前体阶段，从而影响凝血过程。对已形成的上述因子无抑制作用，因此，抗凝血作用出现时间较慢。一般需8～12h后发挥作用，1～3d达到高峰，停药后抗凝作用尚可维持数天。双香豆素抗凝作用慢而持久，持续4～7d。华法林作用出现较快，持续2～5d。

【适应症】用途与肝素同，可防止血栓形成与发展。内服有效，作用时间较长。但作用出现缓慢，剂量不易控制。

【药物相互作用】①食物中维生素K缺乏或应用广谱抗生素抑制肠道细菌，使体内维生素K含量降低，可使本类药物作用加强。②阿司匹林等血小板抑制剂可与本类药物产生协同作用。③水合氯醛、羟基保泰松、甲磺丁脲、奎尼丁等可因置换血浆蛋白，水杨酸盐、丙咪嗪、甲硝唑、西咪替丁等因抑制肝药酶均使本类药物作用加强。④巴比妥类、苯妥英钠因诱导肝药酶，可使本类药物作用减弱。

【不良反应】①剂量应根据凝血酶原时间控制在25～30s（正常值12s）进行调节。过量易发生出血，可用维生素K对抗，必要时输入新鲜血浆或全血。②有胃肠反应、过敏等。

【用法与用量】华法林钠片，内服：一次量，每1kg体重，犬、猫0.1～0.2mg，一日1次。双香豆素，内服：犬、猫，每1kg体重，第一日4mg，以后每日2.5mg。一日用量分2～3次内服。

第三节　抗贫血药

抗贫血药是指能增进机体造血机能、补充造血必需物质、改善贫血状态的药物，又称为补血药。循环血液中红细胞数和血红蛋白量低于正常时称为贫血。引起贫血的原因很多，临床上可分为缺铁性贫血、巨幼红细胞性贫血、再生障碍性贫血、溶血性贫血。如犬在慢性外伤性失血、严重的虱感染、胃溃疡和出血性肿瘤都可能导致严重的缺铁性贫血；犬巴贝斯原虫和吉氏巴贝斯原虫、猫白血病病毒慢性感染能导致溶血性贫血。另外某些药物也可成为小动物发生贫血的原因，如洋葱中毒引起犬的海恩滋氏体贫血，对乙酰氨基酚中毒引起犬、猫的高铁血红蛋白症和贫血。

兽医临床常用的抗贫血药主要是指用于防治缺铁性贫血和巨幼红细胞性贫血的药物。缺铁性贫血是由于机体摄入的铁不足或损失过多，导致供造血用的铁不足所致。铁剂（如硫酸亚铁、右旋糖酐铁）是防治缺铁性贫血的有效药物。巨幼红细胞性贫血则用叶酸和维

生素 B_{12} 治疗。

硫酸亚铁（Ferrous Sulfate）

【性状】本品为淡蓝绿色柱状结晶或颗粒；无臭，味咸、涩；在干燥空气中即风化，在湿空气中即迅速氧化变质，表面生成黄棕色的碱式硫酸铁。在水中易溶，在乙醇中不溶。

【药理作用】铁为构成血红蛋白、肌红蛋白和多种酶（细胞色素氧化酶、琥珀酸脱氢酶、黄嘌呤氧化酶）的重要成分。因此，铁缺乏不仅会引起贫血，还可能影响其他生理功能。通常正常的日粮摄入足以维持体内铁的平衡，但在哺乳期、妊娠期和某些缺铁性贫血情况下，铁的需要量增加，补铁能纠正因缺铁引起的异常生理症状和血红蛋白水平的下降。

内服铁剂，主要在十二指肠吸收，无论有机铁还是无机铁，必须在消化道内转变为可溶性的、可离子化的 Fe^{2+} 才易被吸收。铁主要以主动转运和扩散作用两种方式通过肠黏膜上皮细胞而吸收，日粮中少量的铁主要依赖主动转运吸收，内服大量铁剂时则以扩散方式被动吸收为主，Fe^{2+} 吸收后小部分在肠黏膜细胞内氧化，并与去铁蛋白结合成铁蛋白而贮存在细胞内，并最终参与血红蛋白合成。机体内各组织均含有铁，但肝、脾、骨髓为机体的贮铁组织，血浆铁主要运到这些组织，与去铁蛋白结合成铁蛋白贮存之。肠道、皮肤的含铁细胞脱落是铁的主要排泄途径，胆汁、尿、汗排出微量，食物及内服铁剂未吸收的铁全部由粪排出。

【适应症】用于防治缺铁性贫血，如慢性失血、营养不良、妊娠及哺乳期动物贫血等。

【药物相互作用】①稀盐酸可促进 Fe^{3+} 还原为 Fe^{2+}，有助于铁剂的吸收，与稀盐酸合用可提高疗效；维生素 C 等还原物质可防止 Fe^{2+} 氧化为 Fe^{3+}，因而有利于铁的吸收。②钙剂、磷酸盐类、含鞣酸药物、抗酸药等均可使铁沉淀，妨碍其吸收。③铁剂与四环素类可形成络合物，互相妨碍吸收。④新霉素可减少铁剂和葡萄糖胃肠道吸收，铁剂也降低新霉素的活性。⑤铁剂可使环丙沙星和依诺沙星的生物利用度降低，喹诺酮类药物与铁形成复合物，使喹诺酮类药物的抗菌活性降低。

【不良反应】①内服铁剂对胃肠道有刺激性，可引起恶心、腹痛、腹泻。大量内服可引起肠坏死、出血，严重时可致休克。②铁能与肠腔中硫化氢结合生成硫化铁，减少了硫化氢对肠壁的刺激作用，可致便秘，并排黑便。

【应用注意】①禁用于消化道溃疡、肠炎等。②铁剂有较强的刺激性，肌肉注射常引起疼痛，静脉注射可引起静脉炎，大量内服时宜食后投药。③注射剂量超过血液中球蛋白结合限度时，过剩的铁可肌肉注射去铁敏。

【用法与用量】硫酸亚铁，配成 0.2%～1%溶液，内服：一次量，犬 0.05～0.5g，猫 0.05～0.1g。

右旋糖酐铁（Iron Dextran）

【来源与性状】本品为右旋糖酐与氢氧化铁的络合物，为棕褐色或棕黑色结晶性粉末。在热水中略溶，在乙醇中不溶。

【药理作用】同硫酸亚铁，但右旋糖酐铁是一种可溶性的三价铁剂，能制成注射剂供肌肉注射。本品肌注后，首先通过淋巴系统缓慢吸收。注射 3d 内吸收约 60%，1～3 周后吸收90%，其余可能在数月内缓慢吸收。

【适应症】适用于重症缺铁性贫血或不宜内服铁剂的缺铁性贫血。

【药物相互作用】见硫酸亚铁。

【应用注意】①肌注时可引起局部疼痛，应深部肌注。②需防冻冷藏，久置可发生沉淀。③其他见硫酸亚铁。

【用法与用量】右旋糖酐铁注射液，肌肉注射：一次量，幼犬20～200mg。

叶酸（Folic Acid）

【来源与性状】叶酸广泛存在于酵母、绿叶蔬菜、豆饼、苜蓿粉、麸皮中。动物的内脏、肌肉、蛋类含量丰富。药用叶酸多为人工合成品。本品为黄橙色结晶粉末；无臭，无味。在水、乙醇、丙酮、三氯甲烷或乙醚中不溶，在氢氧化钠或碳酸钠的稀溶液中易溶。遇光失效，应遮光贮存。

【药理作用】叶酸进入体内被还原和甲基化为具有活性的5－甲基四氢叶酸而起辅酶作用。5－甲基四氢叶酸作为甲基供体使维生素B_{12}转变为甲基维生素B_{12}，自身则变成四氢叶酸。四氢叶酸作为一碳基团转移酶的辅酶参与体内多种氨基酸、嘌呤及嘧啶的合成和代谢，并与B_{12}共同促进红细胞的生成和成熟。

叶酸缺乏时，氨基酸、嘌呤及嘧啶的合成受阻，以致核酸合成减少，细胞分裂与发育不完全。主要病理表现为巨幼红细胞性贫血、腹泻、皮肤功能受损、生长发育受阻等。

【适应症】主要用于防治因叶酸缺乏而引起的犬、猫贫血症。

【药物相互作用】①复方新诺明可降低或消除叶酸治疗巨幼红细胞性贫血的疗效；叶酸可降低磺胺类药物的抗菌作用。②氨苯喋啶和阿司匹林等药物减少叶酸吸收或增加叶酸代谢。③维生素B_1、维生素B_2、维生素C均可使叶酸破坏失效，不应混合注射。④叶酸颉颃剂（甲氨喋啶、乙胺嘧啶、甲氧嘧啶）通过抑制叶酸活性代谢物的生成而降低叶酸作用，本品不能解救上述药物过量引起的中毒。

【应用注意】①对甲氧苄啶、乙胺嘧啶等所致的巨幼红细胞性贫血无效。②对维生素B_{12}缺乏所致的恶性贫血，用大剂量叶酸可纠正血象变化，但不能改善神经症状。③本品不宜静脉注射给药，以防发生不良反应。④叶酸不良反应较少见，长期服用时可出现厌食、恶心、腹胀等胃肠道反应，罕见过敏反应。

【用法与用量】叶酸片，内服：一次量，犬、猫2.5～5mg。

维生素B_{12}（Vitamin B_{12}）

【来源与性状】维生素B_{12}为含钴复合物，广泛存在于动物内脏、牛奶、蛋黄中。本品为深红色结晶或结晶性粉末；无臭，无味；吸湿性强。在水或乙醇中略溶。应遮光，密封保存。

【药理作用】本品为合成核苷酸的重要辅酶的成分，参与体内甲基转换及叶酸代谢，促进5－甲基四氢叶酸转变为四氢叶酸。缺乏时可导致叶酸缺乏，并因此导致DNA合成障碍，影响红细胞的发育和成熟。本品还可促进甲基丙二酸转变为琥珀酸，参与三羧酸循环。此作用关系到神经髓鞘脂质合成及维持有鞘神经纤维功能完整，维生素B_{12}缺乏症的神经损害可能与此有关。

本品缺乏时，机体的细胞、组织生长发育将受到抑制。红细胞生成减少尤为明显，可引起动物恶性贫血。此外，其他组织代谢也发生障碍，如神经系统损害等。

【适应症】主要用于治疗维生素 B_{12} 缺乏所致的巨幼红细胞性贫血，也可用于神经炎、神经萎缩、再生障碍性贫血、放射病、肝炎等辅助治疗。

【药物相互作用】①叶酸与本品合用治疗恶性贫血可提高疗效。②对氨基水杨酸、多黏菌素 B 等可影响维生素 B_{12} 吸收，不宜联合使用。③维生素 C 可使维生素 B_{12} 破坏失效，两药联用应间隔 2～3h。④铁剂是维生素 B_{12} 稳定剂，也可颉颃维生素 C 对维生素 B_{12} 的破坏作用，但大剂量铁剂也可破坏维生素 B_{12}。⑤维生素 B_6 与维生素 B_{12} 合用可促进维生素 B_{12} 吸收。

【应用注意】①大量注射，超越血浆蛋白的结合与运转能力，都从尿液排泄，剂量越大排泄越多。因此，盲目大剂量应用，不但对治疗无益，而且造成浪费。②维生素 B_{12} 注射液不可静脉注射。应避光，密闭保存，开启后尽快使用。③维生素 B_{12} 溶液在 pH 值为 3～7 时保持稳定，pH 值为 4.5～5 时最稳定。

【用法与用量】维生素 B_{12} 注射液，肌肉注射：一次量，犬、猫 0.1mg，每日或隔日 1 次，持续 7～10 次。

复习思考题

1. 强心苷治疗充血性心力衰竭的药理作用有哪些？使用时应注意哪些问题？
2. 全身止血药主要有哪几类？各自作用特点如何？
3. 试述肝素的抗凝血机制及临床应用。
4. 内服铁剂的主要不良反应有哪些？
5. 影响铁在消化道吸收的因素有哪些？临床常用的铁剂有哪些？

（崔晓文）

第十一章　水盐代谢调节药

体液是机体的重要组成部分，占成年动物体重的60%～70%，由水及溶于水的电解质、葡萄糖和蛋白质等成分构成，具有运输物质、调节酸碱平衡、维持细胞结构与功能等多方面作用。细胞正常代谢需要相对稳定的内环境，主要是指体液容量和分布、各种电解质的浓度及彼此间比例和体液酸碱度的相对稳定性，此即体液平衡。虽然动物每天摄入水和电解质的量变动很大，但在神经－内分泌系统调节下，体液的总量、组成成分、酸碱度和渗透压总是在相对平衡的范围内波动。调节失常或腹泻、高热、创伤、疼痛等常引起水盐代谢障碍和酸碱平衡紊乱，临床上就经常应用水和电解质平衡药、酸碱平衡药、能量补充药、血容量扩充剂等，在应用时这些药物往往不能截然分开。

一、水和电解质平衡药

为维持机体相对稳定的内环境，水的摄入量和排出量必须维持相对的动态平衡，否则会产生水肿或脱水。水和电解质的关系极为密切，在体液中总是以比较恒定的比例存在，水和电解质摄入过多或过少，或排泄过多或过少，均会对机体的正常机能产生影响。呕吐、腹泻、大面积烧伤、失血等常引起机体大量丢失水和电解质。水和电解质按比例丢失，细胞外液的渗透压无大变化的称为等渗性脱水。水丢失多而电解质丢失少，渗透压升高的称为高渗性脱水，反之称为低渗性脱水。水和电解质平衡药是用于补充水和电解质丧失，纠正其紊乱，调节其失衡的药物。常用氯化钠、氯化钾等。

氯化钠（Sodium Chloride）

【性状】本品为无色、透明的立方形结晶或白色结晶性粉末；无臭，味咸。在水中易溶，在乙醇中几乎不溶。

【药理作用】①本品为电解质补充剂。等渗及高渗氯化钠溶液静脉注射时，能补充体液、促进胃肠蠕动。动物体内的Na^{+}占细胞外液阳离子92%，对保持细胞外液的渗透压和容量、调节酸碱度、维持生物膜电位、促进水和其他物质的跨膜运动及保障细胞正常功能等都十分重要。体内Na^{+}丢失可引起低钠综合征，表现为全身虚弱、表情淡漠、肌肉阵挛、循环障碍等，重者昏迷直至死亡。②内服小剂量具有健胃作用。咸味刺激味觉感受器和口腔黏膜，反射性地增加唾液和胃液分泌，促进食欲。氯化钠到达胃肠时，还继续刺激胃肠黏膜，增加消化液分泌，加强胃肠蠕动，有利于营养物质的吸收。另外高渗氯化钠溶液静脉注射后能反射性兴奋迷走神经，使胃肠平滑肌兴奋，蠕动增强。③1%～3%溶液洗涤创伤，有轻度刺激和防腐作用，并有引流和促进肉芽生长的功效。

【适应症】①用于防治各种原因所致的低血钠综合征，也可临时用作体液扩充剂而用于失水兼失盐的脱水症。②内服常用于食欲不振、消化不良。③0.9%氯化钠溶液（生理盐水）用作多种药物的溶媒，并可冲洗子宫和洗眼；1%～3%的溶液洗涤创伤。

【不良反应】①输注或内服过多、过快，可致水、钠潴留，引起水肿、血压升高、心率加快。②过量地给予高渗氯化钠溶液可致高钠血症。③过多、过快给予低渗氯化钠可致溶血、脑水肿等。

【应用注意】①发生中毒时可给予溴化物、脱水药或利尿药进行解救，并作对症治疗。②心力衰竭、脑、肾功能不全及血浆蛋白过低的患病宠物慎用，肺气肿动物禁用。③生理盐水所含的 Cl^- 比血浆 Cl^- 浓度高，已发生酸中毒动物，如大量应用可引起高氯性酸中毒。此时可改用碳酸氢钠－生理盐水或乳酸钠－生理盐水。

【用法与用量】0.9%氯化钠注射液、复方氯化钠注射液，静脉注射：犬 100～500ml，猫40～50ml。

氯化钾（Potassium Chloride）

【性状】本品为无色长棱形、立方形结晶或白色结晶性粉末；无臭，味咸涩。在水中易溶，在乙醇或乙醚中不溶。

【药理作用】K^+ 是细胞内液的主要阳离子，对维持生物膜电位、保持细胞内渗透压及内环境的酸碱平衡、保障酶的功能、促进氨基酸从胃肠道吸收等起重要作用。缺钾可致神经肌肉传导障碍、心肌自律性增高。另外，钾还参与糖、蛋白质的合成及二磷酸腺苷转化为三磷酸腺苷的能量代谢。

【适应症】主要用于钾摄入不足或排钾过量所致的钾缺乏症或低血钾症，亦用于强心苷中毒的解救。

【药物相互作用】①糖皮质激素可促进尿钾排泄，与钾盐合用时降低疗效。②抗胆碱酯酶药能增强内服氯化钾的胃肠道刺激作用。

【应用注意】①肾功能障碍、尿闭、脱水和循环衰竭等患病动物禁用。②高浓度溶液或快速静脉注射可能导致心跳骤停。③脱水病例一般先给不含钾的液体，等排尿后再补钾。④钾盐的最便利补充方法是内服，但氯化钾内服对胃肠道刺激性较强，应稀释并于食后灌服，以减少刺激。

【用法与用量】氯化钾片，内服：一次量，犬 0.1～1g。氯化钾注射液，静脉注射或腹腔注射：犬 2～5ml，猫、兔 0.5～2ml。静脉滴注时必须以生理盐水或 5%葡萄糖注射液稀释成 0.1%～0.3%浓度，以小剂量连续使用。复方氯化钾注射液，静脉注射：一次量，犬 150～250ml；静脉或腹腔注射：猫、兔 30～50ml。

二、能量补充药

能量是维持机体生命活动的基本要素。碳水化合物、脂肪和蛋白质在体内经生物转化变为能量。体内 50%的能量被转化成热能以维持体温，其余以 ATP 形式贮存供生理和生产之需要。能量代谢过程包括能量的释放、贮存和利用三个环节，任何一个环节发生障碍都影响机体的功能活动，此时应使用能量补充药，常见有葡萄糖、磷酸果糖、ATP 等，其中葡萄糖最常用。

葡萄糖（Glucose）

又名右旋糖。

【性状】本品为无色结晶或白色结晶性或颗粒性粉末；无臭，味甜。在水中易溶，在乙醇中微溶。

【药理作用】①供给能量。在体内氧化代谢时释放出大量热能，供机体需要。②解毒。本品进入体内后，一部分合成肝糖原，增强肝脏的解毒能力。另一部分在肝脏中氧化成葡萄糖醛酸，可与毒物结合从尿中排出而解毒。③补充体液。5%的葡萄糖与体液等渗，静注后，葡萄糖很快被组织利用，并供给机体水分。④强心与脱水。补充体内水分和糖分，具有补充体液、供给能量、补充血糖、强心利尿、解毒等作用。

【适应症】①等渗溶液（5%）用于补充营养和水分，如下痢、呕吐、重伤、失血、不能进食的重症衰竭动物等。②用于农药、化学药物及细菌毒素等中毒病解救的辅助治疗。③高渗溶液（10%～50%）用于提高血液渗透压和利尿脱水，如低血糖症、心力衰竭、脑水肿、肺水肿等。

【应用注意】①高渗注射液应缓慢注射，以免加重心脏负担，且勿漏注血管外。②葡萄糖氯化钠注射液对肝、肾功能障碍的患病宠物使用时应注意控制剂量，以免产生水、钠潴留。并且低血钾症者慎用。

【用法与用量】葡萄糖注射液，静脉注射：一次量，犬5～25g。葡萄糖氯化钠注射液，静脉注射：一次量，犬100～500ml。

三、酸碱平衡药

动物机体在新陈代谢过程中不断产生大量的酸性物质，日粮中也可摄入各种酸碱性物质。机体的正常活动要求保持相对稳定的体液酸碱度，即体液pH值的相对稳定性，称为酸碱平衡。当肺、肾功能障碍、代谢异常、高热、缺氧、腹泻或其他重症疾病引起的酸碱平衡紊乱时，使用酸碱平衡调节药进行对症治疗，可使紊乱恢复正常。但首先要进行对因治疗，才能消除引起酸碱平衡紊乱的原因，使动物恢复健康。常用的调节酸碱平衡药物有碳酸氢钠、乳酸钠、氯化铵等。

碳酸氢钠（Sodium Bicarbonate）

又名重碳酸钠、小苏打。

【性状】本品为白色结晶性粉末；无臭，有咸涩味；在潮湿空气中可缓慢分解放出二氧化碳气体变为碳酸钠，碱性增强。在水中易溶，水溶液呈弱碱性。在乙醇中不溶。

【药理作用】①本品内服后可中和胃酸，减轻疼痛。此作用迅速，但维持时间短。②内服或静注，可直接增加机体的碱储，迅速纠正酸中毒，是治疗酸中毒的首选药物。③本品经尿排泄时可碱化尿液，能增加弱酸性药物如磺胺类等在泌尿道的溶解度而随尿排出，防止结晶析出或沉淀；还能提高某些弱碱性药物如庆大霉素对泌尿道感染的疗效。④内服碳酸氢钠时，有一部分从支气管腺体排泄，能增加腺体分泌，兴奋纤毛上皮，溶解黏液和稀释痰液而呈现祛痰作用。

【适应症】①健胃：与大黄、氧化镁等配伍使用，治疗慢性消化不良。对于胃酸偏高性消化不良，应于食前给药。②缓解酸中毒：重症肠炎、大面积烧伤、败血症或麻痹性肌红蛋白尿症等疾病过程中都能引起酸中毒，可静脉注射5%碳酸氢钠注射液进行治疗。③碱化尿液：为预防磺胺类、水杨酸类药物的副作用或加强链霉素治疗泌尿道疾病的疗效，可配合适量的碳酸氢钠，使尿液的碱性增高。④祛痰：内服祛痰药时可配合少量本品，使痰液易于排出。⑤外用：治疗子宫、阴道等黏膜的各种炎症。用2%~4%溶液冲洗清除污物，溶解炎性分泌物，达到减轻炎症的目的。

【药物相互作用】①与糖皮质激素合用，易发生高钠血症和水肿。②与排钾利尿药合用，可增加发生低氯性碱中毒的危险。③本品可使尿液碱化，使弱有机碱药物排泄减慢，而使弱有机酸药物排泄加速。④可减少内服铁剂的吸收，两药服用时间应尽量分开。⑤利多卡因与本品溶液混合，使pH值在7.3~8，浸润注射时无痛。⑥本品可减轻氨基水杨酸对胃的刺激性，延缓吸收并增加排泄。⑦红霉素在碱性尿液中的抗菌作用增强、抗菌谱扩大；大环内酯类的其他抗生素如螺旋霉素、白霉素等与本品合用可增强其抗菌作用。⑧本品可使内服青霉素经消化道的吸收受阻，疗效降低。青霉素类抗生素在碳酸氢钠溶液中可失效。⑨内服本品可阻碍地高辛、巴比妥类药物、四环素类药物、吲哚美辛、磺胺药的吸收，并延缓其药效出现时间。⑩本品明显降低氟喹诺酮类药物的胃肠吸收，以环丙沙星最明显，两药尽量避免伍用。

【应用注意】①碳酸氢钠在中和胃酸时能迅速产生大量的二氧化碳，刺激胃壁，促进胃酸分泌，出现继发性胃酸增多。②碳酸氢钠水溶液放置过久，强烈振摇或加热能分解出二氧化碳，使之变为碳酸钠，碱性增强。水溶液需要长时间保存时，瓶口要密封。③使用本品注射液时，宜稀释成1.4%溶液缓慢静注，勿漏出血管外。④充血性心力衰竭、肾功不全、水肿、缺钾等动物慎用。

【用法与用量】碳酸氢钠片，内服：一次量，犬0.5~2g。碳酸氢钠注射液，静脉注射：一次量，犬0.5~1.5g。

四、血容量扩充剂

大量失血或失血浆（如灼伤）可引起血容量降低，导致休克。迅速补足以至扩充血容量是防治休克的基本疗法。在全血或血浆来源受限时，可应用人工合成的血容量扩充剂。对血容量扩充剂的基本要求是能维持血液胶体渗透压、排泄较慢，作用持久；无毒、无抗原性。目前最常用的为右旋糖酐，它是葡萄糖的聚合物，由于聚合的葡萄糖分子数目不同，可得不同分子量的产品。临床应用的有中分子量（平均分子量为70 000），低分子量（平均分子量为40 000）和小分子量（平均分子量为10 000）右旋糖酐，分别称右旋糖酐70，右旋糖酐40和右旋糖酐10。

右旋糖酐40（Dextran 40）

【性状】本品为白色粉末；无臭，无味。在热水中易溶，在乙醇中不溶。

【药理作用】本品静脉注射能提高血浆胶体渗透压，吸收组织间水分发挥扩充血容量作用，维持血压；可引起红细胞解聚，降低血液黏滞性，从而改善微循环和组织灌注，使静脉回血量和心搏输出量增加，抑制凝血因子Ⅱ的激活，使凝血因子Ⅰ和凝血因子Ⅷ活性降低，有抗血栓形成和渗透利尿作用。

本品因分子量小，在体内停留时间短，经肾排泄也快，故扩充容量作用维持时间短，维持血压时间仅为3h左右。

【适应症】主要用于低血容量性休克。

【药物相互作用】①与维生素 B_{12} 混合可发生变化。②与卡那霉素、庆大霉素合用可增加其毒性。

【应用注意】①偶有过敏反应，如发热、荨麻疹等，此时应立即停止输入，必要时注射苯海拉明或肾上腺素。个别严重者可引起血压下降、呼吸困难等，应予以注意。②严重肾病、心功能不全、血小板减少症和出血性疾病等禁用。③静脉注射宜缓慢，用量过大可致出血，如鼻出血、皮肤黏膜出血、创面渗血、血尿等。④失血量超过35%时应用本品可继发严重贫血，须作输血疗法。

【用法与用量】右旋糖酐40氯化钠注射液、右旋糖酐40葡萄糖注射液，静脉注射：一次量，犬50~100ml。

右旋糖酐70（Dextran 70）

【性状】本品为白色粉末；无臭，无味。在热水中易溶，在乙醇中不溶。

【药理作用】基本同于右旋糖酐40，但其扩充血容量及抗血栓作用较前者强，几无改善微循环和渗透利尿作用。静脉注射后在血循环中存留时间较长，排泄较慢，1h排出30%，在24h内约50%从肾排出。

【适应症】主要用于扩充和维持血容量，治疗失血、创伤、烧伤及中毒性休克。

【药物相互作用】见右旋糖酐40。

【应用注意】见右旋糖酐40，由于抗血栓作用更强更易引起出血。

【用法与用量】右旋糖酐70氯化钠注射液、右旋糖酐70葡萄糖注射液，静脉注射：一次量，犬50~100ml。

复习思考题

1. 临床上什么情况下需要补充水和电解质平衡药？主要有哪些药物？
2. 试述葡萄糖的主要作用及临床应用。

（欧阳慧英）

第十二章 泌尿生殖系统药物

第一节 利尿药

利尿药是一类作用于肾脏，增加电解质和水的排泄，增加尿量、消除水肿的药物。此类药物通过影响肾小球滤过、肾小管的重吸收和分泌等功能，特别是影响肾小管的重吸收而实现其利尿作用。兽医临床主要用于各种类型的水肿、急性肾功能衰竭及促进毒物的排出。

利尿药按其作用部位和强弱分为三类：①高效利尿药。也称髓襻利尿药，主要作用于髓襻升支粗段，产生强大的利尿作用。包括呋塞米（速尿）、依他尼酸（利尿酸）、布美他尼等，其中布美他尼作用强、毒性小，可代替呋塞米；而依他尼酸毒性最大，现已少用。②中效利尿药。主要作用于原曲小管始端，产生中等强度的利尿作用。包括氢氯噻嗪、氯噻酮、吲达帕胺等。③低效利尿药。主要作用远曲小管末端和集合管，产生较弱的利尿作用。包括氨苯喋啶、阿米洛利、螺内酯。

呋塞米（Furosemide）

又名呋喃苯胺酸、速尿。

【性状】本品为白色或类白色结晶性粉末；无臭，几乎无味。在丙酮中溶解，在乙醇中略溶，在水中不溶。

【药理作用】①利尿作用：利尿作用迅速、强大而短暂。主要作用于髓襻升支的髓质部与皮质部，抑制 Cl^- 主动重吸收和 Na^+ 被动重吸收。由于 Na^+ 排泄增加，使远曲小管的 K^+-Na^+ 交换加强，导致 K^+ 排泄增加，本品对近曲小管的电解质转运也有直接作用。②扩张血管作用：扩张小动脉，降低肾血管阻力，增加肾血流量。

本品内服后迅速吸收，约 0.5h 起效，1～2h 达高峰，持续 6～8h。静注后 5～10min 起效，0.5～1.5h 达高峰，持续 4～6h。约 98%与血浆蛋白结合，约 66%以原形从尿中排出，少量游离型药从肾小球滤过，大部分经有机酸分泌机制排泄，部分在肝脏代谢后而经胎盘进入胎儿，肝、肾功能不全时半衰期延长。正常剂量在体内消除迅速，不会在体内产生蓄积，犬的消除半衰期为 1～1.5h。

【适应症】用于各种类型的水肿，也可用于加速毒物的排泄。

【药物相互作用】①与氨基糖苷类抗生素同时应用可增加后者的肾毒性、耳毒性。②本品可抑制筒箭毒碱的肌肉松弛作用，但能增加琥珀胆碱的肌松作用。③皮质激素类药物可降低其利尿效果，并增加电解质紊乱尤其是低血钾症发生机会，从而可能增加洋地黄的毒性。④由于本品能与阿司匹林、双香豆素、华法林、氯贝丁酯竞争肾的排泄部位，延长其作用。因此在同时使用时应调整阿司匹林的用药剂量。⑤与其他利尿药同时使用可增强其利尿作用。

【不良反应】①水与电解质紊乱。由于强烈的利尿作用可引起低血容量、低血钾、低血钠、低血铁、低氯性碱血症及低血压等。②高尿酸血症。该药与尿酸竞争排泄机制，减少尿酸的分泌，形成高尿酸血症，诱发和加重痛风，也可引起高氮质血症。③耳毒性。表现为眩晕、耳鸣、听力减退或暂时性耳聋，肾功能减退者尤易发生，尤其是犬、猫。④胃肠道紊乱和血液学紊乱。主要表现症状为恶心、呕吐、重者引起胃肠出血。偶致皮疹、骨髓抑制。⑤代谢性碱中毒。这是 K^+、Cl^-、H^+ 的尿排泄增加引起的不良反应。

【应用注意】①严重肝、肾功能不全和电解质紊乱、痛风、幼小动物、高氮质血症、妊娠动物忌用。②避免与氨基糖苷类合用。③无尿的患病动物禁用。④长期大量用药可出现低血钾、低血氯及脱水，应注意及时补充钾盐或加服留钾利尿药，并定时监测水和电解质平衡状态。

【用法与用量】呋塞米片，内服：一次量，每 1kg 体重，犬、猫 2～ 2.5mg。呋塞米注射液，肌肉、静脉注射：一次量，每 1kg 体重，犬、猫 1～ 5mg。

氢氯噻嗪（Hydrochlorothiazide）

【性状】本品为白色结晶性粉末；无臭，味微苦。在丙酮中溶解，在乙醇中微溶，在水、三氯甲烷或乙醚中不溶，在氢氧化钠试液中溶解。

【药理作用】本品主要作用于髓襻升支皮质部和远曲小管的前段，抑制 Na^+、Cl^- 的重吸收，从而起到排钠利尿作用，属中效利尿药。由于流入远曲小管和集合管的 Na^+ 增加，促进 $K^+ - Na^+$ 交换，故 K^+ 排泄液增加。

本品脂溶性较高，内服后吸收良好，犬、猫 4h 达作用高峰，药效维持 12h。

【适应症】用于治疗肝性水肿、心性水肿、肾性水肿，也可用于治疗局部组织水肿（如产前浮肿）以及某些急性中毒加速毒物排出。

【药物相互作用】①与皮质激素同时应用增加低血钾症发生机会。②磺胺类药物可增强本类药物的作用。③洋地黄类强心药与本品合用可增加毒性反应，应补钾并调整强心药的用量。

【不良反应】①大量或长期应用可引起低血钾、低血钠、低血氯。②可产生恶心、呕吐、腹胀等胃肠道反应。

【应用注意】①严重肝、肾功能不全和电解质紊乱的动物慎用。②宜与氯化钾合用，以免发生低血钾症。

【用法与用量】氢氯噻嗪片，内服：一次量，每 1kg 体重，犬、猫 3～ 4mg。

螺内酯（Spironolactone）

又名安体舒通。

【性状】本品为白色或类白色结晶性粉末；有轻微硫醇臭。在三氯甲烷中极易溶解，在苯和醋酸乙酯中易溶，在乙醇中溶解，在水中不溶。

【药理作用】本品化学结构与醛固酮相似，可竞争性地与胞浆中的醛固酮受体结合，颉颃醛固酮的排钾保钠作用，促进 Na^+ 和水的排出，减少 K^+ 排出。由于本药仅作用远曲小管和集合管，对肾小管其他各段无作用，故利尿作用较弱，其利尿作用与体内醛固酮水平有关。

本品内服后1d起效，2～3d达高峰，维持5～6d。有明显的首过效应和肝肠循环。

【适应症】主要用于伴有醛固酮升高的顽固性水肿，如充血性心力衰竭、肝硬化腹水及肾病综合征，常与丢钾性利尿药合用，增强利尿效果并预防低血钾。

【应用注意】①久用易致高血钾，肾功能不良时极易发生，严重肾功能不全和高血钾症者禁用。②溃疡患病动物禁用。③本品有保钾作用，应用时无需补钾。

【用法与用量】螺内酯片，内服：一次量，每1kg体重，犬、猫2～4mg。

第二节　脱水药

脱水药是指能消除组织水肿的药物，由于此类药物多为低分子量物质，多数在体内不被代谢，能增加血浆和小管液的渗透压，增加尿量，故又称为渗透性利尿药。因其利尿作用不强，故仅用于局部组织水肿作脱水药，如脑水肿、肺水肿等。本类药物包括甘露醇、山梨醇、尿素、高渗葡萄糖等。尿素不良反应较多，葡萄糖持续时间短，故两药现已少用。

甘露醇（Mannitol）

【性状】本品为白色结晶性粉末；无臭，味甜。在水中易溶，在乙醇中略溶，在乙醚中几乎不溶。

【药理作用】本品为高渗性脱水剂。静脉注射其高渗溶液后可提高血浆渗透压，使细胞内水分向组织间隙渗透，使组织间液水分向血浆转移引起组织脱水，从而降低颅内压和眼内压。

进入体内的甘露醇迅速通过肾小球滤过，在肾小管很少被重吸收，形成高渗，阻止了水在肾小管的重吸收，并间接抑制肾小管对K^+、Cl^-、Na^+、Mg^{2+}、Ca^{2+}、HCO_3^-和PO_4^{3-}的重吸收，从而产生利尿作用。另外，本品能防止有毒物质在小管液内的积聚或浓缩，对肾脏产生保护作用。

【适应症】用于急性少尿型肾衰竭，降低眼内压、创伤性脑水肿；还用于加快某些毒物的排泄（如阿司匹林、巴比妥类、溴化物等）及辅助其他利尿药以迅速减轻水肿或腹水。

【药物相互作用】①与两性霉素B合用可预防后者引发的肾损害。②禁止与生理盐水、复方氯化钠、氯化钾、氯化钙、葡萄糖酸钙、头孢菌素类药物配伍应用。③洋地黄类强心药与本品合用可增加毒性反应。

【不良反应】①大量或长期应用可引起水和电解质平衡紊乱。②静注过快可产生心血管反应，如肺水肿及心动过速。③静注时药液漏出血管可使注射部位水肿，皮肤坏死。

【应用注意】①严重脱水、肺充血或肺水肿、充血性心力衰竭及进行性肾功能衰竭的患病动物禁用。②脱水动物在治疗前应补充适当液体。③静注时药液勿漏出血管外，以防止局部水肿、坏死。

【用法与用量】甘露醇注射液，静注：一次量，每1kg体重，犬、猫0.25～0.5mg，一般稀释成5%~10%溶液（缓慢静注）。

山梨醇（Sorbitol）

【性状】本品为白色结晶性粉末；无臭，味甜；有引湿性。在水中易溶，在乙醇中略溶，在乙醚或三氯甲烷中不溶。

【药理作用】本品是甘露醇的同分异构体，作用和适应症与甘露醇相似。进入机体内后，因部分在肝脏转化为果糖，因此，相同浓度的山梨醇作用效果弱于甘露醇。

【不良反应】见甘露醇。

【应用注意】见甘露醇，但局部刺激作用比甘露醇大。

【用法与用量】山梨醇注射液，静注：一次量，每1kg体重，犬、猫0.25~0.5mg。

第三节　生殖系统药物

本类药物的主要作用是提高或抑制动物的繁殖能力，调节繁殖进程，增强抗病能力。主要有生殖激素类（性激素、促性腺激素、促性腺激素释放激素）、子宫收缩药（缩宫素、垂体后叶激素、麦角新碱等）、前列腺素类（氯前列烯醇）。

一、生殖激素类药物

直接影响生殖机能的激素称为生殖激素，其作用是直接调节雌性动物的发情、排卵、生殖细胞在生殖道内的运行、胚胎附植、妊娠、分娩、泌乳以及雄性动物精子的生成、副性腺分泌等生殖环节，并与第二性征具有密切关系。根据生殖激素产生的部位、化学性质和对靶组织引起的反应，可将其分为性激素、促性腺激素和促性腺激素释放激素三大类，临床上常用前两类药物。

（一）性激素

性激素主要由性腺分泌，包括雄性动物睾丸分泌的雄激素，雌性动物卵巢分泌的雌激素和孕激素，都是类固醇化合物。

丙酸睾酮（Testosterone Propionate）

又名丙酸睾丸素。

【性状】本品为白色结晶或类白色结晶性粉末；无臭。在三氯甲烷中极易溶解，在乙醇或乙醚中易溶，在乙酸乙酯中溶解，在植物油中略溶，在水中不溶。

【药理作用】本品的作用与天然睾酮相同，能促进雄性生殖器官及副性征的发育、成熟，引起性欲及性兴奋；能对抗雌激素，抑制子宫内膜生长及卵巢、垂体功能，抑制雌性动物发情；还具有同化作用，可促进蛋白质合成，使肌肉增长，体重增加，并能使体内钙量增加，加快钙盐沉积；刺激骨髓造血功能，使红细胞和血红蛋白增加。

【适应症】用于公犬因睾丸机能减退引起的性欲降低；也用于骨折愈合过慢，再生障碍性贫血和其他贫血。

【药物相互作用】①本品与肾上腺皮质激素合用，可加重水肿。②与抗凝血药合用，可增强抗凝效果，有发生出血的危险。③与抗糖尿病药合用，可加强其降血糖作用。④与巴比妥类合用，可使本品在肝脏内的代谢加快，疗效降低。

【应用注意】①本品具有水、钠潴留作用，肾、心或肝功能不全动物慎用。②发生过敏反应时应停药。③前列腺肿大的患犬禁用。④本品可损害雌性胎仔，孕犬或孕猫禁用。

【用法与用量】丙酸睾酮注射液，肌肉、皮下注射：一次量，犬、猫 20～ 50mg，每 2～ 3 日 1 次。

甲基睾丸素（Methyltestosterone）

又名甲基睾酮、甲基睾丸酮。

【性状】本品为白色或类白色结晶性粉末；无臭、无味；微有引湿性。在乙醇、丙酮、三氯甲烷中易溶，在乙醚中略溶，在植物油中微溶，在水中不溶。

【药理作用】作用同丙酸睾酮，但稍弱。

【适应症】同丙酸睾酮。

【药物相互作用】①本品可减少甲状腺结合球蛋白，使甲状腺激素作用增强。②其他见丙酸睾酮。

【应用注意】见丙酸睾酮。

【用法与用量】甲基睾酮片，内服：一次量，犬 10mg，猫 5mg，一日 1 次。

苯丙酸诺龙（Nandrolone Phenylpropionate）

【性状】本品为白色或类白色结晶性粉末；有特殊臭。在乙醇中溶解，在植物油中略溶，在水中几乎不溶。

【药理作用】本品为人工合成的睾酮衍生物，蛋白质同化作用较强，为丙酸睾酮的 12 倍，雄激素活性较弱。能促进蛋白质合成和抑制蛋白质异化作用，并有促进骨组织生长、刺激红细胞生成等作用。

【适应症】用于虚弱性疾病如手术后的恢复期、严重营养不良、幼犬发育迟缓、贫血、肌肉萎缩、骨质疏松等，也可用于骨折和创伤的愈合。

【药物相互作用】见丙酸睾酮。

【不良反应】①长期使用后可引起钠、钙、钾、水、氯和磷潴留而造成水肿。②可引起肝功能障碍以及繁殖机能异常。

【应用注意】肝、肾功能不全时慎用。

【用法与用量】苯丙酸诺龙注射液，肌肉、皮下注射：一次量，犬 20～ 50 mg，猫10～ 20 mg，每两周 1 次。

苯甲酸雌二醇（Estradiol Benzoate）

【性状】本品为白色结晶性粉末；无臭。在丙酮中略溶，在乙醇或植物油中微溶，在水中不溶。

【药理作用】雌二醇能促进雌性器官和副性征的生长和发育，给雄性动物应用后，可使雄性睾丸萎缩，副性征退化，最后引起不育；引起子宫颈黏膜细胞增大和分泌增加，阴道黏膜增厚，出现发情征象；加强子宫的收缩活动；提高子宫内膜对孕激素和子宫平滑肌对催产素的敏感性，促使乳房发育和泌乳；有适度促进蛋白质合成作用。

雌二醇属天然雌激素，内服在肠道易吸收，但易被肝脏破坏而失活，故内服效果远较注射差。

【适应症】用于母犬、母猫的催情及胎衣、死胎排除，子宫内膜炎、子宫蓄脓和阴道炎；老年犬或阉割犬的尿失禁，雌犬过度发情、假孕犬的乳房胀痛；诱导泌乳。

【药物相互作用】本品与降糖药合用，可能减弱其降糖作用，应调节剂量。

【应用注意】①妊娠早期的动物禁用，以免引起流产或胎儿畸形；可引起犬、猫等小动物的血液恶病质，多见于年老动物或大剂量应用时，起初血小板和白细胞增多，但逐渐发展为血小板和白细胞下降，严重时可致再生障碍性贫血。②可引起囊性子宫内膜增生和子宫蓄脓。

【用法与用量】苯甲酸雌二醇注射液，肌肉注射：一次量，犬、猫 0.2～0.5mg。

黄体酮（Progesterone）

又名孕激素、助孕素、孕酮。

【性状】本品为白色或类白色的结晶性粉末；无臭，无味。在三氯甲烷中极易溶解，在乙醇、乙醚或植物油中溶解，在水中不溶。

【药理作用】本品在雌激素作用基础上，可促进子宫内膜及腺体发育，抑制子宫收缩，减弱子宫肌对催产素的反应，起保胎作用；反馈抑制垂体前叶黄体生成素和下丘脑促性腺激素释放激素的分泌，从而抑制母犬、母猫的发情和排卵；与雌激素共同作用，刺激乳腺腺泡发育，为泌乳作准备。

【适应症】主要用于习惯性或先兆性流产；也用于治疗犬卵巢囊肿。

【药物相互作用】本品与雌激素合用，可促使乳房发育，为产乳做准备。

【应用注意】长期应用可使妊娠期延长。

【用法与用量】黄体酮注射液、复方黄体酮注射液（每毫升含黄体酮 20mg、苯甲酸雌二醇 2mg），肌肉注射：一次量，犬、猫 2～5mg。

（二）促性腺激素类药物

促性腺激素是由垂体前叶和胎盘分泌的直接调控性腺激素分泌的一类糖蛋白激素，包括垂体前叶分泌的垂体促卵泡素（FSH）、垂体促黄体素（LH）和胎盘分泌的人绒毛膜促性腺激素（HCG）、孕马血清促性腺激素（PMSG）。

垂体促卵泡素（Follicle Stimulating Hormone，FSH）

又名卵泡刺激素、促卵泡生成素。

【来源与性状】本品为猪的脑下垂体前叶提取的一种糖蛋白激素，为白色冷冻干燥的粉末，溶于水。

【药理作用】本品能促进母犬、母猫的卵泡发育，与垂体促黄体素合用可促进雌激素分泌而引起发情。

【适应症】用于不发情母犬、母猫的催情，治疗卵泡发育停滞、卵巢静止、持久黄体、多卵泡症等；也可用于促进公犬、公猫的精子生成，提高精子密度。

【药物相互作用】本品与垂体促黄体素合用可促进雌激素分泌而引起发情。

【应用注意】使用本品前，必须检查卵巢变化，并依此修正剂量和用药次数。

【用法与用量】注射用垂体促卵泡素，肌肉注射：每 1kg 体重，犬 15～20μg，一日 1 次，连用 10d。一次量，猫 20IU，一日 1 次，连用 5d。

垂体促黄体素（Lutein Stimulating hormone，LH）

又名促黄体生成素、促黄体素。

【来源与性状】本品为猪的脑下垂体前叶提取的一种糖蛋白激素，为白色冷冻干燥的粉末，溶于水。

【药理作用】本品在垂体促卵泡素的协同作用下，能促进母犬、母猫卵巢中成熟的卵泡排卵，形成黄体，并能维持妊娠黄体而有保胎作用；对公犬、公猫可促进睾丸间质细胞发育，分泌雄激素，促使睾丸下降，并促进精子生成。

【适应症】用于治疗成熟卵泡排卵障碍，以提高受胎率，或用于卵巢囊肿、习惯性流产和不孕；也用于治疗公犬性机能减退、精液量少及幼犬隐睾症。

【药物相互作用】本品与垂体促卵泡素合用可促进成熟的卵泡排卵，形成黄体，并能维持妊娠黄体。

【应用注意】治疗卵巢囊肿时，剂量应加倍。

【用法与用量】注射用垂体促黄体素，肌肉注射：每 1kg 体重，犬 15～20μg，一日 1 次，连用 7d；一次量，猫 20IU，一日 1 次，连用 5d。

血促性素（Serum Gonadotrophin）

又名孕马血清促性腺激素（PMSG）。

【来源与性状】本品是在妊娠 60～90d 的孕马血清中提取的一种酸性糖蛋白类激素，为白色或类白色粉末。常制成注射用无菌粉剂。

【药理作用】本品具有垂体促卵泡素和垂体促黄体素双重活性，但以垂体促卵泡素样作用为主，对母犬、母猫的作用基本与垂体促卵泡素相同。对公犬主要表现黄体生成素样作用，能增加雄激素分泌，提高性兴奋。

【适应症】主要用于治疗久不发情、卵巢机能障碍引起的的不孕症；对母犬、母猫可促使超数排卵，促进多胎，增加产仔数。

【药物相互作用】与甲基睾酮、维生素 E 配合使用，可促进公犬精细管的发育和性细胞的分化，延长精子在附睾中的寿命和活力，调节性功能。

【应用注意】不宜重复使用，以免产生抗体和抑制垂体促性腺功能。

【用法与用量】注射用血促性素，皮下、肌肉注射：一次量，犬 25～200IU，猫 25～100IU。临用前用灭菌生理盐水或注射用水稀释。

绒促性素（Chorionic Gonadotrophin）

又名人绒毛膜促性腺激素（HCG）。

【来源与性状】本品由孕妇绒毛膜滋养层合胞体细胞提取的一种糖蛋白类激素，为白色或类白色的粉末，在水中溶解，在乙醇、丙酮或乙醚中不溶。

【药理作用】本品主要作用与垂体促黄体素相似，也有较弱的垂体促卵泡素样作用。能促进母犬、母猫卵巢中成熟的卵泡排卵，促进黄体生成，对未成熟卵泡无作用；能短时间地刺激卵巢分泌雌激素，引起发情；可促进公犬、公猫睾丸间质细胞发育，分泌雄激素等。

【适应症】用于促进母犬、母猫发情，诱导排卵，提高受胎率；治疗卵巢囊肿和习惯性流产；治疗公犬性机能减退及幼犬隐睾症。

【应用注意】①不宜重复使用，以免产生抗体和抑制垂体促性腺功能。②本品溶液极不稳定，且不耐热，应在短时间内用完。

【用法与用量】注射用绒促性素，肌肉注射：一次量，犬 100～500IU，猫 100～200IU。一周 2～3 次。临用前用灭菌生理盐水或注射用水稀释。

二、子宫收缩药

子宫收缩药是一类能选择性地兴奋子宫平滑肌的药物。其作用因子宫的生理状态和药物种类、剂量的不同而有差异，使子宫产生节律性收缩的多用于引产或分娩时的催产，使子宫产生强直收缩的多用于流产、产后流血和产后子宫复原。常用的子宫收缩药有缩宫素、垂体后叶素、麦角制剂如马来酸麦角新碱等。

缩宫素（Oxytocin）

又名催产素。

【来源与性状】本品为白色粉末，在水中溶解，多由人工合成，常制成注射液。

【药理作用】本品能选择性兴奋子宫平滑肌，加强其收缩。其作用强度取决于剂量大小、体内激素水平等。小剂量能增加妊娠末期子宫肌的节律性收缩，宫缩增强，频率增加，适于催产；大剂量则能引起子宫平滑肌强直性收缩，使子宫肌层内的血管受压迫而起止血作用，适于产后出血或产后子宫复原。在妊娠早期，子宫处于孕激素环境中，对催产素不敏感，随着妊娠进行，雌激素浓度逐渐增加，子宫对催产素的敏感性逐渐增强，临产时达到高峰。催产素对子宫体的兴奋作用强，对子宫颈的兴奋作用较弱。还能促进乳腺腺泡和腺导管周围的肌上皮细胞收缩，促进排乳。

【适应症】本品小剂量用于子宫颈口已开张，胎位正常但宫缩乏力时的催产；大剂量用于产后出血、胎衣不下和子宫复原不全的治疗；也用作新分娩而缺乳的动物的催乳剂。

【药物相互作用】其他宫缩药与本品合用时，可使子宫的张力过高，有出现子宫破裂或子宫颈撕裂的危险。

【应用注意】①产道阻塞、胎位不正、骨盆狭窄及子宫颈尚未开放时，禁用于催产。②不宜多次反复应用。

【用法与用量】缩宫素注射液，皮下、肌肉注射：一次量，犬、猫 2～10IU。

垂体后叶素（Pituitrin）

【来源与性状】本品是由牛、猪的垂体后叶中提取的，能溶于水，不稳定，含缩宫素和加压素两种成分。

【药理作用】小剂量可加强子宫的节律性收缩，其特点是作用快，持续时间短，对子宫体的兴奋作用大，对子宫颈的兴奋作用小。大剂量则引起强直收缩。此外，因含加压素有抗利尿和升高血压的作用。

【适应症】主要用于催产、产后子宫出血、胎衣不下、子宫复原不全等的治疗；也用于母犬、母猫子宫蓄脓的治疗。

【药物相互作用】本品与升压药合用，有协同作用。

【应用注意】①用量大时可引起血压升高、少尿及腹痛。②其他见缩宫素。

【用法与用量】垂体后叶素注射液，皮下、肌肉注射：一次量，犬 2～ 10IU，猫 2～ 5IU。

马来酸麦角新碱（Ergometrine Maleate）

【性状】本品为白色或类白色的结晶性粉末；无臭，微有引湿性；遇光易变质。在水中略溶，在乙醇中微溶，在三氯甲烷或乙醚中不溶。

【药理作用】本品对子宫平滑肌有高度选择性兴奋作用，能同时引起子宫体和子宫颈的收缩，作用强而持久；能引起子宫平滑肌强直性收缩，使子宫肌层内的血管受压迫而起止血作用。

【适应症】主要用于治疗产后子宫出血、产后子宫复原不全等。

【应用注意】①与缩宫素或其他麦角制剂有协同作用，不宜与其合用。②不得与血管收缩药合用。③稍大剂量即引起子宫平滑肌强直收缩，使胎儿窒息或子宫破裂，故不适于催产和引产。④胎儿未娩出前或胎盘未剥离排出前均禁用。

【用法与用量】马来酸麦角新碱注射液，肌肉、静脉注射：一次量，犬 0.1～ 0.5mg，猫0.07～ 0.2 mg。

三、前列腺素

前列腺素（prostaglandins，PG_s）广泛存在于人类和哺乳动物组织和体液中。已知精液、精囊腺、前列腺、子宫、卵巢、胎盘、脐带、羊水、脑、肾、肺、胸腺、脾、甲状腺、胃肠道等器官都含有前列腺素。能合成前列腺素的亦有多种器官，以精囊腺合成能力最强。

前列腺素常常是通过参与其他自体活性物质、神经递质和激素的调节而起作用，在许多组织中是通过激活腺苷酸环化酶而增加环腺苷酸（cAMP）的生成量，也可调节细胞内的 Ca^{2+} 浓度。前列腺素的生物学作用极为广泛，主要有以下几方面：①对生殖系统的作用：前列腺素作用于下丘脑的黄体生成素释放激素的神经内分泌细胞，增加黄体生成素释放激素释放，后者刺激垂体前叶黄体生成素和卵泡刺激素分泌，从而使睾丸激素分泌增加。前列腺素也能直接刺激睾丸间质细胞分泌。但大量前列腺素，对雄性生殖机能有抑制作用。精液中前列腺素能使子宫颈肌松弛，促进精子在雌性动物生殖道中运行，有利于受精。前列腺素还能使妊娠子宫平滑肌收缩，促进黄体溶解。②对血管平滑肌的作用：不同的前列腺素对血管平滑肌的作用效应不同。前列腺素 E 能使血管平滑肌松弛，从而减少血流的外周阻力，降低血压；前列腺素 F 的作用比较复杂，可使兔、猫血压下降，却又使大鼠、犬的血压升高。③对胃肠道的作用：可引起平滑肌收缩，抑制胃酸分泌，防止强酸、强碱、无水酒精等对胃黏膜侵蚀，具有细胞保护作用。对小肠、结肠、胰腺等也有保护作用。还可刺激肠液分泌、肝胆汁分泌以及胆囊肌收缩等。④对神经系统的作用：广泛分布于神经系统，对神经递质的释放起调节作用，也有人认为，前列腺素本身即有神经递质的作用。⑤对呼吸系统作用：前列腺素 E 使支气管平滑肌舒张，降低通气阻力；而前列腺素 F 却使支气管平滑肌收缩。⑥对内分泌系统的作用：通过影响内分泌细胞内 cAMP 水平，影响激素的合成与释放。如促使甲状腺素分泌和肾上腺皮质激素的合成。也可通过降低靶器官的 cAMP 水平而使激素作用降低。

前列腺素在临床上主要用于溶解黄体和收缩子宫。常用的药物主要有甲基前列腺素 $F_{2\alpha}$、氯前列醇钠。

甲基前列腺素 F_{2a}（Carboproste F_{2a}）

【性状】本品为棕色油状或块状物；有异臭。在乙醇、丙酮、乙醚中易溶，在水中极微溶。

【药理作用】本品对妊娠各期子宫都有收缩作用，以妊娠晚期子宫最为敏感。能溶解发情后母犬、母猫的黄体，诱导其发情。

【适应症】主要用于催产、引产和人工流产；也用于诱导同期发情和治疗持久黄体、子宫蓄脓、慢性子宫内膜炎、排除死胎等。

【应用注意】①引产时必须严密观察宫缩情况，随时调整用药剂量，以防止因强直性子宫收缩发生子宫破裂。②大剂量可产生腹泻、阵痛等不良反应。③治疗持久黄体时用药前应仔细进行直肠检查，以便针对性治疗。④妊娠犬、猫禁用，以免引起流产。

【用法与用量】甲基前列腺素 $F_{2\alpha}$注射液，肌肉注射或子宫内注射：一次量，犬、猫 2～10mg。

氯前列醇（Cloprostenol）

【性状】本品为淡黄色油状黏稠液体。在三氯甲烷中易溶，在无水乙醇或甲醇中溶解，在水中不溶，在 10%碳酸氢钠溶液中溶解。其钠盐为白色或类白色无定型粉末；有引湿性。在水、甲醇或乙醇中易溶，在丙酮中不溶。

【药理作用】本品与甲基前列腺素 $F_{2\alpha}$是同系物，溶解黄体和收缩子宫作用更强，能迅速引起黄体消退，并抑制其分泌；可引起子宫平滑肌收缩，子宫颈松弛。

【适应症】同甲基前列腺素 $F_{2\alpha}$。

【应用注意】①本品注射液仅用于肌肉注射，不宜静脉注射。②有报道对犬进行人工引产时，可出现流涎、呕吐、排稀便、尿频及呼吸加快等副作用。③不需要流产的妊娠动物禁用。④本品易通过皮肤吸收，不慎接触后应立即用肥皂和水进行清洗。⑤不能与非类固醇类抗炎药同时应用。⑥因本品可诱导流产及急性支气管痉挛，因此，妊娠及患有哮喘和其他呼吸道疾病的人员操作时应特别小心。

【用法与用量】氯前列醇注射液，肌肉注射：一次量，犬 0.05～0.1mg。

复习思考题

1. 利尿药与脱水药有何区别?
2. 利尿药与脱水药的药理作用有哪些?
3. 简述马来酸麦角新碱与垂体后叶素作用特点及应用注意事项?
4. 具有促进排卵作用的药物有哪些?
5. 治疗习惯性或先兆性流产可以使用的药物有哪些?

（欧阳慧英）

第十三章　调节组织代谢药物

第一节　维生素类药

维生素是一类结构各异、维持动物体正常代谢和机能所必需的的低分子有机物，是构成体内某些酶的辅酶（或辅基）中的组分，参与调节物质和能量的代谢。每一种维生素对动物机体都有其特殊的功能，动物缺乏任何一种维生素都会引起特定的营养代谢障碍，出现维生素缺乏症，轻者可致生长发育受阻、抗病力下降，重者引起死亡。

仅有少数维生素可在体内合成或由肠道内微生物产生，大多数必须自食物中获取，它们都是以本体形式或可被机体利用的前体形式存在于天然的食物中。动物机体每日对维生素的需要量很少，但其作用是其他物质无法替代的。造成维生素缺乏的主要原因：①日粮中含量不足。②体内吸收障碍。如肠蠕动加快，吸收面积减少，长期腹泻等使维生素的吸收、贮存减少。③排出增多。可因授乳、长期大量使用利尿剂等使之排出增多。④因药物等作用使维生素在体内加速破坏。⑤生理和病理需要量增多。

维生素种类很多，根据其溶解性可分为脂溶性维生素和水溶性维生素两类。

一、脂溶性维生素

脂溶性维生素易溶于大多数有机溶剂，不溶于水。在食物中与脂类共同存在，在肠道吸收时也与脂类吸收有关，排泄效率低，故摄入过多时，可在体内蓄积而产生有害作用，甚至发生中毒。常用的脂溶性维生素包括维生素 A、维生素 D、维生素 E、维生素 K 等。

维生素 A（Vitamin A）

【来源与性状】维生素 A 一般均来源于体外，其前体广泛存在于动物的肝脏、乳、蛋、鱼肝油及新鲜绿色植物、胡萝卜、番茄等植物中。本品为淡黄色的油溶液，或结晶与油的混合物（加热至 60℃应为澄清溶液）；无败油臭；在空气中易氧化，遇光易变质。与三氯甲烷、乙醚、环己烷或石油醚能任意混合，在乙醇中微溶，在水中不溶。

【药理作用】本品具有促进生长，维持上皮组织如皮肤、结膜、角膜等正常机能的作用，并参与视紫红质的合成，增强视网膜感光力，参与体内许多氧化过程，尤其是不饱和脂肪酸的氧化。缺乏时则生长停止，骨骼生长不良，繁殖能力下降，皮肤粗糙、干燥，角膜软化并发生干性眼炎和夜盲症。

本品内服易吸收，脂溶性制剂较水溶性制剂更易吸收，胆汁酸、胰脂酶、中性脂肪、维生素 E 及蛋白质均促进本品吸收。吸收部位主要在十二指肠、空肠。几乎全部在体内代谢分解，并由尿及粪便排出。

【适应症】主要用于维生素 A 缺乏症，如夜盲症、干眼病、角膜软化症和皮肤粗糙等；也可用于增加机体对感染的抵抗力，用于体质虚弱、妊娠和泌乳动物；亦可用于皮肤、黏膜炎症的治疗及烧伤，有促进愈合的作用。

【药物相互作用】①氢氧化铝可使小肠上段胆酸减少，影响本品吸收。矿物油、新霉素能干扰其吸收。②与维生素 E 合用时可促进本品吸收，但服用大量的维生素 E 时可耗尽维生素 A 在体内的贮存。③大剂量可对抗糖皮质激素的抗炎作用。④维生素 C 可减轻本品中毒症状，并有协同性防治血栓作用，但两药不宜同时服用。

【不良反应】过量可致中毒。动物急性中毒表现为兴奋、视力模糊、脑水肿、呕吐；慢性中毒表现为厌食、皮肤病变、内脏受损等，猫表现以局部或全身性骨质疏松为主症的骨质疾患。

【应用注意】①用时应注意补充钙剂。②本品易因补充过量而中毒，中毒时应立即停用本品和钙剂。

【用法与用量】维生素 AD 油，内服：一次量，犬 5～ 10ml。鱼肝油，内服：一次量，犬 5～ 10ml。

维生素 D（Vitamin D）

【来源与性状】本品是一种类固醇物质，常见的有维生素 D_2（骨化醇）、维生素 D_3（胆骨化醇）。干草、酵母中含有其前体物质麦角固醇，经日光或紫外线照射后可转变为维生素 D_2。鱼肝油、乳、肝、蛋黄中维生素 D_3 含量丰富。维生素 D_2 和维生素 D_3 均为无色针状结晶或白色结晶性粉末；无臭，无味；遇光或空气易变质。在氯仿中极易溶解，在乙醇、丙酮或乙醚中易溶，在植物油中略溶，在水中不溶。

【药理作用】本品对钙、磷代谢及幼龄动物骨骼生长有重要影响，其生理功能是促进钙、磷在小肠内的正常吸收，其代谢活性物质促进肾小管重吸收磷和钙，维持及调节血浆钙、磷正常浓度，并促进骨骼的正常发育。本品缺乏时机体吸收钙、磷能力下降，钙、磷不能在骨组织内沉积，成骨作用受阻，甚至沉积的骨盐再溶解。幼年动物因软骨不能骨化，表现为佝偻病，生长受阻；成年动物则表现为骨软症，易发生骨折、关节变形等。

【适应症】用于防治维生素 D 缺乏所致的疾病，如佝偻病、骨软症等。

【药物相互作用】①长期大量服用液体石蜡、新霉素可减少本品吸收。②苯巴比妥等肝药诱导剂能加速本品的代谢。③与噻嗪类利尿药同时使用，可致高钙血症。④糖皮质激素可加速本品的代谢，降低其血药浓度。⑤钙剂与本品联用可治疗骨质疏松症，防止氟骨症。⑥抗酸药（如氢氧化铝）可降低本品胃肠道吸收。

【不良反应】①过量会减少骨的钙化作用，使钙从正常贮存部位迁移并沉积在软骨组织，出现异位钙化，并因血中钙、磷酸盐过高而导致心律失常和神经功能紊乱等症状。②本品过量还会间接干扰其他脂溶性维生素（如维生素 A、维生素 E 和维生素 K）的代谢。

【应用注意】①用时应注意补充钙剂。②本品应避光、密闭贮藏。

【用法与用量】维生素 D_2 胶性钙注射液，皮下、肌肉注射：一次量，犬 0.5～ 1ml。

维生素 E（Vitamin E）

又名生育酚。

【来源与性状】本品有 α、β、γ、δ 四种，广泛分布于植物油、种子胚芽、麦麸及动物脂肪中，肉、奶、蛋和肝中也有。本品为微黄色或黄色透明的黏稠液体；几乎无臭；遇光色渐变深。在无水乙醇、丙酮、石油醚或乙醚中易溶，在水中不溶。

【药理作用】①抗氧化。可保护维生素 C 和维生素 A 免于氧化破坏，并阻滞生物膜中不饱和脂肪酸的过氧化反应，减少过氧化脂质的生成，保护生物膜的完整性，特别是防止溶酶体破裂，释放水解酶，进一步损害组织细胞。②维持内分泌功能，提高繁殖力。促进性激素分泌，调节性腺发育和功能，有利于受精和受精卵植入，并防止流产，提高繁殖力。③提高抗病能力。维生素 E 对过氧化氢、黄曲霉毒素、亚硝酸化合物等具有抗病和解毒能力，还有助于合成免疫球蛋白，提高抗病能力。

本品内服易吸收，但需胆汁存在。吸收后广泛分布于各组织，贮存于脂肪组织中，在肝中代谢，其代谢物在肝中与葡萄糖醛酸结合后，经胆汁排入肠道，由粪便排出。不易通过胎盘，但可分布于乳汁。

【适应症】用于防治维生素 E 缺乏所致的不孕症、营养性肌萎缩、细胞通透性障碍等；也常配合维生素 A、维生素 D、维生素 B 用于动物的生长不良、营养不足等综合性缺乏症。

【药物相互作用】①大剂量可延迟缺铁性贫血动物的治疗效应。②本品与硒对动物具有协同作用。③与维生素 A 同服时，可防止维生素 A 氧化，增强其作用。④液体石蜡、新霉素能减少本品的吸收。

【应用注意】①偶尔可引起死亡、流产或早产等，如出现这种反应立即注射肾上腺素或抗组胺药物进行治疗。②注射体积超过 5ml 时应分点注射。

【用法与用量】维生素 E 注射液，皮下或肌肉注射：一次量，犬 0.01～0.1g。

二、水溶性维生素

水溶性维生素包括 B 族维生素（维生素 B_1、维生素 B_2、维生素 B_6、维生素 B_{12}、烟酰胺、生物素、泛酸、叶酸、维生素 PP 等）和抗坏血酸（维生素 C），均易溶于水，不能在体内贮存，超过生理需要的部分会较快随尿排出体外，因此，长期应用造成蓄积中毒的可能性小于脂溶性维生素。一次大剂量使用，通常不会引起毒性反应。

维生素 B_1（Vitamin B_1）

又名硫胺素。

【来源与性状】本品主要存在于种子外皮及胚芽中，米糠、麦麸、酵母、黄豆及青绿饲料中含量较多。本品为白色结晶或结晶性粉末；有微弱的特臭，味苦；干燥品在空气中迅速吸收约 4%的水分。在水中易溶，在乙醇中微溶，在乙醚中不溶。

【药理作用】①本品和 ATP 在硫胺素激酶和 Mg^{2+} 的作用下，生成硫胺素焦磷酸，成为羧化酶和转羟乙醛酶的辅酶，对物质和能量正常代谢，防止神经组织萎缩，维持神经、心肌和胃肠道的正常功能，促进生长发育，提高免疫机能等都起重要作用。②还可促进胃肠道对糖的吸收、刺激乙酰胆碱的形成等。维生素 B_1 缺乏时，体内丙酮酸和乳酸蓄积，动物表现为食欲不振、生长缓慢、多发性神经炎等症状。

本品内服给药，在胃肠道主要是十二指肠吸收。肌肉注射吸收迅速。吸收后可分布于机体各组织中，也可进入乳汁，体内不贮存。血浆半衰期约为0.35h。肝内代谢，经肾排泄。

【适应症】主要用于防治维生素B_1缺乏症，如多发性神经炎及各种原因引起的疲劳和衰竭。高热和大量输注葡萄糖，也要补充维生素B_1。维生素B_1还可作为治疗神经炎、心肌炎、食欲不振、胃肠功能障碍的辅助药物。

【药物相互作用】①在碱性溶液中易分解，与碱性药物如碳酸氢钠、枸橼酸钠等配伍时易发生变质。②吡啶硫胺素、氨丙啉可颉颃本品的作用。③可增强神经肌肉阻断剂的作用。

【应用注意】①吡啶硫胺素、氨丙啉是本品的颉颃物，日粮中此类物质添加过多会引起维生素B_1的缺乏。②与其他B族维生素或维生素C合用，可对代谢发挥综合疗效。③注射给药时偶尔见过敏反应，甚至休克。

【用法与用量】维生素B_1片，内服：一次量，犬10～50mg，猫5～30mg。维生素B_1注射液，皮下、肌肉注射：一次量，犬10～25mg，猫5～15mg。

维生素B_2（Vitamin B_2）

【来源与性状】本品天然存在于酵母、肝、肾及肉类等中。目前治疗多用人工合成品。本品为橙黄色结晶性粉末；微臭，味微苦；遇光线易破坏（尤其水溶液）。遇碱或加热时也易分解，遇还原剂引起变质而褪色，故应遮光、密封保存。

【药理作用】本品能参与机体正常的生物氧化过程，是一种主要用于黏膜及皮肤炎症的水溶性维生素。在体内可转化为活性磷酸化代谢物黄素单核苷酸（FMN）和黄素腺嘌呤二核苷酸（FAD）。二者均为组织呼吸的重要辅酶，可参与碳水化合物、蛋白质、脂肪的代谢，维持正常的视觉功能、促进生长，并对中枢神经系统营养、毛细血管功能具有重要影响。此外FMN和FAD还可激活维生素B_6，维持红细胞的完整性。本品缺乏时，机体的生物氧化过程受到影响，正常的代谢发生障碍，即可出现典型的维生素B_2缺乏症状。

【适应症】主要用于维生素B_2缺乏症，如口炎、皮炎、角膜炎等。

【药物相互作用】本品可使氨苄西林、多黏菌素、链霉素、红霉素和四环素等的抗菌活性下降，故不能混合注射。

【应用注意】①妊娠动物需要量较大。②动物内服后，尿液呈黄色。

【用法与用量】维生素B_2片，内服：一次量，犬10～20mg，猫5～10mg。维生素B_2注射液，皮下、肌肉注射：一次量，犬10～20mg，猫5～10mg。

泛酸（Pantothenic Acid）

又名遍多酸。

【来源与性状】本品广泛存在于动物内脏、牛肉、蛋黄、花生、包心菜、谷子等中，一般治疗应用其钙盐。泛酸钙为白色粉末；无臭，味微苦；有引湿性；水溶液显中性或弱碱性反应。在水中易溶，在乙醇中极微溶解，在三氯甲烷或乙醚中几乎不溶。

【药理作用】①泛酸是辅酶A的组成成分，辅酶A在物质代谢中传递酰基，参与糖、脂肪、蛋白质代谢。②在脂肪酸、胆固醇及乙酰胆碱的合成中起十分重要的作用，并参与维持皮肤和黏膜的正常功能和毛皮的色泽，增强机体对疾病的抵抗力。发生缺乏时，犬表现为呕吐、胃肠炎、肾出血、肾上腺功能不良、肝脂肪浸润等。

天然泛酸易于从小肠经被动转运吸收，而以辅酶A或酰基载体蛋白形式存在的泛酸需在肠内经酶水解后才能被吸收。在体内肝、肾、肌肉、心和脑等组织含量较高。

【适应症】主要用于泛酸缺乏症，对防治维生素B缺乏症有协同作用。

【用法与用量】泛酸钙片，内服：每1kg体重，犬0.055mg。

烟酸（Nicotinic Acid）

又名尼克酸。

【来源与性状】烟酸天然存在于动物肝脏、肉类、米糠、麦麸、酵母、番茄、鱼中。与烟酰胺统称为维生素PP或抗癞皮病维生素。现主要用人工合成品。烟酸为白色结晶或结晶性粉末；无臭或有微臭，水溶液呈酸性反应。在沸水或沸乙醇中溶解，在水中略溶，在乙醇中微溶，在乙醚中几乎不溶，在碳酸氢钠和氢氧化钠溶液中均易溶。溶点为234～238℃。本品制剂密封并于暗处保存。

【药理作用】①本品在体内转化为烟酰胺后，进一步生成辅酶Ⅰ和辅酶Ⅱ而起作用，参与体内脂质代谢、组织呼吸的氧化过程和糖原分解的过程。②烟酸还可降低辅酶A的利用。③通过抑制密度蛋白的合成而影响胆固醇的合成，大剂量尚可降低血清胆固醇及甘油三酯的浓度，且有周围血管扩张作用。烟酸缺乏时，犬的口腔黏膜呈黑色，俗称“黑舌病”。其他宠物表现为生长缓慢，食欲下降。

【适应症】主要用于烟酸缺乏症。常与维生素B_1和维生素B_2合用，对各种疾病进行综合性辅助治疗，烟酰胺不能代替这一作用。此外，对日光性皮炎也有一定疗效。

【应用注意】①大量应用可致硫胺素、核黄素和胆碱缺乏。②异烟肼可降低本品的疗效。③与氨苄西林钠、磺胺嘧啶钠、氨茶碱、肝素、碳酸氢钠等药物禁忌配伍。

【用法与用量】烟酸注射液，皮下、肌肉注射：一次量，每1kg体重，小动物不得超过0.3mg。

烟酰胺（Nicotinamide）

【性状】本品为白色结晶或结晶性粉末；无臭或有微臭，味苦。在水或乙醇中易溶，在甘油中溶解。

【药理作用】烟酰胺是辅酶Ⅰ和辅酶Ⅱ的组成成分，作为许多脱氢酶的辅酶，在体内氧化还原反应中起传递氢的作用，它与糖酵解、脂肪代谢、丙酮酸代谢以及高能磷酸键的生成有密切关系，在维持皮肤和消化器官正常功能方面亦起着重要作用。犬缺乏症也表现为“黑舌病”，症状包括厌食、体重减轻、唇干裂、舌炎等。

本品内服易吸收，广泛分布于全身组织，在肝脏代谢为几种代谢物后由尿液排出，仅有少量以原形排出。

【适应症】主要用于烟酸缺乏症。

【用法与用量】烟酰胺注射液，皮下、肌肉注射：一次量，每1kg体重，小动物不得超过0.3mg。

维生素B_6（Vitamin B_6）

【来源与性状】本品包括吡多醇、吡多醛、吡多胺，三者在体内可以互相转化，是具有解毒止呕等作用的水溶性维生素。天然食物中含维生素丰富，酵母、谷物、豆类、种子外皮及禾本科含量都比较丰富，动物性食物及块根、块茎中相对少。本品为白色或类白色的结晶或结晶性粉末；无臭，味酸苦；遇光渐变质。在水中易溶，在乙醇中微溶，在三氯甲烷或乙醚中不溶。

【药理作用】本品在体内经酶作用生成具有生理活性的磷酸吡多醛和磷酸吡多醇，它们是氨基转移酶、脱羧酶及消旋酶的辅酶，参与体内氨基酸、蛋白质、脂肪和糖的代谢。此外还在亚油酸转变为花生四烯酸等过程中发挥重要作用。

维生素 B_6 缺乏时，幼龄动物生长缓慢或停止。犬、猴、猫等动物出现食欲不振、体重减轻、共济失调、惊厥和心肌损害，以及严重的红细胞、血红蛋白过少性贫血，生长不良。

本品内服后经胃肠道吸收，原形药与血浆蛋白几乎不结合，转化为活性产物磷酸吡哆醛可较完全地与血浆蛋白结合，血浆半衰期可长达 15～ 20d。本品在肝内代谢，经肾排出。磷酸吡哆醛可透过胎盘，并经乳汁泌出。天然存在的维生素 B_6 很容易被动物利用，食物中蛋白质和能量含量高时，维生素 B_6 需要量增加。幼龄动物、妊娠动物和服用某些磺胺类药物和抗生素的情况下，维生素 B_6 需要量增加。提高日粮维生素 B_6 添加量可增强动物免疫力和抗应激能力。

【适应症】主要用于维生素 B_6 缺乏症。

【药物相互作用】与维生素 B_{12} 合用，可促进维生素 B_{12} 的吸收。

【用法与用量】维生素 B_6 片，内服：一次量，犬 0.02～ 0.08g。维生素 B_6 注射液，皮下、肌肉注射：一次量，犬 0.02～ 0.08g。

生物素（Biotin，Vitamin H）

又名维生素 H。

【来源与性状】生物素在绿色饲料、米糠、豆饼、鱼粉、酵母和蛋黄中含量丰富。本品为白色结晶粉末；极微溶于水和乙醇，不溶于其他常见的有机溶媒。在中等强度的酸及中性溶液中可稳定数日，在碱性溶液中稳定性较差。

【药物作用】生物素是动物体内四种羧化酶的辅酶，催化羧化或脱羧反应，如丙酮酸转化成草酰乙酸、苹果酸转化成丙酮酸、琥珀酸与丙酸互变、草酰乙酸转化为 α—酮戊二酸。生物素还参与肝糖原异生，促进脂肪酸和蛋白质代谢的中间产物合成葡萄糖或糖原，以维持正常的血糖浓度。也参与氨基酸的降解与合成、嘌呤和核酸的生成、长链脂肪酸的合成。只有当动物摄入抗生物素蛋白，动物才发生生物素缺乏症，主要表现为脂肪肝肾综合征。

【适应症】主要用于防治生物素缺乏症。

【用法与用量】混饲：犬、猫饲喂，每 1 000kg，饲料中含 0.25g。

维生素 C（Vitamin C）

又名抗坏血酸。

【来源与性状】维生素 C 天然存在于新鲜的橘子、柠檬、卷心菜等多种食物中，其合成品是一种白色的结晶性粉末；无臭，味酸；其水溶液在空气中很快变质，尤其在碱性溶液中遇光或热更易变质，溶液通常由无色到浅黄色、黄色、棕色。片剂在放置过程中遇光、遇热也易变色而失去疗效，故本品应在遮光、密封处保存。

【药理作用】①参与氧化还原反应：本品极易氧化脱氢，具有很强的还原性，在体内参与氧化还原反应而发挥递氢作用，如使红细胞的高铁血红蛋白还原为有携氧功能的低铁血红蛋白；将叶酸还原成二氢叶酸，继而还原成有活性的四氢叶酸；参与细胞色素氧化酶中离子的还原；在胃肠道内提供酸性环境，利于铁吸收和贮存。②解毒：本品在谷胱甘肽还原酶作用下，使氧化型谷胱甘肽还原为还原型谷胱甘肽。还原型谷胱甘肽的巯基能与重金属如铅、砷离子和某些毒素相结合而排出体外，保护含巯基酶和其他活性物质不被毒物破坏。维生素C还可通过自身的氧化作用来保护红细胞膜中的巯基，减少代谢产生的过氧化氢对红细胞膜的破坏所致的溶血。维生素C也可用于磺胺类或巴比妥类中毒的解救。③参与体内活性物质和组织代谢：苯丙氨酸羟化成酪氨酸，多巴胺转变为去甲肾上腺素，色氨酸生成5-羟色胺，肾上腺皮质激素的合成和分解等都有维生素C参与。维生素C是脯氨酸羟化酶和赖氨酸羟化酶的辅酶，参与胶原蛋白的合成，促进胶原组织、骨、结缔组织、软骨、牙齿、皮肤等细胞间质形成；增加毛细血管的致密性。④增强机体抗病能力：本品能提高白细胞和吞噬细胞功能，促进网状内皮系统和抗体形成，增强抗应激的能力，维护肝脏解毒，改善心血管功能。此外还有抗炎、抗过敏作用，主要通过颉颃缓激肽、组胺而实现该作用。

【适应症】①防治坏血病。②常用于动物各种传染病和高热、外伤或烧伤，以增强抗病力和促进创伤愈合。③用于贫血、有出血倾向、高铁血红蛋白血症和过敏反应性皮肤病。④用于砷、汞、铅和某些化学药品的中毒，以提高解毒能力。

【药物相互作用】①与水杨酸类和巴比妥类合用能增加本品排泄。②与维生素K_3、维生素B_2、碱性药物和铁离子等的溶液配伍可影响药效，不宜配伍。③可破坏食物中的维生素B_{12}；与食物中的铜、锌离子发生络合，阻断其吸收。④利尿药与本品联用可增强利尿作用。⑤抑制庆大霉素的抗菌活性。⑥可使β-内酰胺类、四环素类和氨基糖苷类抗生素分解，效价降低。⑦钙剂可与本品大剂量在尿中形成草酸钙结晶，故避免同服。也不能与钙剂混合注射。⑧铁剂可与本品络合成易于吸收的二价铁盐，增加铁吸收率达145.6%。⑨可降低糖皮质激素代谢，使激素作用增强，并可防治激素所致皮下出血。⑩与重金属解毒剂联用，解毒能力增强。

【应用注意】①大剂量应用可酸化尿液，使某些有机碱类药物排泄增加，并减弱氨基糖苷类药物的抗菌作用。②注射液不宜与维生素K_3、维生素B_2、碱性药物溶液混合注射。③注射液不宜与β-内酰胺类、四环素类和氨基糖苷类抗生素混合注射。④本品在光照下颜色加深，轻度变色不影响药物活性，变黄色后不能再用。⑤大剂量使用后突然停药可引起维生素C缺乏症症状，故应逐渐减量。

【用法与用量】维生素C片，内服：一次量，犬0.1～0.5g。维生素C注射液，肌肉、静脉注射：一次量，犬0.02～0.1g，猫0.02g。

胆碱（Choline）

【性状】70%氯化胆碱水溶液为无色透明的黏性液体，稍有特异臭味；50%氯化胆碱粉为白色或黄褐色（视赋形剂不同）干燥的流动性粉末或颗粒；具有吸湿性和特异臭味。

【药理作用】胆碱是卵磷脂的重要成分，是维护细胞膜正常结构和功能的关键物质。胆碱能提高肝脏对脂肪酸的利用，促进脂蛋白合成和脂肪酸转运，防止脂肪在肝中蓄积。也是神经递质乙酰胆碱的重要组分，能维持神经纤维正常传导。胆碱和蛋氨酸还都是甲基供体，参与一碳基团代谢。

食物中足量的胆碱可节约蛋氨酸的添加量，叶酸和维生素 B_{12} 可促进蛋氨酸和丝氨酸转变成胆碱，这两种维生素不足时可引起胆碱缺乏。体内胆碱不足，可致脂肪的代谢和转运障碍，发生脂肪变性、脂肪浸润、生长缓慢、骨和关节畸变。

【用法与用量】氯化胆碱，内服：一次量，犬 0.2～0.5g。

第二节　钙和磷

占动物体重 0.01%以上的矿物元素称为常量元素。钙、磷是机体必需的常量元素之一，占体内矿物元素总量 70%，除维持动物骨骼和牙齿的正常硬度外，还是维持机体正常生理机能不可缺少的物质。

一、钙

【药理作用】①促进骨骼和牙齿钙化：当其供应不足时，幼小动物发生佝偻病，成年动物出现骨软症。严重的母犬可因骨质疏松而易发生骨折、脊柱压缩性骨折或瘫痪症。②维持神经肌肉组织的正常兴奋性：血钙低于正常时，神经肌肉兴奋性升高，可引起肌肉的强直性痉挛，甚至发生如母犬的产后子痫。反之，血钙过高时，神经肌肉兴奋性降低，表现为肌肉软弱无力等。③促进血液凝固：钙是重要的凝血疑因子，为正常的凝血过程所必需。④对抗镁离子作用：如发生硫酸镁中毒时，可用钙盐解救。⑤能降低毛细血管的通透性和增加致密度，从而减少渗出，用于抗过敏和消炎。⑥参与神经递质的释放：当神经冲动到达末梢时，突触前膜的通透性改变，钙离子进入细胞内，促进囊泡与突触前膜互相融合，形成小孔，使神经递质排入突触间隙。

【药动学】钙主要在小肠前段吸收，影响其吸收的因素有：①在酸性环境中磷酸钙、碳酸钙溶解度增加，易于吸收。氨基酸与钙形成可溶性钙盐，利于钙的吸收。碱性环境可使钙的溶解度降低，妨碍吸收。②钙盐必须转变成可溶性磷酸盐形式才能被吸收，所以，日粮中钙、磷比值比较重要，一般认为钙、磷比例以（1～2）：1 为宜，比值过大则形成难溶性磷酸钙，妨碍钙、磷的吸收。③维生素 D 可促进钙、磷的吸收。④降钙素、甲状旁腺素也是影响钙吸收的主要激素。食物中未被吸收的钙和从肠黏膜排出的未被吸收的内源性钙经粪排出，血钙由尿、乳汁排出。

【适应症】①用于动物急、慢性缺钙，如母犬产后子痫。②用于荨麻疹、血清病、肺水肿、胸膜炎及其他各种局部或全身毛细血管壁渗透性增加的过敏性、渗出性炎症疾病的辅助治疗。③解救硫酸镁中毒。

【应用注意】①钙盐特别是氯化钙溶液刺激性强，不能肌肉或皮下注射。静注时不能漏注于血管外，以免引起局部肿胀、坏死。若漏注，可吸出漏注的药液，并注入 25%硫酸钠溶液 10～25ml，形成不溶性硫酸钙，缓解局部的刺激性。②静注速度要慢，剂量不宜过大，以免引起心室纤颤或骤停于收缩期。③用药期间不能使用洋地黄或肾上腺素。④患有痛风、肾功能障碍等疾病的动物应慎重使用钙制剂。

氯化钙（Calcium Chloride）

【性状】本品为白色、坚硬的碎块或颗粒；无臭，味微苦；极易潮解。在水中极易溶解，在乙醇中易溶。

【药理作用】同钙。

【适应症】临床上作为钙的补充药，用于低血钙症及毛细血管通透性增高所致的各种疾病；还用于硫酸镁中毒的解救。

【药物相互作用】①用洋地黄治疗时静注钙剂易引起心律失常。②与噻嗪类利尿药合用可引起高钙血症。③注射钙剂可对抗非去极化型神经肌肉阻断剂的作用，但可增强和延长箭毒的效果。④内服钙剂可减少四环素类、氟喹诺酮类从胃肠道吸收。⑤与大量的维生素 D 合用时可促进钙的吸收，但可诱导高钙血症。

【不良反应】①可诱发高钙血症，尤其对心、肾功能不全的动物。②本品有较强的刺激性，内服可产生胃肠道刺激或引起便秘。③静注速度过快可引起低血压、心律失常和心跳暂停。

【应用注意】见钙。

【用法与用量】氯化钙注射液，静脉注射：一次量，犬 0.1～1g。氯化钙葡萄糖注射液，静脉注射：一次量，犬 5～10ml。

葡萄糖酸钙（Calcium Gluconate）

【性状】本品为白色颗粒性粉末；无臭，无味；在沸水中易溶，在水中缓缓溶解，在无水乙醇、三氯甲烷或乙醚中不溶。

【药理作用】同钙。本品含钙量较氯化钙低，对组织刺激性较小，注射给药比氯化钙安全。

【适应症】主要用于钙缺乏症及过敏性疾病，也可用于解除镁离子中毒引起的中枢抑制。

【应用注意】见钙。

【用法与用量】葡萄糖酸钙注射液，静脉注射：一次量，犬 0.5～2g。

碳酸钙（Calcium Carbonate）

【性状】本品为白色极细微的结晶性粉末；无臭，无味；在水中几乎不溶，在乙醇中不溶，在含铵盐或二氧化碳的水中微溶，遇稀醋酸、稀盐酸或稀硝酸即发生泡沸并溶解。

【药理作用】同于钙。

【适应症】用于钙缺乏症。

【用法与用量】碳酸钙，内服：一次量，犬 0.5～2g。

乳酸钙（Calcium Lactate）

【性状】本品为白色的颗粒或粉末；几乎无臭；微有风化性。在热水中易溶，在水中溶解，在乙醇、乙醚或三氯甲烷中几乎不溶。

【药理作用】同钙。因水中溶解度较小，一般仅供内服给药，吸收缓慢。

【适应症】用于钙缺乏症。

【用法与用量】乳酸钙，内服：一次量，犬 0.2～0.5g。

二、磷

【药理作用】①构成骨骼、牙齿的成分，单纯缺磷也能引起佝偻病和骨软症。②磷是磷脂的组成部分，参与维持细胞膜的结构和功能。③磷是磷酸腺苷的组成成分，参与机体的能量代谢。④磷是核糖核酸和脱氧核糖核酸的组成部分，参与蛋白质的合成。⑤磷是体液中构成磷酸盐缓冲液的成分，对酸碱平衡的调节起重要作用。

【药动学】食物中的磷主要以无机磷酸盐和有机磷酸酯两种形式存在，肠道主要吸收无机磷，有机含磷物则经在肠管内磷酸酶的作用水解释放出无机磷酸盐而被吸收。磷的吸收部位遍及小肠，以空肠吸收率最高。一般磷吸收率达 70%，机体低磷时吸收率可达 90%。肠道中酸碱性、食物成分以及血钙和血磷浓度均可影响钙和磷的吸收。肾排出的磷占总磷排出量的 70%，30%由粪便排出。

【适应症】①用于钙、磷代谢障碍性疾病。②用于急性低血磷或慢性缺磷症。

常用的钙、磷制剂有氯化钙、葡萄糖酸钙、碳酸钙、乳酸钙、磷酸二氢钠等。

磷酸氢钙（Calcium Hydrogen Phosphate）

【性状】本品为白色粉末；无臭，无味。在水、乙醇中不溶，在稀盐酸或稀硝酸中易溶。

【药理作用】本品兼有补充钙和磷的作用。见钙、磷。

【适应症】用于钙、磷缺乏症。

【用法与用量】磷酸氢钙，内服：一次量，犬、猫 0.6g。

第三节　微量元素

占动物体重 0.01%以下的矿物元素称为微量元素。动物体所必需的微量元素有碘、铁、铜、锌、硒、氟、钴、铬、锰、钼、镍、钒、锡、硅、砷 15 种。

一、铜

铜是机体必需的微量元素，其作用包括：①构成酶的辅基或活性成分：铜是赖氨酰氧化酶和氧化物歧化酶的必需离子，铜还是细胞色素氧化酶、酪氨酸酶、单胺氧化酶、黄嘌呤氧化酶等氧化酶的组分，起电子传递作用或促进酶与底物结合，稳定酶的空间构型等。高剂量铜还能刺激磷脂酶 A 的活性，提高其消化利用脂肪的能力。②参与色素沉着，毛的角化，促进骨和胶原形成。③参与造血机能：适量铜可促进铁在胃肠道吸收，并使铁进入骨髓，参与铁的吸收、运输、释放和利用。铜还能促进卟啉及血红蛋白合成，促使幼稚红细胞成熟与释放。铜缺乏症表现为贫血，骨骼生长不良，生长缓慢，毛无光泽或粗乱，胃肠机能紊乱，心力衰竭等。

多数动物对铜的吸收能力较差。犬的吸收部位在空肠。吸收入血的铜，主要以铜蓝蛋白和清蛋白铜复合物的形式存在。铜主要从胆汁排泄，少量经尿液排出。临床常用硫酸铜。

二、锌

锌的生物学功能极其重要而复杂，主要作用有：①构成酶：体内300多种酶需要锌，常见的有羧肽酶A和B、碳酸酐酶、碱性磷酸酶、醇脱氢酶等。②激活酶：被锌参与激活的酶有多种，如精氨酸酶、组氨酸脱氢酶、卵磷脂酶等。③参与蛋白质和核糖的合成，维持RNA的结构和构型，影响体内蛋白质的生物合成和遗传信息的传递。④参与激素的合成和调节活动。⑤与维生素和矿物质产生相互颉颃和促进作用。⑥维持正常的味觉功能。⑦与免疫功能密切相关。体内锌缺乏可引起免疫缺陷，动物对感染的易感性和发病率升高。

硫酸锌（Zinc Sulfate）

【性状】本品为无色透明的棱柱状或细针状结晶或颗粒状结晶性粉末；无臭，味涩；有风化性。在水中极易溶，在甘油中易溶，在乙醇中不溶。

【药理作用】见锌。动物缺锌时，生长缓慢，伤口、溃疡和骨折不易愈合，精子的生成和活力降低。

【适应症】主要用于防止锌缺乏症；也可用作收敛药，治疗结膜炎等。

三、锰

锰的作用：①构成酶和激活酶：含锰元素的酶有3种，即精氨酸酶、含锰超氧化歧化酶和丙酮酸羧化酶。对糖、蛋白质、氨基酸、脂肪、核酸、细胞呼吸、氧化还原反应等都十分重要。②促进骨骼的形成和发育：锰参与硫酸软骨素合成。缺锰时软骨成骨作用受阻，骨质受损，骨质变疏松。③维护繁殖功能：缺锰时，动物发情周期紊乱，出生动物体重降低，死亡率高；雄性动物生殖器官发育不良。锰的吸收在十二指肠，动物对锰的吸收很低。过量的钙可降低锰的吸收，还减少锰在组织中沉积。常用药物为硫酸锰。

四、硒

硒的作用：①抗氧化：硒是谷胱甘肽过氧化物酶的组分，参与所有过氧化物的还原反应，能防止细胞膜和组织免受过氧化物的损害。②维持动物正常生长：硒蛋白也是肌肉组织的正常成分。③维持精细胞的结构和功能。④参与辅酶Q的合成：辅酶Q在呼吸链中起递氢作用，参与ATP生成，其合成需要硒参与。⑤降低汞、铅、镉、银、铊等重金属的毒性。⑥促进抗体生成，增强机体免疫力。

硒主要在十二指肠吸收，胃不能吸收硒。硒的净吸收率为85%。硒被吸收入血后与血浆蛋白结合运送到全身各组织中，其中肝、肾、胰、脾、肌肉中的硒含量较高。体内的硒主要通过肾、消化道和乳汁排泄。常用药物亚硒酸钠维生素E。

五、碘

碘为动物体内甲状腺素及其活性形式三碘甲状原氨酸的组分，能调节基础代谢率和促进骨的钙化。碘也是动物机体内常住微生物所必需的元素。当动物缺碘时，甲状腺体呈代偿性肥大，引起地方性甲状腺肿，即地方性甲状腺肿（俗称粗脖子病），可用含碘食盐（食盐中含0.01%～0.02%的碘化钾）或海带及其他含有机碘的海产品，或肌注碘化油，加以预防。小剂量碘剂作为供碘原料以合成甲状腺素，纠正原来垂体促甲状腺素分泌过多，而使肿大的甲状腺缩小。大剂量的碘具有抗甲状腺作用，主要用于治疗甲状腺危象，与硫脲类抗甲状腺药物合用可迅速改善症状。常用药物为碘化钾和碘化钠。

六、钴

钴是维生素 B_{12} 的必需组分，通过维生素 B_{12} 表现其生理功能：参与一碳基团代谢，促进叶酸变为四氢叶酸，提高叶酸的生物利用率；参与甲烷、蛋氨酸、琥珀酰辅酶A的合成和糖原异生。

内服的钴一部分被胃肠道微生物用以合成维生素 B_{12}，一部分经小肠吸收入血液。可溶性钴盐中的钴是以离子形式吸收，而维生素 B_{12} 或类似物则是与胃壁细胞分泌的内因子结合后才吸收。钴和铁具有共同的肠黏膜转运途径，两者存在着竞争性抑制作用，高铁抑制钴吸收。钴在动物体内含量较低，主要分布在肝、肾、脾、骨骼，10%左右从乳汁排泄。注射的钴主要由尿排泄，少量由胆汁和小肠黏膜分泌排泄。

常用药物为注射用氯化钴。在日粮中加入硫酸钴或氯化钴可预防和治疗动物的贫血，提高血容量及血运输氧的能力。对动物的食欲下降，严重消瘦、腹泻及繁育能力的降低等有良好的防治作用。

复习思考题

1. 试述维生素C有什么药理作用？在临床应用时应注意什么？

2. 维生素有哪两大类？各有什么特点？

3. 当犬、猫出现佝偻病时用什么药物进行治疗，为什么？在使用过程中应注意什么问题？

（欧阳慧英）

第十四章　抗过敏药

抗过敏药是指能缓解或消除过敏反应的症状、防治过敏性疾病的物质。兽医临床上常用的抗过敏药有 4 类：抗组胺药、糖皮质激素类药、拟肾上腺素类药和钙制剂。本章主要介绍抗组胺药，其他 3 类药物见有关章节。

抗组胺药物具有与组胺相似的化学结构，可作用于组胺受体，阻碍组胺与受体的结合，从而抑制其引起的变态反应（或称过敏反应）。依据组胺受体的不同，本类药物相应地分为 H_1 受体阻断药和 H_2 受体阻断药。H_1 受体阻断药为传统的抗组胺药，能选择性地对抗组胺兴奋 H_1 受体，抑制组胺引起的血管扩张，支气管、胃肠道平滑肌收缩等作用。多数可通过血脑屏障，对中枢有不同程度的抑制作用，产生镇静、催眠作用。常用药物有苯海拉明、异丙嗪、扑尔敏、扑敏宁等。H_2 受体阻断药的作用主要是抑制胃酸分泌，如西咪替丁、雷尼替丁等，主要用于犬、猫因胃酸分泌过多引起的消化性溃疡，见第八章。

苯海拉明（Diphenhydramine，Benadryl）

又名苯那君、可他敏。

【来源与性状】本品为人工合成品，其盐酸盐为白色结晶性粉末；无臭，味苦，随后有麻醉感。在水中极易溶解，在乙醇或三氯甲烷中易溶，在丙酮中略溶，在乙醚或苯中极微溶解。

【药理作用】本品可对抗组胺引起的胃、肠、气管、支气管平滑肌的收缩作用，对组胺所致的毛细血管通透性增加及水肿也有明显的抑制作用。作用快，维持时间短。本品还有较强的镇静、嗜睡等中枢抑制作用和局麻、轻度抗胆碱作用。

【适应症】①用于治疗动物因组胺引起的过敏性疾病，如皮疹、荨麻疹、血管神经性水肿、药物过敏、皮肤瘙痒症等。②用于因过敏引起的胃肠痉挛、腹泻。③用于组织损伤伴有组胺释放的疾病，如烧伤、冻伤、湿疹、脓毒性子宫炎等。④用于宠物运输晕动，止吐。

【药物相互作用】①与氨茶碱、麻黄碱、钙剂、维生素 C 合用，抗组胺作用增强。②可增强中枢神经抑制药如麻醉药、镇静药的作用。

【应用注意】①大剂量静注时常出现中毒症状，以中枢神经系统过度兴奋为主。可静注短效巴比妥类（如硫喷妥钠）解救，但不可使用长效或中效巴比妥。②对肾功能衰竭动物用药时，给药的间隔时间应延长。③对于过敏性疾病，本品只是对症治疗，同时还须对因治疗，本品必须用到病因消除为止，否则病状会复发。④对于严重的过敏性病例，一般先给予肾上腺素，再注射本品。全身治疗一般需持续 3d。

【用法与用量】盐酸苯海拉明片，内服：一次量，犬 30～60mg。每 1kg 体重，猫 4mg。盐酸苯海拉明注射液，肌肉注射：一次量，每 1kg 体重，犬、猫 0.5～1mg。

异丙嗪（Promethazine，Phenergan）

又名非那根。

【来源与性状】本品为氯丙嗪的衍生物，人工合成品，常用其盐酸盐。盐酸异丙嗪为白色或类白色粉末或颗粒；几乎无臭，味苦；在空气中日久变为蓝色。在水中极易溶解，在乙醇或三氯甲烷中易溶。

【药理作用】本品作用与盐酸苯海拉明相似，但较强而持久；有较强的中枢抑制作用，可加强麻醉药、镇静药的作用；有降温和止吐作用；有轻度止咳、舒张支气管作用。

【适应症】用于各种过敏症性疾病，如过敏性皮炎、荨麻疹、皮肤瘙痒、血清病等。

【药物相互作用】本品可增强麻醉药、镇静药、镇痛药、抗胆碱药（如阿托品）的作用。

【应用注意】①本品有刺激性，片剂宜在饲喂后或饲喂时内服，可避免对胃肠道的刺激作用，亦可延长吸收时间。②注射液不宜皮下注射。③注射液为无色的澄明液体，如呈紫红色乃至绿色时，不可供注射用。④忌与碱性溶液或生物碱合用。⑤其他见盐酸苯海拉明。

【用法与用量】盐酸异丙嗪片，内服：一次量，犬 0.05～0.1g。盐酸异丙嗪注射液，肌肉注射：一次量，犬 0.025～0.05g。

马来酸氯苯那敏（Chlorphenamine Maleate，Chlortrimeton）

又名扑尔敏、马来酸氯苯吡胺、马来那敏。

【来源与性状】本品为人工合成品，白色结晶性粉末；无臭，味苦。在水、乙醇或三氯甲烷中易溶，在乙醚中微溶。

【药理作用】抗组胺作用较盐酸苯海拉明强而持久，对中枢神经系统的抑制作用较轻，但对胃肠道有一定的刺激性。

【适应症】用于各种过敏症性疾病，如过敏性皮炎、荨麻疹、皮肤瘙痒、血清病等。

【药物相互作用】①与解热镇痛药物配伍，可增强其镇痛和缓解感冒症状的作用。②与钙剂、维生素 C 合用，可增强其抗组胺作用。

【应用注意】见盐酸异丙嗪。

【用法与用量】马来酸氯苯那敏片，内服：一次量，犬 2～4mg，猫 1～2mg。马来酸氯苯那敏注射液，肌肉注射：一次量，犬 4～8mg，猫 2mg。

复习思考题

1. 用于抗过敏的 H_1 受体阻断药主要有哪几种？各有哪些特点？
2. 临床应用苯海拉明时应注意哪些问题？

（谢淑玲）

第十五章　解毒药

第一节　概述

临床上用于解救中毒的药物称为解毒药。在宠物的中毒病中，常见的毒物有内源性毒物和外源性毒物。内源性毒物是指在动物体内形成的毒物，主要是机体的代谢产物。它们在正常的生理活动中，由于机体解毒机制或排泄作用而不会发生毒性作用。但形成过多或不能解毒和排毒时即发生中毒。外源性毒物是指从外界进入机体的毒物。一般中毒都是外源性毒物引起的，主要是有毒植物、药物、农药、毒鼠药、化肥、除草剂等。

中毒病的特点是大多发病迅速，且目前多数毒物尚无特异性的解毒药。在不确定毒物种类和性质时，往往采取一般性治疗措施。若确诊了毒物的种类和性质，应尽早使用特异性解毒药。中毒急救的基本原则如下：①排除毒物。根据毒物吸收的途径进行排除。对外用毒物已粘附在体表而尚未被吸收者，清理皮肤和黏膜；排除消化道内毒物的方式有催吐（犬用阿朴吗啡、猫选用隆朋或1%硫酸铜溶液等）、洗胃（首先对中毒犬、猫进行镇静或麻醉，用胃管插入胃内，用0.1%高锰酸钾溶液洗涤）、吸附（灌服活性炭）、轻泻（如盐类泻剂）和灌肠等。②支持疗法。在没有特异性解毒药时，支持疗法能增强机体的代谢调节功能，降低毒性作用。如过度兴奋的病例应用镇静药；惊厥与痉挛时可静脉注射硫酸镁注射液；出血病例则进行止血；抢救休克，采取补充血容量，纠正酸中毒；呼吸困难者可先清除分泌物，使呼吸通畅，再肌肉注射尼可刹米；为维持电解质平衡，防止脱水，进行静脉补液，如5%葡萄糖；预防并发症可适量应用抗生素。③对因治疗。如果确诊毒物的种类和性质，应尽早使用特异性解毒药。根据作用特点和疗效，解毒药分为非特异性解毒药和特异性解毒药。

第二节　特异性解毒药

特异性解毒药可特异性地对抗或阻断毒物的毒性作用机制或效应而发挥解毒作用，而其本身多不具有与毒物相反的效应。本类药物特异性强，在中毒的治疗中占有重要地位。根据解救毒物的性质，特异性解毒药可分为胆碱酯酶复活剂、金属络合剂、高铁血红蛋白还原剂、氰化物解毒剂和其他解毒剂等。

一、有机磷解毒剂

有机磷酸酯类化合物是应用最为广泛、用量最大的一类杀虫剂，常见的有敌敌畏、敌百虫、马拉硫磷、蝇毒磷等，其中敌百虫常用于犬、猫体表和皮肤寄生虫病的防治。

【毒理】有机磷酸酯类可经消化道、呼吸道和皮肤渗入动物机体，与胆碱酯酶结合，形成磷酰化胆碱酯酶，使酶失去水解乙酰胆碱的活性，导致乙酰胆碱在体内大量蓄积，引起胆碱能神经支配的组织和器官出现过度兴奋的中毒症状，如流涎、全身肌肉震颤、呕吐、腹泻、瞳孔缩小、呼吸道分泌物增多。严重者倒地昏迷不醒，癫痫样发作，最后因呼吸肌麻痹导致呼吸停止而死亡。

【解毒原理】除采用常规措施处理外，主要从生理机能对抗及恢复胆碱酯酶活性进行解毒。目前常用的特异性解毒剂主要有两类：①生理对抗解毒剂，用于解除因乙酰胆碱蓄积所产生的中毒症状。主要是阿托品类的抗胆碱药，其解毒机理主要在于阻断乙酰胆碱对M一胆碱受体的作用，使之不出现胆碱能神经过度兴奋的临床症状。在应用阿托品解救有机磷中毒时，越早越好，剂量可适当加大或重复用药。②胆碱酯酶复活剂，能使被抑制的胆碱酯酶迅速恢复正常的药物。目前常用的药物有碘解磷定、氯磷定、双解磷、双复磷等，其结构中的醛肟基或酮肟基具有强大的亲磷酸酯作用，能将结合在胆碱酯酶上的磷酸基夺过来，使胆碱酯酶与结合物分离，恢复活性。

胆碱酯酶复活剂对有机磷的烟碱样作用治疗效果明显，而阿托品对由有机磷引起的毒蕈碱样作用中毒症状解除效果较强，因此在解救有机磷酸酯类药物严重中毒时二药常同时应用。

碘解磷定（Pralidoxime Iodide）

又名解磷定、派姆。

【性状】本品为黄色颗粒状结晶或结晶性粉末；无臭，味苦；遇光易变质。在水中或热乙醇中溶解，在乙醇中微溶，在乙醚中不溶。

【药理作用】本品以其季铵基团直接与胆碱酯酶的磷酰化基团结合，然后脱离胆碱酯酶，使胆碱酯酶重新恢复活性。此外，还可与进入血液的有机磷化合物结合，形成无毒的物质由肾脏排出体外。本品可用于解救多种有机磷中毒，但其解毒作用有一定的选择性。如对内吸磷、马拉硫磷效果好，对敌百虫、敌敌畏等效果略差，对二嗪农、甲氟磷无效。本品不易通过血脑屏障，对缓解中枢神经症状无效，须与阿托品配合使用。一次给药，作用仅能维持 1.5h 左右，所以，每隔 2～ 3h 重复给药，药量减半。

对轻度有机磷中毒，可单独应用本品或阿托品控制中毒症状；中度或重度中毒时，因本品对体内已蓄积的乙酰胆碱无作用，则必须合用阿托品。由于阿托品能解除有机磷中毒症状，必须及时足量地给予阿托品。

【适应症】用于解救有机磷酸酯类化合物中毒。

【药物相互作用】①本品与阿托品合用，对控制有机磷中毒呈协同作用。②与碱性药物配伍易发生分解，降低药效。

【应用注意】①禁止与碱性药物配伍使用，否则会转化成毒性更强的氰化物。②有机磷中毒，禁止使用油类泻剂促进排除。③同时使用阿托品时，阿托品的用量相应减少。

④大剂量静脉注射时可抑制呼吸中枢；注射速度过快会产生呕吐、心动过速、运动失调；如果药液漏注到血管外，有强烈的刺激性，用时须注意。⑤有机磷内服中毒的动物应先以2.5%碳酸氢钠溶液彻底洗胃；由于消化道后部也可吸收有机磷，应用本品至少维持48~72h，以防延迟吸收的有机磷加重中毒程度，甚至致死。⑥用药过程中定时测定血液胆碱酯酶水平，作为用药监护指标。血液胆碱酯酶应维持在50%~60%以上，必要时应及时重复应用本品。⑦有机磷中毒时越早应用本品越好。⑧本品应避光保存。因较难溶解，可加温40~50℃或振摇助溶。溶解后不稳定，久置能释放出碘，释放出碘后不宜继续使用。

【用法与用量】碘解磷定注射液，静脉注射：一次量，每1kg体重，犬、猫20mg。

氯解磷定（Pralidoxime Chloride）

又名氯化派姆、氯磷定。

【性状】本品为微带黄色的结晶或结晶性粉末；在水中易溶，在乙醇中微溶，在三氯甲烷、乙醚中几乎不溶。性质稳定，不易分解破坏，水溶性大，可供肌肉注射和静脉注射。

【药理作用】本品作用与碘解磷定相似，但其胆碱酯酶复活作用较强。作用快、副作用小，不能通过血脑屏障。对内吸磷、敌百虫、敌敌畏中毒超过48~72h也无效。

【适应症】用于解救有机磷酸酯类化合物中毒。

【药物相互作用】、【应用注意】见碘解磷定。

【用法与用量】氯解磷定注射液，静脉、肌肉注射：一次量，每1kg体重，犬、猫20mg。

双解磷（Trimedoxime，TMB44）

【药理作用】本品对胆碱酯酶的恢复作用比碘解磷定强3.5~6倍，作用持久，对缓解腹痛、呕吐等效果显著，不能通过血脑屏障，且副作用较大，对肝脏有损伤，故其应用不及氯解磷定好，有阿托品样作用。其水溶性较好，可配成5%溶液肌注或用葡萄糖生理盐水溶解后静注。

【用法与用量】见氯解磷定。

双复磷（Obidoxime Toxogonin，DMO_4）

【药理作用】本品作用比双解磷还强一倍，能通过血脑屏障，对缓解各种中毒症状效果均较好。副作用小，能通过血脑屏障，具有兴奋中枢的作用，对中枢神经性中毒症状有明显的改善作用。具有阿托品样作用，故对有机磷所致的烟碱样和毒蕈碱样症状均有效。本品水溶性大，可供静脉或肌肉注射。

【用法与用量】见氯解磷定。

二、氟乙酰胺解毒剂

氟乙酰胺、氟乙酸钠等是农业生产中广泛使用的杀虫剂、杀鼠剂。犬对这些药物非常敏感，其口服中毒致死量为0.05~0.2mg/kg体重。犬、猫常因误食毒饵或吃了被毒死的鼠类而引起中毒。

【毒理】氟乙酰胺进入机体后脱胺形成氟乙酸，氟乙酸与乙酰辅酶A作用，在缩合酶的作用下与草酰乙酸缩合生成氟柠檬酸，氟柠檬酸与柠檬酸结构相似，与柠檬酸竞争三羧酸循环中的顺乌头酸酶，从而阻碍柠檬酸转变为异柠檬酸，使三羧酸循环中断，ATP 生成不足，破坏组织细胞的正常功能。这种毒性作用发生于全身各个组织细胞，尤其是对心脏和脑组织损伤最严重，因为这些组织对能量的要求最迫切。中毒犬、猫表现为过度兴奋，疯狂奔跑，肌肉震颤，四肢抽搐，呕吐、流涎，瞳孔散大，体温高达 40.5～42℃，最后因呼吸抑制和心力衰竭而死亡。

【解毒原理】氟乙酰胺中毒的主要原因是在体内生成氟乙酸。乙酰胺的解毒机理是由于其化学结构与氟乙酰胺相似，乙酰胺的乙酰基与氟乙酰胺竞争酰胺酶后，使氟乙酰胺不能生成氟乙酸；乙酰胺被酰胺酶分解成乙酸，阻止氟乙酸对三羧酸循环的干扰，恢复组织正常代谢功能，从而消除有机氟对机体的毒性。

乙酰胺（Acetamide）

又名解氟灵。

【性状】本品为白色透明结晶；易潮解。在水中极易溶解，在乙醇或吡啶中易溶，在甘油或三氯甲烷中溶解。

【药理作用】本品对有机氟杀虫、杀鼠药氟乙酰胺、氟乙酸钠等中毒具有解毒作用，在体内与氟乙酰胺竞争酰胺酶后，使氟乙酰胺不能生成氟乙酸而达到解毒的目的。

【适应症】主要用于解救氟乙酰胺等有机氟中毒。

【应用注意】为减轻疼痛，肌肉注射时可与普鲁卡因或利多卡因合用。

【用法与用量】乙酰胺注射液，肌肉、静脉注射：一次量，每 1kg 体重，犬 0.1～0.3g，猫 0.05g，一日两次，连用 3d。

三、金属及类金属解毒剂

【毒理】金属汞、锑、铬、银、铅、铜、锰或类金属砷等大量进入动物机体内，与组织蛋白质和酶系统中的巯基结合，抑制酶的活性，从而影响组织细胞的生理功能，出现一系列的中毒症状。

【解毒原理】金属和类金属中毒的解毒药多为络合剂，常用的有：①巯基络合剂。其共同特点是在碳上的两个活性巯基与金属有强大的亲和力，能与机体组织中蛋白质或酶的巯基竞争与金属结合，并能夺取组织中已被酶系统结合的金属原子，使体内失活的巯基酶恢复活性，解除重金属或类金属引起的中毒症状。常用的药物为二巯丙醇、二巯丁二钠、青霉胺等。②金属络合解毒剂。依地酸钙钠等能与金属离子形成可溶性无毒络合物，从尿排出。

二巯丙醇（Dimercaprol）

【性状】本品为无色或几乎无色、易流动的澄明液体；有强烈的蒜臭味。在甲醇、乙醇或甲酸苄酯中极易溶解，在水中溶解，但水溶液不稳定。

【药理作用】本品为竞争性解毒剂，可与体内的金属和类金属结合，夺取已与巯基酶结合的金属，形成不易解离的化合物从尿中排出，使巯基酶恢复活性。最好在动物接触金属后 1～2h 内用药，超过 6h 则作用减弱。本品对急性金属中毒有效。动物慢性中毒时，由于被金属抑制过久的含巯基细胞酶活力已不可能再恢复，故疗效不佳。

肌肉注射后30min内血药浓度达峰值，维持作用2h，4h后几乎全部代谢、降解，以中性硫形式经尿迅速排出体外。

【适应症】主要用于砷、汞、锑中毒的解救，对铅、银中毒效果较差。

【药物相互作用】本品与依地酸钙钠合用，可治疗幼龄小动物的急性铅脑病。

【应用注意】①本品仅供肌注，局部用药可引起疼痛、肿胀，应深部肌肉注射。②本品对机体其他酶系统也有一定的抑制作用，过量时引起犬、猫大量流涎，呕吐、昏迷、震颤等，可用阿托品解救。③本品为竞争性解毒剂，应及早足量使用。④肝、肾功能不良的动物慎用。碱化尿液可减少复合物重新解离，从而使肾损害减轻。⑤本品可与硒、铁等金属形成有毒复合物，其毒性作用高于金属本身，故本品应避免与硒或铁盐同时应用。最后一次使用本品后，至少经过24h后才能应用硒、铁制剂。

【用法与用量】二巯丙醇注射液，肌肉注射：一次量，每1kg体重，犬4mg，猫3mg，以后每隔4h注射一次，剂量减半，直至痊愈。

依地酸钙钠（Calcium Disodium Edetate）

【性状】本品为白色结晶性或颗粒性粉末；在空气中易潮解，易溶于水。

【药理作用】本品为氨羧络合剂，能与多种金属离子络合形成无活性的可溶性的环状络合物，由组织释放到细胞外液，经肾小球滤过后从尿排出，起解毒作用。本品与各种金属的络合能力不同，其中与铅络合最好，对汞和砷无效。

本品对贮存在骨内的铅有明显的络合作用，而对软组织和红细胞中的铅则作用较小。由于本品有动员骨铅，并与之络合的作用，而肾脏又不可能迅速排出大量的络合铅，所以，超剂量应用本品，不仅对铅中毒的治疗效果不佳，而且可引起肾小管上皮细胞损害、水肿，甚至急性肾功能衰竭。

【适应症】主要用于铅中毒，也可用于铜、锰、铬、汞中毒的解救。

【应用注意】①对各种肾病和肾毒性金属中毒动物应慎用，对少尿、无尿和肾功能不全的患病动物应禁用。②不宜长期连续使用。③本品对犬有严重的肾毒性，犬的致死剂量为12g/kg。

【用法与用量】依地酸钙钠注射液，皮下注射：一次量，每1kg体重，犬、猫25mg，每日两次。

四、亚硝酸盐解毒剂

如果蔬菜贮存、加工处理过程不当，如腌制咸菜、酸菜后硝酸盐转化为亚硝酸盐，易使人或动物中毒。另外，误食硝酸铵（钾）等化肥可产生中毒。

【毒理】亚硝酸盐属于氧化剂毒物，亚硝酸根离子能将Fe^{2+}亚铁血红蛋白氧化成Fe^{3+}高铁血红蛋白。高铁血红蛋白含Fe^{3+}，常与羟基牢固结合而不能接受氧分子，失去携氧能力，使血液不能向组织供氧而中毒。临床症状表现为呼吸困难、黏膜发绀，血液呈酱油色，最后窒息死亡。

【解毒机理】应用高铁血红蛋白还原剂，如亚甲蓝，将高铁血红蛋白还原为亚铁血红蛋白，恢复其运氧功能。维生素C和葡萄糖也有弱的还原作用，在解救高铁血红蛋白症时可同时应用。

亚甲蓝（Methylthioninium Chloride）

又名美蓝。

【性状】本品为深绿色、有光泽的柱状结晶或结晶性粉末；无臭。易溶于水和乙醇。

【药理作用】本品既有氧化性，又有还原性，其作用与剂量相关。小剂量（1～2mg/kg）在体内脱氢辅酶作用下，还原成白色亚甲蓝，后者可将高铁血红蛋白还原成亚铁血红蛋白，恢复其运氧的功能。大剂量（≥5～10mg/kg）时在血中形成高浓度亚甲蓝，高铁血红蛋白脱氢酶的生成量不能使亚甲蓝还原，全部转变为还原型亚甲蓝，此时血中高浓度的氧化型亚甲蓝及代谢产物均由尿中缓慢排出；肠中未被吸收部分则由粪便排出，尿和粪便可染成蓝色。

【适应症】用于解救亚硝酸盐中毒。

【药物相互作用】与强碱溶液、氧化剂、还原剂和碘化物为配伍禁忌。

【应用注意】①本品注射液刺激性强，禁止皮下或肌肉注射。②本品溶液与多种药物为配伍禁忌，不得将其与其他药物混合注射。③静脉注射过快可引起呕吐、呼吸困难、血压下降、心率加快和心律失常。④用药后尿液呈蓝色，有时可产生尿路刺激症状。

【用法与用量】亚甲蓝注射液，静脉注射：一次量，每1kg体重，犬、猫1～2mg。

五、氰化物解毒剂

动物食入含氰苷的植物或误食氰化物可引起中毒。

【毒理】在正常生理状态时，细胞色素氧化酶是生物氧化体系中的一种酶，含 Fe^{2+} 色素，Fe^{2+} 色素在带氧时失去电子被氧化为 Fe^{3+} 色素，当 Fe^{3+} 色素中的氧被组织细胞利用后又得到电子还原为 Fe^{2+}。

氰化物中毒时，氰离子（CN^-）能迅速与氧化型细胞色素氧化酶的 Fe^{3+} 结合，形成氰化细胞色素氧化酶，从而阻碍酶的还原，抑制酶的活性，使组织细胞不能及时获得足够的氧，造成组织细胞缺氧而中毒。动物中毒后表现流涎、呕吐、心跳加快、黏膜鲜红、瞳孔散大、呼吸困难。重者抽搐、惊厥，常于几分钟内死亡。死前放血或死后血液呈鲜红色。

【解毒机理】目前，一般采用亚硝酸钠一硫代硫酸钠联合解毒。先用3%亚硝酸钠或亚硝酸异戊酯，使部分低铁血红蛋白氧化为高铁血红蛋白，由于高铁血红蛋白的 Fe^{3+} 与氰化物有高度亲和力，结合成氰化高铁血红蛋白，可以阻止氰化物与组织的细胞色素氧化酶结合，又因所形成的高铁血红蛋白还能夺取已与细胞色素氧化酶结合的氰离子，恢复酶的活性，从而产生解毒作用，但因氰化高铁血红蛋白仍可部分离解出 CN^- 产生毒性，所以，还应进一步用硫代硫酸钠解毒。

亚硝酸钠（Sodium Nitrite）

【性状】本品为无色或白色至微黄色结晶；无臭，味微咸，易潮解。易溶于水，水溶液不稳定。

【药理作用】本品为氧化剂，可使血红蛋白中的二价铁氧化成三价铁，形成高铁血红蛋白，后者中的 Fe^{3+} 与 CN^- 的亲和力比氧化型细胞色素氧化酶的 Fe^{3+} 强，可使已与氧化型细胞色素氧化酶结合的CN^-重新解离，恢复酶的活性。但高铁血红蛋白与CN^-结合后形成的氰化高铁血红蛋白，在数分钟后又逐渐解离，释出的CN^-又重现毒性，仅能暂时性地解除氰化物对机体的毒性，故应接着注射硫代硫酸钠。本品内服后吸收迅速，静脉注射立即起效。

【适应症】用于解救氰化物中毒。

【应用注意】①本品有扩张血管作用，注射速度过快时可致血压降低、心动过速、出汗、休克、抽搐，故注射速度不宜过快。注射时出现严重不良反应时应立即停止用药。②治疗氰化物中毒时，可引起血压下降，应密切注意血压变化。③用量不宜过大，否则发绀、呼吸困难等亚硝酸盐中毒的缺氧症状。

【用法与用量】亚硝酸钠注射液，静脉注射：一次量，犬、猫 0.1～0.2g。

硫代硫酸钠（Sodium Thiosulfate）

【性状】本品为无色、透明的结晶或结晶性细粒；无臭，味咸。在湿空气中易潮解，在干燥空气中有风化性。极易溶于水，在乙醇中不溶。

【药理作用】本品在肝内硫氰生成酶的催化下，与体内游离的或已与高铁血红蛋白结合的CN^-结合，变为无毒的硫氰酸盐排出体外。不能直接先用硫代硫酸钠，因为它和Fe^{3+}亲和力不强，结合速度极慢，不宜作为急救。本品还具有还原剂特性，在体内与多种金属、类金属形成无毒硫化物由尿排出，所以，也用于碘、砷、汞、铅、铋等中毒，但疗效不及二巯基丙醇。

【适应症】用于解救氰化物中毒，也用于碘、砷、汞、铅、铋等中毒。

【应用注意】①本品解毒作用缓慢，应先静脉注射亚硝酸钠，再缓慢注射本品，但不能将两种药液混合静注。②对内服中毒动物，还应使用本品的5%溶液洗胃，而后保留适量溶液于胃中。

【用法与用量】硫代硫酸钠注射液，静脉、肌肉注射：一次量，犬、猫 1～2g。

六、其他毒物中毒的解救

（一）敌鼠钠中毒与解救

敌鼠钠又名灭鼠灵、华法林，是一种强力抗凝血药物。中毒量为5～50mg。维生素K是肝脏合成凝血酶原和凝血因子所需生物酶的组成部分，由于敌鼠钠所含羟基香豆素的结构与维生素K相似，可竞争生物酶，使凝血酶原和凝血因子减少，血凝时间延长。中毒动物表现为多处出血，口腔黏膜、鼻和齿龈出血，随着出血量的增加，可视黏膜苍白、抽搐、昏迷死亡。解救时静脉注射维生素K_1、维生素K_3，每次10～30mg，溶于葡萄糖溶液，每日2～3次。

（二）蛇毒中毒与解救

犬、猫在野外活动时易被毒蛇咬伤，会引起急性中毒。蛇毒含有多种成分，如神经毒素、血液毒素、心脏毒素、细胞毒素和酶等。神经毒素释放乙酰胆碱，导致神经肌肉传导阻滞，肌肉麻痹、呼吸停止死亡。血液毒素含有凝血毒素和抗凝血毒素，使血液失去抗凝和促凝功能。心脏毒素使心肌细胞去极化，引起心力衰竭。细胞毒素使细胞坏死溶解。解救毒蛇咬伤，除了进行必要的伤口处理外，还要静脉注射单价或多价抗蛇毒血清。

（三）巴比妥盐中毒与解救

巴比妥类药物主要有苯巴比妥钠、戊巴比妥钠、硫喷妥钠，临床用于镇静、抗惊厥和麻醉，当使用不当或过量时引起动物中毒。本类药物为巴比妥酸的衍生物，后者能抑制丙酮酸氧化酶系统，从而抑制中枢神经系统，大剂量可直接抑制延脑呼吸中枢，引起死亡。中毒的犬、猫表现为呼吸浅表、所有刺激反射消失、瞳孔散大、四肢僵直、体温低于正常。除吸入含5%二氧化碳的氧气外，应用颉颃剂贝美格（美解眠），每1kg体重，10~20mg，加入10%葡萄糖溶液静脉滴注解救。

（四）士的宁中毒与解救

士的宁属于中枢神经兴奋药，由于安全量极小，在临床使用时可因用量过大或多次应用蓄积而引起中毒。动物表现为对外界刺激反应敏感、肌肉抽搐、呼吸困难、强直性痉挛、瞳孔散大，最后呼吸麻痹窒息死亡。出现明显中毒症状时，立即静脉注射苯巴比妥钠或戊巴比妥钠解救，剂量为每1kg体重25mg。

第三节　非特异性解毒药

非特异性解毒药又称为一般解毒药，是指阻止毒物继续被吸收和促进排出的药物，对多种中毒病均可应用。但由于其不具有特异性，所以仅作为解毒的辅助治疗。常用以下几类药物。

1. 中和剂

使用酸性药物中和碱性毒物，使用碱性药物中和酸性毒物。如动物食入磷化锌中毒后，立即用碳酸钠中和胃酸，减少磷化氢的生成。但应该注意，在使用中和剂时必须了解毒物的性质，否则反而加重毒性。常用的酸性解毒剂如0.5%~1%稀盐酸、醋酸等，碱性解毒剂如碳酸氢钠溶液、氧化镁和肥皂水等。

2. 氧化剂

使用氧化剂以破坏生物碱、糖苷和氰化物等，使毒物毒性减弱或消失，从而达到解毒的目的。常用的氧化剂为1%高锰酸钾溶液。但有机磷毒物禁止使用氧化剂，否则会使毒物毒性增强。

3. 颉颃剂

利用药物和毒物之间的颉颃作用来达到解毒的目的。常用的颉颃剂有阿托品、莨菪碱类、毛果芸香碱、新斯的明等。巴比妥类药物与士的宁、安钠咖、尼可刹米等药物有颉颃作用。

4. 吸附剂

使用吸附剂以吸附毒物，减少毒物在体内的吸收，达到解毒的目的。吸附剂一般不溶于水，机体不易吸收，除氰化物中毒外均可应用。但吸附剂不能改变毒物性质，时间过长，毒物会从吸附剂中脱离，所以应配合泻剂使毒物排出体外。常用的吸附剂为活性炭，配成2%～5%混悬液灌服。

5. *对症治疗药*

针对治疗过程中出现的危症采取紧急措施，包括预防惊厥、维持呼吸机能、维持体温、治疗休克、减轻疼痛、调节电解质和体液、增强心脏机能等。常用兴奋药、镇静药、强心药、利尿药、镇痛药、止血药、降温药、补血药和补液药等。如腹泻、呕吐和食欲废绝后为了维持电解质平衡、防止脱水，常采用5%葡萄糖或生理盐水等静脉注射；防止心功能紊乱用葡萄糖加维生素C。

复习思考题

1. 简述中毒病的急救原则。
2. 试述特异性解毒药的分类及主要药物。
3. 试述有机磷酸酯类药物中毒的机理、临床表现、解毒机理及常用解毒药。

（梁立）

第十六章　实训部分

第一部分　实验实训技能

实验实训技能一　实验动物的捉拿、固定方法

实验动物在不安状态下易造成伤亡和应激反应，致使实验无法进行，或造成数据不准确。捉拿和固定实验动物是为了便于操作，使其保持在安静状态下，保证实验的顺利进行。

1．鼠的捉拿与固定

用右手提起尾部，放在鼠笼盖或其他粗糙面上，向后上方轻拉，此时小鼠前肢紧紧抓住粗糙表面，迅速用左手拇指和食指捏住小鼠两耳和头颈部皮肤并以小指和手掌尺侧夹持其尾根部固定于手中。捉拿时力求准确、迅速、熟练；不可过分用力，以防小鼠窒息或颈椎脱臼；也不可用力太小，以防小鼠头部反转咬伤实验操作者的手。

这类捉拿方法多用于灌胃以及肌肉、腹腔和皮下注射等。若进行心脏采血、解剖、外科手术等实验时，就必须固定小鼠。使小鼠呈仰卧位（必要时先进行麻醉），用橡皮筋将小鼠固定在小鼠实验板上。如不麻醉，则将小鼠放入保定架里，固定好保定架的封口（图16－1）。

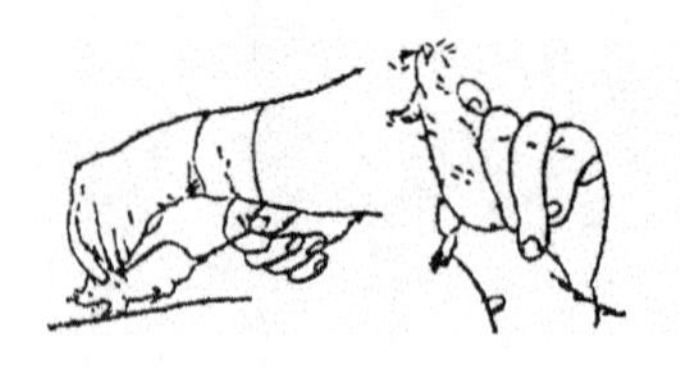
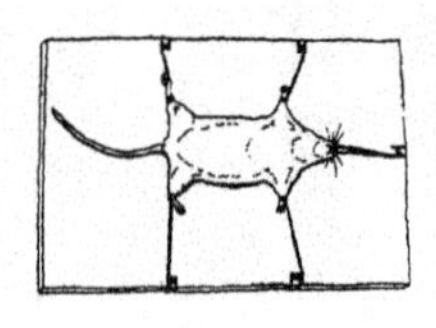
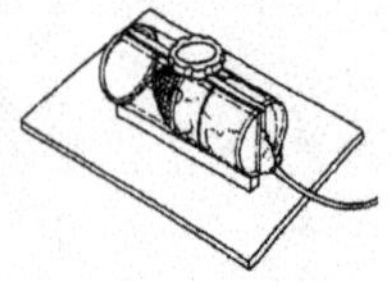

图16－1　小鼠的固定方法

2．大鼠的捉拿与固定

大鼠的捉拿有一些危险性，因大鼠受攻击时会咬人、抓人，尽量不用突然猛抓的办法。捉拿大鼠特别注意不能捉提尾尖，也不能让大鼠悬在空中时间过长，否则易激怒大鼠和易致尾部皮肤脱落。抓大鼠时若操作者不熟练，或者大鼠特别凶猛，操作者最好戴防护手套。

若是灌胃、腹腔注射、肌肉和皮下注射时，可采用与小鼠基本相同的手法，即用拇、食指捏住鼠两耳和头颈部皮肤，余下三指紧捏住背部皮肤，置于掌心中，调整大鼠在手中的姿势后即可操作（图16－2）。

图 16－2 大鼠的固定方法

另一个方法是张开左手虎口，迅速将拇、食指插入大鼠的腋下，虎口向前，其余三指及掌心握住大鼠身体中段，并将其保持仰卧位，之后调整左手拇指位置，紧抵在下颌骨上（但不可过紧，否则会造成窒息），即可进行实验操作。

3. 豚鼠的捉拿与固定

豚鼠性情温顺不咬人，可用左手直接从背侧握持前部躯干，体重小者用一只手捉持，体重大者宜用双手，右手托住臀部（图 16－3）。

图 16－3 豚鼠的捉拿方法

4. 兔的捉拿与固定

捉拿时一手抓其颈背部皮肤，轻轻将兔提起，另一手托住其臀部（图 16－4）。不应采取抓提兔的双耳、腰部或四肢的方法，以免造成耳、肾、颈椎的损伤或皮下出血。

兔的固定有用手固定和用固定器固定两种方法。用手固定由助手一只手抓住兔颈背部皮肤，另一只手抓住兔的后两肢，牢牢固定在试验台上，见图 16－5（a）。也可坐在椅子上用一只手抓住兔的颈背部皮肤，另一只手抓住后两肢并用大腿夹住兔的下半身，然后用空着的一只手抓住前两肢，见图 16－5（b）。

兔的固定器有盒式和台式两种（图 16－6）。这类固定方法适用于采血、注射、外科手术等。绑缚兔四肢时，应将粗棉带打成活结，不能系死结，以免在紧急情况下迅速松绑困难，造成动物四肢骨折或其他部位的损伤。

图 16－4 兔的捉拿方法

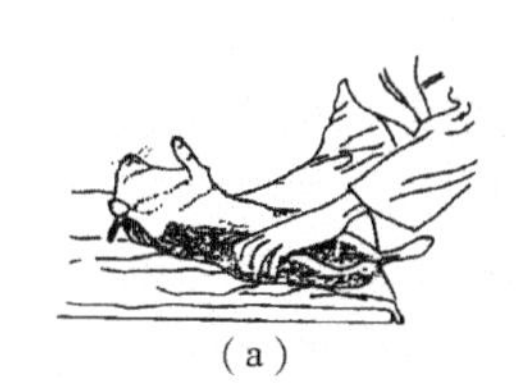
（a）

（b）

图 16－5 兔的固定方法

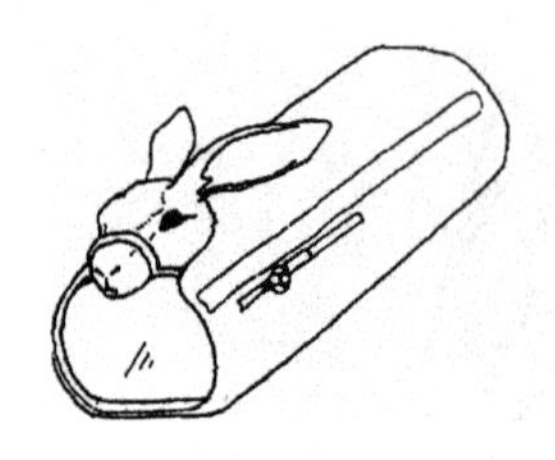
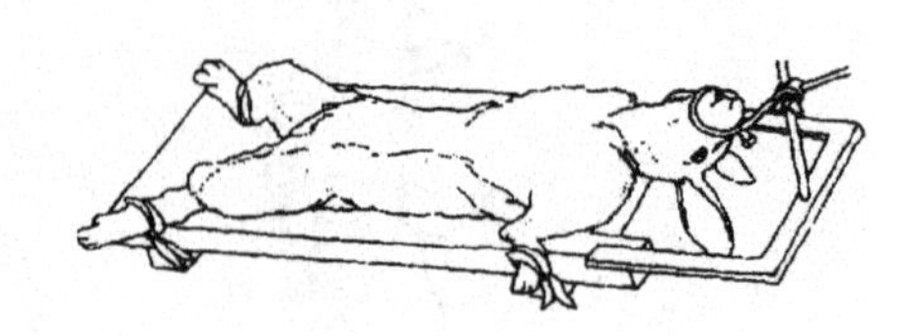

图 16-6 兔的固定器

5. 犬的捉拿与固定

未经训练和调教的犬性情凶恶，为防止在固定时被其咬伤，应对其头部进行固定。捉拿犬时可用特制的长柄犬夹夹住犬的颈部，用长一米左右的绷带，打一个猪蹄扣套在鼻面部，使绷带两端位于下颌处并向后引至颈部打结固定（图 16－7）。也可使用网口的方法，即用皮革、金属丝或棉麻制成的口网，套在犬口部，并将其附带结于耳后颈部防止脱落。

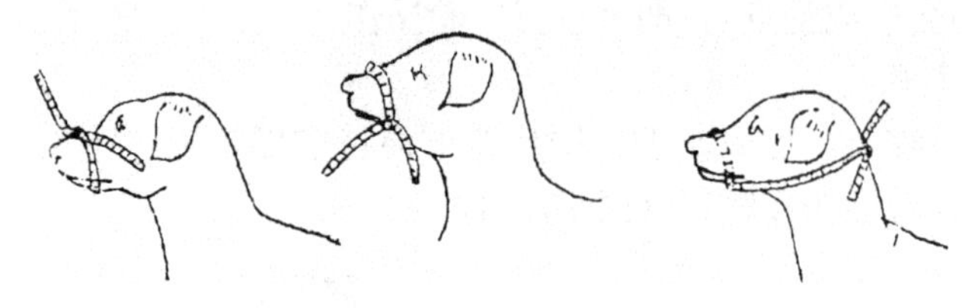

图 16－7 绑犬嘴方法

犬的固定，常用手术台，将犬紧绑在台上的两边木楔上，如须仰卧，其嘴可以固定在犬头固定器上（图 16－8），绑右边前肢的绳应穿过后背，压在左边前肢的臂上，然后再扎紧在桌边的木楔上。绑左边前肢时，绳子也要穿过后背、压在右前肢的前臂上。两个后肢可分别绑在靠在桌边的木楔上，此时犬就全然不动了（图 16－9）。

图 16－8 犬的固定器

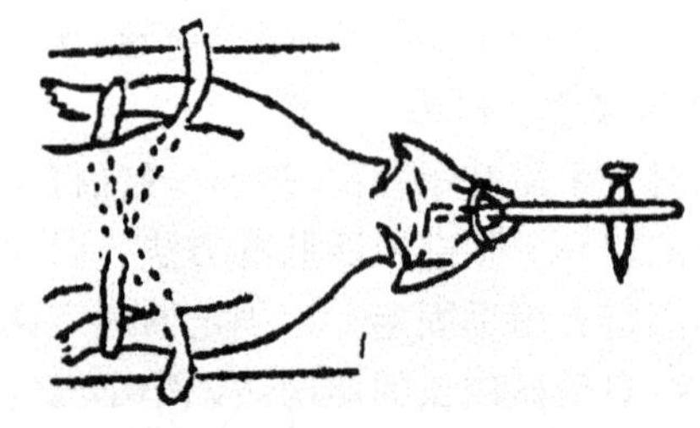

图 16－9 犬的固定

6. 猫的捉拿与固定

温顺的猫可用一只手抓住猫的肩背部皮肤将其提起，另一只手抓住其前肢并托住猫，然后将其夹在腋下；也可用一只手抓住猫颈部皮肤，另一只手抓住猫腰部皮肤，将其按压在台上（图 16－10）。未经驯服或性情凶暴的猫，捉拿时需谨慎，可用布袋或网捕捉，为防止抓伤，应戴皮手套，暴露出的必要部位进行注射或采血等操作。

用固定架固定猫时，方法基本同兔固定法。

7. 蛙类的捉拿与固定

通常以左手握持，用食指和中指夹住左前肢，用拇指压住右前肢，将下肢拉直，用无名指及小指夹住（图 16－11）。捉拿蟾蜍时，注意不要挤压其两侧耳部突起的毒腺，以免毒液溅入操作者的眼中。实验如需长时间的观察，可破坏其脑脊髓（观察神经系统反应时除外），或麻醉后用大头针固定在蛙板上，可按实验需要采取俯卧位或仰卧位。

图 16－10 猫的固定

图 16－11 蛙的捉拿方法

实验实训技能二 实验动物的给药方法

在动物实验中，为了观察药物对机体生理功能、生化代谢等引起的变化，常需将药物注入动物体内。给药的途径和方法是多种多样的，可根据实验目的、实验动物种类和药物剂型、剂量等情况确定。

1. *灌胃法*

灌胃法是用灌胃器将药物灌到动物胃内，此法剂量准确，适用于小白鼠、大白鼠、家兔等动物。

(1) 小鼠、大鼠（或豚鼠）的灌胃法：左手固定鼠，右手持灌胃器（带灌胃针头的注射器，事先将药液吸好），将灌胃针从鼠的嘴角插入口腔，轻轻转动针头刺激鼠的吞咽，沿咽后壁慢慢插入食道（图 16－12）。鼠应固定成垂直体位，使口腔与食道成一直线，针头插入时应无阻力，若感到阻力或动物挣扎时，应立即停止进针或将针拔出，以免损伤或穿破食道以及误入气管。一般当灌胃针插入小鼠 3～4cm，大鼠或豚鼠 4～6cm 后可将药物注入。常用的灌胃量小鼠为 0.2～1ml，大鼠 1～4ml，豚鼠为 1～5ml。

图 16－12 小鼠灌胃方法

(2) 犬、兔、猫的灌胃法：犬灌胃时，先固定好犬，用纱布绑住犬嘴，左手抓住犬嘴部，右手持用温水湿润过的 12 号灌胃管，将犬右侧嘴角轻轻翻出，摸到最后一对臼齿后的天然空隙，胃管由此空隙顺食管方向不断插入约 20cm，可达胃内，将胃管另一端插入水中，如不出气泡，表示确已进入胃，而没误入气管内，即可灌入药物（图 16－13）。

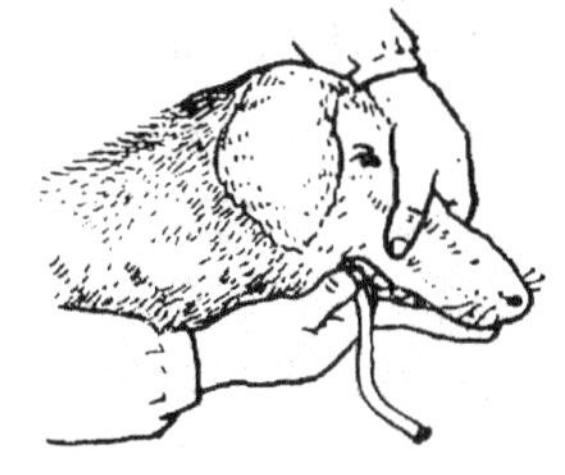

图 16－13 犬灌胃方法

图 16－14 兔灌胃方法

兔灌胃时，将兔固定在固定盒内，左手虎口卡住并固定好兔嘴，右手取 14 号细导管，由右侧唇裂避开门齿，将导管慢慢插入，如插管顺利，动物不挣扎，插入约 15cm 时，即表示插入胃内，将药液注入。也可用开口器放入兔的上下颚之间，将兔舌压在开口器下面，固定好开口器，将导管由开口器中央小孔插入（图 16—14）。

猫的灌胃法与兔基本相似，使用开口器灌胃。常用的灌胃量：家兔为 80～ 150ml，犬为 200～ 500ml。

2. 皮内注射

皮内注射时需将注射的局部脱去被毛，消毒后用左手拇指和食指按住皮肤并使之绷紧，在两指之间用皮试针头紧贴皮肤表层刺入皮内（表皮与真皮之间），然后再向上挑起并再稍刺入，即可注射药液，此时可见皮肤表面鼓起一白色小皮丘。此小泡如不很快消失，则证明注射液确实注入皮内，否则可能注入皮下，应重换部位注射。注射量：小鼠一般最多不得超过 0.05ml，大鼠、豚鼠、兔一般为 0.1ml。

3. 皮下注射

注射时以左手拇指和食指提起皮肤，右手持注射器，将注射针刺入皮下（真皮下）。若针头容易摆动，则证明针头已在皮下。推送药液后，缓慢拔出注射针，稍微用手指按压针刺部位片刻，以免药物外漏。

皮下注射部位一般小鼠在颈背部皮肤；大鼠在背部或侧下腹部；豚鼠在后大腿的内侧、背部、肩部等皮下脂肪少的部位；兔在背部或耳根部；犬、猫多在大腿外侧；蛙可在脊背部淋巴腔注射。

4. 肌肉注射

肌肉注射应选肌肉发达、无大血管通过的部位，一般多选臀部。注射时垂直迅速刺入肌肉，回抽针栓如无回血，即可进行注射。给小白鼠、大白鼠等小动物作肌肉注射时，用左手抓住鼠两耳和头部皮肤，右手取连有 5 号半针头的注射器，将针头刺入大腿外侧肌肉，将药液注入。

5. 腹腔注射

大鼠、小鼠腹腔注射时，用左手抓住动物，使腹部向上，头部略低于尾部，右手将注射针头在下腹部腹白线稍左或稍右的位置刺入皮下，针头与皮肤呈 45°角方向穿过皮下、腹肌刺入腹腔。针尖进入腹腔时可有抵抗消失感，抽吸无回血或尿液，此时可轻轻推注药液。小鼠的一次注射量为 0.1～ 0.2ml/10g；大鼠的一次注射量为 1～ 2ml/10g。兔的注射部位为下腹部的腹白线离开 1cm 处。

6. 静脉注射

（1）小鼠和大鼠尾静脉注射：鼠尾静脉有三根，左右两侧及背侧各一根，常选用左右两侧尾静脉注射，背侧一根也可采用，但位置不容易固定。操作时先将动物固定在鼠筒内或扣在烧杯中，使尾巴露出，尾部用 45～ 50℃的温水浸润半分钟或用酒精擦拭使血管扩张，并可使表皮角质软化，以左手拇指和食指捏住鼠尾两侧，使静脉充盈，用中指从下面托起尾巴，以无名指和小指夹住尾巴的末梢，右手持注射器连 4 号半细针头，使针头与静脉平行（小于 30℃），从尾下 1/4 处（约距尾尖 2～ 3cm）处进针，此处皮薄易于刺入，先缓注少量药液，如无阻力，表示针头已进入静脉，可继续注入。注射完毕后把尾部向注射侧弯曲以止血。如需反复注射，应尽可能从末端开始，以后向尾根部方向移动注射（图 16—15）。

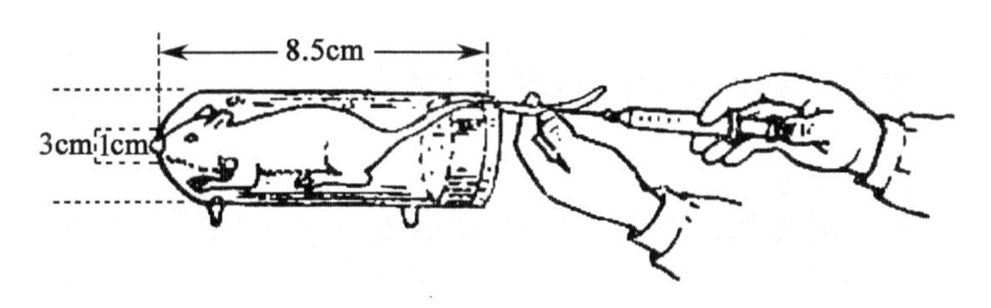

图 16－15　小鼠尾静脉法

(2) 兔耳静脉注射：兔耳部血管分布清晰，外耳缘静脉表浅易固定，所以，静脉注射用药时常用；内缘静脉深不易固定，故不用（图 16－16）。注射前，先将兔置于固定盒内，拔去注射部位的被毛，用手指弹动或轻揉兔耳，使静脉充盈，左手食指和中指夹住静脉的近端，拇指绷紧静脉的远端，无名指及小指垫在下面，右手持注射器连 6 号针头尽量从静脉的远端刺入，移动拇指于针头上以固定针头，放开食指和中指，将药液注入，然后拔出针头，用手压迫针眼片刻（图 16－17）。

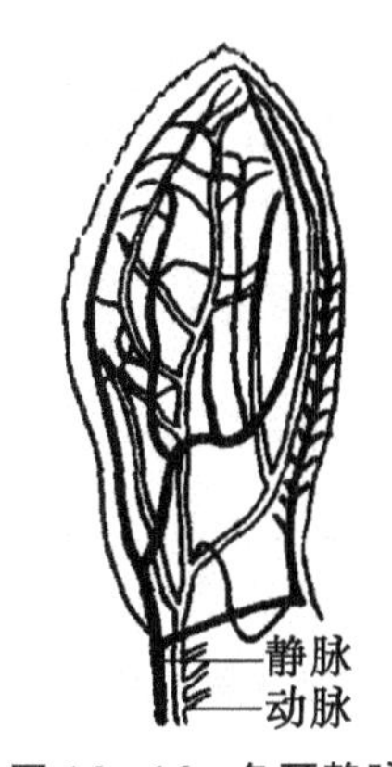

图 16－16　兔耳静脉

图 16－17　兔耳缘静脉注射方法

(3) 豚鼠的静脉注射：一般采用前肢皮下头静脉或后肢小隐静脉或趾间静脉注射，此外，耳缘静脉也可注射。豚鼠的静脉管壁较脆，注射时应特别注意。

(4) 犬的静脉注射：犬静脉注射多采用前肢内侧皮下头静脉（图 16－18）或后肢小隐静脉（图 16－19），前肢内侧头静脉比后肢小隐静脉粗一些，且较易固定，故常用。注射前由助手将犬侧卧，剪去注射部位的被毛，用胶皮带扎紧（或用手抓紧）静脉近端，使血管充盈，从静脉的远端将注射针头平行刺入血管，待有回血后，松开绑带（或两手），缓缓注入药液。

图 16－18　犬前肢头静脉注射

图 16－19　犬后肢小隐静脉注射

实验实训技能三　动物实验的手术基本操作

1. 切开方法

在进行切开之前，必须熟悉切开部位的解剖结构，如组织的层次、各层的厚度、血管神经的分布及重要器官的表面投影等。根据实验要求确定手术切口的部位和大小。切开时先绷紧皮肤，将刀刃与皮肤垂直，用力要得当，一次切开皮肤全层，务求切口整齐不偏斜，厚度均匀。切开皮及皮下组织时，一定要求按解剖层次逐层切开，注意止血，避免损伤深层的重要组织器官。持刀的姿势视切口的大小而定，切口大的可采用执弓式，小切口则用执笔式。有时为防止损伤深层组织而将刀刃朝上，用反挑式切开。

2. 止血方法

止血是手术操作中的重要一环，下列止血方法可根据具体情况灵活应用。

（1）预防性止血：术前1～2h内使用一些能提高血液凝固性的药物，以减少术中出血。常用的预防性止血剂有10％氯化钙、10％氯化钠溶液。

局部麻醉时，配合应用肾上腺素，如在1 000ml普鲁卡因溶液中加入0.1％盐酸肾上腺素注射液2ml，利用其收缩血管的作用，减少手术部位的出血。在四肢末梢、阴茎、尾部手术时，为避免出血过多，可在手术部位的上方缠以止血带，待手术部位彻底止血后松开。

（2）术中止血：①压迫止血：术中出血可先用温热无菌纱布（拧干）按压片刻，微小血管的出血可停止。切勿用纱布擦拭，以减少组织损伤。②钳夹结扎止血：用止血钳准确地逐个将出血点夹住，再用丝线结扎。对较大的血管应先行将血管与周围的组织分离后，用两把钳夹住血管，再在两把钳之间把血管切断、结扎。大的动脉应作双重结扎或贯穿结扎。③缝合止血：肝、肾等实质性脏器的创面出血，可作褥式缝合止血。重要的血管损伤应缝合修复。④止血剂止血：骨面出血可用骨蜡，广泛剥离的渗血和实质性脏器的创面出血可用明胶海绵或淀粉海绵或止血粉充填压迫止血。⑤填塞止血：深部组织出血一时不易止住时，可用热盐水纱布垫加压充填止血。但纱布留置时间不宜太长，应逐步将出血点予以缝扎或结扎。⑥电烙、烧灼止血：用电热烧灼的方法使蛋白凝固而达到止血的目的。采用此法应控制电流强度，以凝固点组织呈白色为度。如电流过大，可损伤周围组织，灼成焦痂反而不易止血。在慢性实验，电烙止血、烧灼止血均不宜用于皮缘的止血，以免影响切口愈合。

3. 组织分离方法

在手术操作过程中常要将一部分组织与另一部分组织分离开，以便充分暴露深部组织，造成手术径路，切除病灶等。组织分离的方法有以下两种：①锐性分离：用刀、剪等锐性器械做直接切割的方法。一般用于皮肤、黏膜、各种组织的精细解剖和紧密黏连的分离。②钝性分离：用刀柄、剥离器、止血钳、手指等分离肌肉、筋膜间隙的疏松结缔组织的方法。软组织分离要求按解剖层次逐层分离，保持视野干净、清楚。原则上以钝性分离为主，必要时也可使用刀、剪。

4. 打结

打结是外科手术中最基本的操作方法之一，正确而牢固的打结是结扎血管和缝合的重要环节，熟练的打结，可以缩短手术时间。

(1) 常用的手术结：主要有方结、外科结和三叠结。①方结（平结）：由两个单结合成，第二个单结与第一个单结的方向相反，为术中最常用的结，用于结扎小血管和各种组织的缝合的打结，不容易脱落。②外科结：打第一个结时绕两次，摩擦面较大，打第二个单结时不易松脱，比较牢固可靠，用于张力大的组织缝合、大血管的结扎和皮肤缝合。③三叠结（加强结）：即三个相反方向的单结叠加，比较牢固，用于结扎有张力的组织缝合。

(2) 常用的打结方法：打结时，第一个单结应较缓慢而持续用力，第二个单结应交错紧贴于第一个单结之上。用力时，应使线两头牵拉点与结扎点同在一直线上，防止将结扎点拉脱。剪去线头时，深部丝线结应在距线结约 2mm 处剪断，线头不宜过短，以免线结脱落。如为肠线结，更应多留几毫米。皮下的丝线结在靠近线结处剪断。皮肤的缝线则要留下 1cm 的线头以作拆线时牵引之用。常用的打结方法有三种：①单手打结法：此法简便迅速，应用最广。左右手均可应用。②双手打结法：此法较单手打结稍繁，适于线头较短，组织张力较大时应用。一般第一结用左手打，第二结用右手打。③器械打结法：此法简便，一般用于线头短、手术深部的打结。

5. 缝合

(1) 缝合的材料：缝合用的线有丝线、肠线、金属线等。各种缝合线均有粗细不同的规格。一般以阿拉伯数字表示“号”数，数字越大，线的直径越粗。小于 1 号的线用“0”、“00”等表示，0 越多则线越细。

(2) 常用的缝合方法：①间断缝合：最常用，一般组织的缝合均可用此法。②连续缝合：常用于缝合腹膜及胃肠道等，缝合速度快并有一定的止血作用，但一处断开即整个缝线松脱。③毯边缝合：每针都交锁的一种连续缝合，边缘对齐，有止血作用，常用于胃肠吻合时缝合胃肠壁全层。④褥式缝合：有垂直和水平两种褥式缝合，水平褥式缝合还可连续进行，适于将缝合的边缘外翻或内翻的缝合。⑤荷包缝合：常用于缝合胃肠道小穿孔，包埋阑尾残端及胃肠、胆囊等放置造瘘引流管。⑥“8”字形缝合：常用于缝合筋膜、腱膜、肌肉等。⑦减张缝合：对组织张力大或身体状况差的伤病动物，除分层缝合外应用减张缝合以防止伤口裂开。用粗丝线从皮缘 2～ 2.5cm 处进针，缝线内包括筋膜的宽度应较皮肤稍大，结扎时套上一段细胶管以防皮肤被割裂，并注意勿结扎过紧，使在组织肿胀时不致产生缺血性坏死。

实验实训技能四　实验动物的采血方法

采血方法的选择主要决定于实验的目的和所需血量以及动物种类。当需血量少时可刺破组织取毛细血管的血；需血量较多时可作静脉采血。

1. 小鼠、大鼠的采血方法

(1) 剪尾尖采血：需血量很少时常用本法，如作血细胞计数、血红蛋白测定、制作血涂片等。将鼠装入固定器内，露出鼠尾，用手擦揉或置于 45～ 50℃温水中浸泡数分钟，或用二甲苯涂擦，使尾静脉充血后，剪去尾尖约 5mm，从尾根向尾尖推挤，即可收集到少量血液。采血后消毒、止血。如需反复采血，可将鼠尾每次剪去一小段。用此法每只鼠一般可采血 10 余次。小鼠每次可采血约 0.1ml，大鼠约 0.4ml。

（2）尾静脉切割采血：用锋利刀片在尾静脉上切一小口，血液即流出，每次可采血0.3～0.5ml。三根静脉可以轮换切割，并由尾尖部逐渐向尾根部切割。采血后用棉球压迫止血。

（3）尾静脉穿刺：方法同大、小鼠的尾静脉注射给药，用注射器往外抽血。

（4）眼眶后静脉丛采血：用拇指和食指、中指捏住鼠颈部，利用捏紧的压力，使静脉丛淤血。将一特制硬玻璃吸管（约长15cm，前端拉成管壁略厚的毛细管），由内眦向眼眶后壁刺入，平行地向喉头方向推进，深约4～5mm即达静脉丛。轻轻转动吸管并稍缩回一点，血即进入管内。小鼠一次可采血0.2～0.3ml，大鼠一次可采血0.5～1.0ml。

（5）颈（股）静脉或颈（股）动脉采血：将鼠麻醉，剪去一侧颈部外侧被毛，作颈静脉或颈动脉分离手术，用注射器即可抽出所需血量。

（6）心脏采血：先将动物固定好（或麻醉后仰卧固定），在左胸3～4肋间摸到心搏最强处，右手持注射器垂直胸壁由此进针，当感到有落空感时，可注意到针尖随心搏而动，这时已插入心脏，血液依心搏的力量自然进入注射器，采血完毕，缓慢抽针，压迫止血。如无血液流入注射器，可一边进针或退针，一边抽吸。注意只能上、下垂直进针、退针，切不可左右、前后摆动针头，以免刺破心脏。要缓慢而稳定地抽吸，否则会因真空度太高使心脏塌陷。

（7）摘眼球采血：此法常用于鼠类大量采血。采血时用左手固定动物，压迫眼球，尽量使眼球突出，右手用镊子或止血钳迅速摘除眼球，眼眶内很快流出血液。

（8）断头采血：用剪刀迅速剪掉动物头部，立即将动物颈朝下，提起动物，血液可流入已准备好的容器中。

2. 豚鼠的采血方法

（1）耳缘切口采血：耳缘消毒后，用刀片沿血管方向割破耳缘，切口约长0.5cm，在切口边缘涂上20%的柠檬酸钠溶液，防止血凝，则血可自切口处流出。此法每次可采血约0.5ml。

（2）足背正中静脉采血：固定豚鼠，将其右或左后肢膝关节伸直，脚背消毒，找出足背正中静脉，左手拇指和食指拉住豚鼠的趾端，右手将注射针刺入静脉，拔针后立即出血。

（3）心脏采血：方法同大鼠、小鼠的心脏采血。

3. 兔的采血方法

（1）耳静脉采血：将兔固定，拔去耳缘静脉局部的被毛，消毒，用手指轻弹兔耳，使静脉扩张，用针头刺耳缘静脉末端，或用刀片沿血管方向割破一小切口，血液即流出。本法为兔最常用的采血方法，可多次重复使用。

（2）耳中央动脉采血：在兔耳中央有一条较粗的、颜色较鲜红的中央动脉。用左手固定兔耳，右手持注射器，在中央动脉的末端，沿着与动脉平行的向心方向刺入动脉，即可见血液进入针管。由于兔耳中央动脉容易痉挛，故抽血前必须让兔耳充分充血，采血时动作要迅速。采血所用针头不要太细，一般用6号针头，针刺部位从中央动脉末端开始，不要在近耳根部采血。

（3）颈动脉、颈静脉采血：方法同小鼠、大鼠的颈动脉、颈静脉采血。

（4）心脏采血：使家兔仰卧固定，穿刺部位在3～4肋间，针头刺入心脏后，持针手可感觉到兔心脏有节律的跳动。此时如还抽不到血，可以前后进退调节针头的位置，注意切不可使针头在胸腔内左右摆动，以防弄伤兔的心、肺。经6～7d后可以重复进行心脏采血。

4. 犬的采血方法

（1）后肢外侧小隐静脉采血：后肢外侧小隐静脉位于后肢胫部下1/3的外侧浅表皮下，由前侧方向后行走。采血时，将动物固定，局部剪毛、消毒，采血者左手紧握剪毛区上部或扎紧止血带，使下部静脉充血，右手用连有6号或7号针头的注射器刺入静脉，左手放松，以适当速度抽血即可。

（2）前肢背侧皮下头静脉采血：前肢背侧皮下头静脉位于前脚爪的上方背侧的正前位。采血方法同上。

（3）颈静脉采血：前两种方法需技术熟练，且不适于连续采血。大量或连续采血时，可采用颈静脉采血，方法同小鼠、大鼠的颈静脉采血方法。

（4）股动脉采血：本法为采取动脉血最常用的方法。操作简便，稍加训练的犬，在清醒状态下将犬卧位固定于犬解剖台上。伸展后肢向外伸直，暴露腹股沟三角动脉搏动的部位，剪毛、消毒，左手中指、食指探摸股动脉跳动部位，并固定好血管，右手取连有5号半针头的注射器，针头由动脉跳动处直接刺入血管，若刺入动脉一般可见鲜红血液流入注射器，有时还需微微转动一下针头或上下移动一下针头，方见鲜红血液流入。有时可能刺入静脉，必须重抽。抽血毕，迅速拔出针头，用干药棉压迫止血2～3min。

5. 鸟类的采血方法

常从翼下静脉取血。将翅膀展开，露出腋窝部，将腋毛拔去，即可见到明显的翼根静脉，呈深蓝色。此静脉是由翅根进入腋窝的一条较粗的静脉。由助手将鸟固定好，用碘酒、酒精消毒皮肤。抽血时用左手拇指、食指压迫此静脉的向心端，使血管充盈。右手取连有6号针头的注射器，针头由翅根向翅膀方向沿静脉平行刺入血管内，即可采血。完毕后压迫止血。如需取更多的血，可暴露颈动脉，插入一根细塑料管进行放血。

【附】常用抗凝剂的配制及应用

1. 枸橼酸钠

常用浓度3.8％，1份枸橼酸钠溶液可使9份血液不凝固。抗凝作用弱，碱性较强，不宜做化学检验用，常用于动物血压实验。实验动物不同，应用浓度有差别。如犬用枸橼酸钠浓度为5％～6％，兔为5％，猫则用复方抗凝剂，即枸橼酸钠2％加硫酸钠25％。

2. 肝素

市售肝素钠注射液每支（2ml）含肝素12 500IU（相当于肝素钠125mg，即1mg相当于100IU）。体内抗凝：静注500～1 000IU/kg。体外抗凝：将1％肝素溶液0.1ml放于试管内，均匀浸湿管壁，放入烘箱（80～100℃）烤干。每管能使10ml血液不凝固。

3. 草酸钾

将1％草酸钾0.2ml放于试管内，均匀浸湿管壁后，放入烘箱（80℃）烤干，包好备用。每管能使10ml血不凝固。

4. 草酸钾—草酸铵混合剂

草酸钾0.8g、草酸铵1.2g，加蒸馏水至100ml。取此液0.5ml放于试管中，均匀浸湿管壁，烘干备用。每管可使5ml血不凝固。此剂适用于红细胞比值测定，但不能用于血液非蛋白氮的测定。

实验实训技能五　常用药物制剂的配制

制剂是依据《中华人民共和国兽药典》《中国兽药规范》等制备的具有一定规格和形态的药物制品。这里主要介绍溶液剂和酊剂的配制。

一、溶液剂的配制

1. 溶液浓度的表示法

在一定量的溶剂或溶液中所含溶质的量叫溶液的浓度。溶剂或溶液的量可以是一定的重量（克、克分子等），或是一定体积（毫升、升等）。溶质的量也可用重量或体积来表示。因此，有各种不同的浓度表示法，常用的有百分浓度表示法和比例法。

（1）百分浓度表示法：①重量与重量的百分浓度表示法：常以%（w/w）或%（g/g）表示，即在100g溶液中所含溶质的克数。如稀盐酸，即在100g稀盐酸溶液中含HCl气体是10g。②重量与体积的百分浓度表示法：常以%（g/ml）或%（v/v）表示，即在100ml溶液中所含溶质的克数。如10%氯化钠溶液，即100ml氯化钠溶液中含氯化钠10g。在药学中，当溶液中的溶质是固体或气体时，一般用克/毫升（g/ml）的百分浓度表示法。③体积与体积的百分浓度表示法：常以%（ml/ml）或%（v/v）表示，即在100ml溶液中所含溶质的毫升数。如75%的乙醇，即在100ml溶液中含乙醇75ml。在药学中，当溶质是液体时，一般常用ml/ml的百分浓度表示。

（2）比例法：有时用于稀释溶液的浓度计算。如高锰酸钾溶液1∶5 000，即表示在5 000ml中含有1g的高锰酸钾。

2. 溶液浓度稀释法配制溶液剂

（1）反比法

$$C_1 : C_2 = V_2 : V_1$$

C_1、V_1、C_2、V_2分别代表高浓度溶液的浓度和体积、低浓度溶液的浓度和体积。

例如：将95%乙醇用蒸馏水稀释成75%乙醇100ml，按照公式计算：

$$95 : 75 = 100 : x$$

$$x = 78.9\ (\text{ml})$$

结果为取95%乙醇78.9 ml，加蒸馏水稀释至100ml，即成75%的乙醇。

（2）交叉法

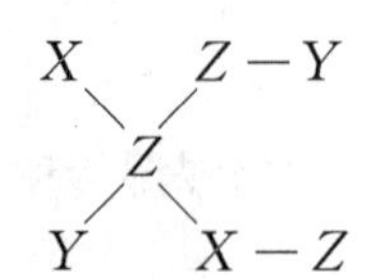

X、Y分别为已知高浓度和低浓度；Z为需配中间浓度；$Z-Y$、$X-Z$分别为已知高浓度和低浓度溶液的体积。

例如：用95%乙醇和40%乙醇稀释成70%乙醇，按照公式计算：

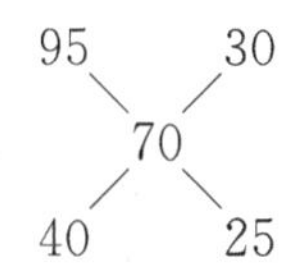

结果为取95%乙醇30ml和40%乙醇25ml混合搅拌，即成70%乙醇。

（3）简便法：如要将95%乙醇稀释为75%，可取95%乙醇75ml，蒸馏水加至95ml即得。同法可用于稀释任何浓溶液。

二、酊剂的配制

1. 酊剂的配制法

有溶解法、稀释法、渗滤法和浸渍法4种。这里仅介绍前两种。

（1）溶解法：将某种药物加入适量浓度的醇中溶解，过滤即得。如碘酊。

（2）稀释法：将浓酊剂，用醇稀释至规定浓度，静置24h，过滤即得。

2. 碘酊（5%）的配制

【处方】碘片2g，碘化钾1g，纯化水及95%乙醇加至40ml。

【制法】先将碘化钾1g放入烧杯中，加水和醇的等量混合液20ml使其溶解后，再将碘片包入纱布囊内悬挂于液面，使碘溶解，最后加余量的水和醇等量混合液冲洗纱布囊，至体积为40ml。

【注意事项】溶解碘化钾时应尽量少加水，最好配成饱和或过饱和溶液；将碘在碘化钾饱和溶液中溶解后，应先加入乙醇后加水。如果先加水后加乙醇或加少量低浓度乙醇（含醇量低于38%时），均会析出沉淀。

第二部分　实验实训项目

实验实训一　药物的配伍禁忌

【目的要求】熟悉药物的配伍禁忌，培养学生在开写处方时能正确配用药物。

【实验材料】

1. 器材：电子秤、试管架、试管、1ml注射器、5号针头、药匙、乳钵、鼠笼。

2. 药品与试剂：蒸馏水、液体石蜡、水合氯醛、樟脑、樟脑酮、10%磺胺嘧啶钠注射液、维生素B_1注射液、青霉素G钾溶液、1.25%盐酸四环素溶液、0.1%盐酸肾上腺素注射液、5%碳酸钠溶液、0.3%戊巴比妥钠溶液、1%安钠咖注射液、4%硫酸镁注射液、5%氯化钙注射液。

3. 实验动物：小白鼠4只。

【实验方法】

1. 物理性配伍禁忌：①取樟脑酮1ml，放入试管内，加入蒸馏水1ml，混匀，静置3min，观察现象。②取液体石蜡3ml，放入试管内，加入蒸馏水3ml，混匀，静置3min，观察现象。③取水合氯醛2g，置乳钵内，加入樟脑2g，研磨，观察有无分离、析出、潮解、液化等现象。

2. 化学性配伍禁忌：①取10%磺胺嘧啶钠注射液1ml，放入试管内，加入维生素B_1注射液1ml，混匀，观察现象。②取青霉素G钾溶液1ml，放入试管内，加入1.25%盐酸四环素溶液1ml，混匀，观察现象。③取0.1%盐酸肾上腺素注射液1ml，放入试管内，加入5%碳酸钠溶液1ml，混匀，观察有无沉淀、产气、变色、爆炸或燃烧等现象。

3. 药理性配伍禁忌：①取小白鼠2只，称重。其中1只肌肉注射1%安钠咖注射液0.1ml/10g。5min后两鼠分别腹腔注射0.3%戊巴比妥钠溶液0.2ml/10g，观察两只小白鼠反应有何不同。②取小白鼠2只，均肌肉注射4%硫酸镁注射液0.2ml/10g，待肌肉出现松弛现象后，1只鼠立即腹腔注射5%氯化钙注射液0.1ml/10g，观察两只小白鼠反应有何不同。

【讨论与分析】从上述各实验结果，分析配伍禁忌产生的原因和表现，并说明药物配伍禁忌的临床意义。

实验实训二　普鲁卡因局部麻醉实验

【目的要求】观察普鲁卡因对蛙（或蟾蜍）坐骨神经的麻醉作用。

【实验材料】

1. 器材：铁支架、双凹夹、50ml烧杯两个、探针、秒表、1ml注射器、干纱布、手术剪、手术刀、剥离针。

2. 药品与试剂：盐酸、2%盐酸普鲁卡因液。

3. 实验动物：蛙（或蟾蜍）。

【实验方法】

1. 取蛙1只，用探针毁坏蛙大脑，以减少动物的随意运动。用细线穿过蛙下颌部将其悬挂在铁支架上。

2. 分别将蛙两后脚的趾蹼部浸入0.5%盐酸中（图16－20），并测定其缩脚反应时间。每次都是恰好将整个趾蹼部浸入盐酸中，每次浸入深度应一致，时间不超过30s，浸后立即浸入水中洗去盐酸，并擦干。

3. 在一侧大腿背面内侧上1/3处注射1%盐酸普鲁卡因0.5ml，注射后轻揉局部，使药液弥散到神经干周围，另一侧注射生理盐水0.5ml做正常对照。每5min检查两腿反射时间，若缩腿反射时间延长，表示反射作用被阻断（即神经干传导被阻滞），记录麻醉开始时间及持续时间。

图16－20　蛙腿反射实验

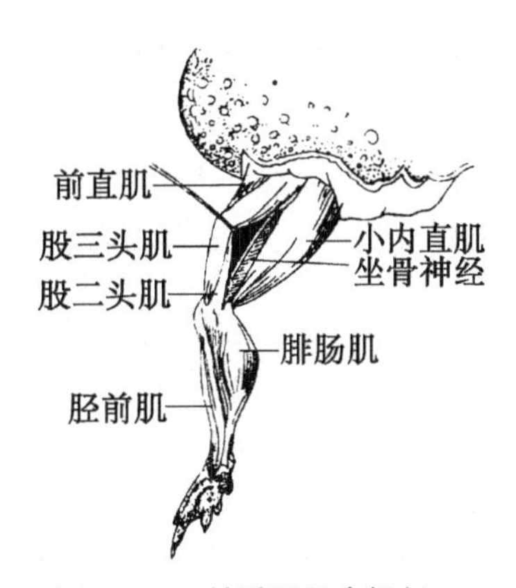

图16－21　蛙后腿肌肉解剖

【实验结果】将实验结果填入表16－1。

表16－1　普鲁卡因对蛙（或蟾蜍）坐骨神经的麻醉作用观察结果

用药前的反应	用药前后的反应						
	5′	10′	15′	20′	25′	30′	35′

【注意事项】为了准确地阻断神经干，药液应尽可能注入坐骨神经干周围。应在大腿背面内侧上1/3的部位刺入注药，然后沿该部位从上至下边退边注射药液，注完药液后在局部揉一下，便于药液弥散接触神经干（图16－21）。

【讨论与分析】普鲁卡因为何能阻断神经冲动的传导？

实验实训三　泻药作用实验

【目的要求】观察盐类和油类泻药的泻下作用，掌握其作用机理以便更准确的应用泻药。

【实验材料】

1. 器材：台秤、兔手术台、手术剪子、手术刀、止血钳、缝合线、注射器、针头、酒精棉、止血纱布、镊子、烧杯。

2. 药品与试剂：静松灵、6.5%硫酸镁溶液、20%硫酸镁溶液、生理盐水、液体石蜡。

3. 实验动物：家兔。

【实验方法】

1. 取家兔称重，大腿内侧肌肉注射静松灵0.1ml/kg，使之麻醉。

2. 将家兔仰卧保定于手术台上，腹部剪毛，消毒后，沿腹中线剪开腹壁，取出小肠（以空肠为佳，若有内容物应小心把肠内容物向后挤），用缝合线将肠管结扎成等长的4段（每段3cm左右），每段分别注射1ml的生理盐水、6.5%硫酸镁溶液、20%硫酸镁溶液、液体石蜡。

3. 注射完毕后，将小肠放回腹腔，并以浸有37℃生理盐水的纱布覆盖，以保持温度和湿润，然后将腹壁用止血钳封闭，40min后打开腹腔，观察4段结扎小肠的容积变化（如肠管充盈情况与充血程度等）。最后用注射器抽取各段肠管内液体，比较其容量，并剪开肠壁，观察肠壁充血情况。

【实验结果】将实验结果填入表16－2。

表16－2　盐类和油类泻药的泻下作用观察结果

药物	6.5%硫酸镁溶液	20%硫酸镁溶液	液体石蜡	生理盐水
肠管充盈度				
液体数量（ml）				
肠黏膜颜色				

【注意事项】①选择肠管的长度和粗细尽量相同。②结扎时保证四段肠管互不相通。③每段的小肠血管要比较均匀。④注射前肠管充盈度尽量相同。⑤注射时不要损伤肠系膜血管和神经。

【讨论与分析】①泻药导泻作用方式有几种？硫酸镁、液体石蜡为什么能导泻？各适用于什么情况？②应用盐类泻药以多大浓度为宜？

实验实训四　药物对离体肠平滑肌的影响

【目的要求】学习家兔离体肠道的制备方法，观察药物对离体家兔肠运动的影响。

【实验材料】

1. 器材：麦氏浴槽、二导仪或生理机能记录系统、张力换能器、手术剪、眼科镊、注射器、培养皿、缝针、棉线。

2. 药品与试剂：0.1%盐酸吗啡、0.05%硫酸新斯的明、0.01%盐酸肾上腺素、0.125%吗叮啉、0.05%硫酸阿托品、0.01%乙酰胆碱、台氏液。

3. 实验动物：家兔。

【实验方法】

1. 离体家兔肠段标本的制备：取空腹家兔1只，左手持髂上部，右手握木棒，猛击枕骨部致死。迅速开腹，自幽门下6cm处剪取空肠，剪成约2cm的小段，放入盛有台氏液的培养皿备用。

2. 取约2cm长的制备好的家兔空肠标本，在盛有台氏液的培养皿中，于肠段两端用缝针各穿一线，其一端系在通气管的小钩上，将通气管连同肠段放入盛有(38±0.5)℃台氏液的麦氏浴槽内（台氏液量约30ml）。此时，螺旋夹控制给氧的气泡，以每分钟100~120个气泡为宜。另一端系在调好的二导仪或生理机能记录系统的张力换能器上。

3. 连接后，使肠段平稳5min，打开记录仪描记一段离体小肠平滑肌的正常收缩曲线，注意观察基线水平、收缩幅度和节律，然后给药。

4. 在麦氏浴槽中加入0.1%盐酸吗啡2~4滴，观察肠肌张力，幅度及节律的变化，放掉浴槽中的台氏液，加入预先准备好的38℃新鲜台氏液，重复更换2~3次新鲜台氏液，待肠段恢复至对照水平时，进行下一项实验。

5. 在麦氏浴槽中加入0.05%硫酸新斯的明0.5ml，观察肠肌张力，收缩幅度及节律的变化。待出现作用后，更换新鲜台氏液，肠段活动恢复后进行下一项实验。

6. 在麦氏浴槽中加入0.01%盐酸肾上腺素2~4滴，观察及更换新鲜台氏液同上。

7. 在麦氏浴槽中加入0.125%吗叮啉0.5ml，观察及更换新鲜台氏液同上。

8. 在麦氏浴槽中加入0.05%硫酸阿托品2~4滴，经3min后，再加入0.01%乙酰胆碱2~4滴观察肠肌张力，收缩幅度及节律的变化。

【实验结果】将实验结果填入表16-3。

表16-3　药物对离体家兔肠平滑肌运动的影响结果

编号	药物	肠肌张力	肠肌收缩幅度	肠肌收缩节律
1				
2				
3				
4				
5				
6				

【注意事项】①控制浴槽中的水温，以保持肠段的收缩功能与药物反应。②加药前，先准备好每次更换用的38℃的台氏液。③每次加药出现反应后，必须立即更换浴槽中的台氏液，至少两次。每项实验加入台氏液的量应相同。必须待肠段运动恢复正常后再进行下一项实验。④上述各药用量是参考剂量，若效果不明显，可以适当增加药物剂量。⑤供氧的气泡过大、过急都会使悬线振动，导致标本较大幅度的摆动而影响记录结果。

【讨论与分析】观察并分析吗啡、新斯的明、肾上腺素、吗叮啉、阿托品和乙酰胆碱对小肠平滑肌收缩活动的影响及作用机理。

【附】台氏液配制方法

NaCl 8.0g，KCl 0.2g，$CaCl_2$ 0.2g，$NaHCO_3$ 1.0g，NaH_2PO_4 0.05g，$MgCl_2$ 0.1g，葡萄糖1.0g，加蒸馏水至1 000ml。注意：$CaCl_2$溶液须在其他基础溶液混合并加蒸馏水稀释之后，方可一面搅拌一面逐滴加入，否则将生成钙盐沉淀，葡萄糖应在临用时加入，加入葡萄糖的溶液不能久置。

实验实训五　解热镇痛药对发热家兔体温的影响

【目的要求】观察解热镇痛药对人工发热动物的解热作用。

【实验材料】

1. 器材：体温计、注射器（2ml、5ml、10ml）、针头、酒精棉、台秤。

2. 药品与试剂：5%氨基比林溶液（或30%安乃近注射液）、伤寒副伤寒混合疫苗、灭菌生理盐水、凡士林。

3. 实验动物：家兔。

【实验方法】

1. 取健康成年家兔三只，称重，编号为甲、乙、丙，分别检查并记录正常体温。然后给甲、乙两兔耳缘静脉分别注入伤寒副伤寒混合疫苗0.5ml/kg。一般地，注射后0.5h体温明显升高，平均升高1℃以上，5h后逐渐降低，至8h左右完全恢复正常体温。如果体温升高1℃以上时则进行实验。

2. 发热的甲兔腹腔注射生理盐水2ml/kg，发热的乙兔及未发热的丙兔各腹腔注射5%氨基比林溶液2ml/kg（或30%安乃近注射液15ml/kg），给药后分别于30min，60min，90min用体温计测量肛温，观察各兔体温的变化。

【实验结果】将实验结果填入表16－4。

表16－4　解热镇痛药对人工发热家兔的解热作用结果

兔号	体温	药物	正常体温	给药后体温		
				30′	60′	90′
甲						
乙						
丙						

【注意事项】①选用的家兔体温在38.5～39.5℃为宜。②若选用雌兔时，应是未孕者。③体温计每次插入肛门的深度和时间应尽量一致。④致热原亦可用20%蛋白溶液（预先加热）10ml/只肌肉注射，经1～3h体温可升高1℃以上，也可皮下注射灭菌牛奶10ml/只，经3～5h体温可升高1℃以上。

【讨论与分析】实验结果说明了什么问题？临床上应用解热镇痛药应注意什么问题？

实验实训六　止血药与抗凝血药的作用观察

【目的要求】观察和了解止血药及抗凝血药对凝血过程的影响。

【实验材料】

1. 器材：载玻片、粗针头、1ml注射器、秒表、试管、试管架。

2. 药品与试剂：2.5%止血敏注射液、4%枸橼酸钠溶液、0.02%肝素钠注射液、生理盐水。

3. 实验动物：家兔2只。

【实验方法】

1. 止血药对血凝的促进作用：分别用针挑血滴测定其正常凝血时间。即在家兔耳背上以酒精棉擦净，待酒精晾干后，再涂以液体石蜡，以防止针刺破耳静脉后血液凝固。用粗针头刺破耳静脉，使其自然流出血滴，以清洁干燥的载玻片接取一滴血液放置在平皿上，每隔30s用大头针挑血滴一次，直至针头能挑起纤维蛋白丝即表示血凝开始，记录血凝时间。同时做三个样品，取平均值，然后甲兔肌肉注射2.5%止血敏注射液0.5ml/kg，乙兔注射生理盐水0.5ml/kg。10min后依上述方法开始测定血凝时间，以后每隔10min测一次。

2. 抗凝血药作用观察：取试管3支，分别加入4%枸橼酸钠溶液、0.02%肝素钠注射液、生理盐水各0.1ml。然后每管加入从乙兔心脏采取的新鲜血液1ml，摇匀后置于试管架上，20min后观察各试管中血液有无凝血现象。

【实验结果】将实验结果填入表16－5－1、表16－5－2。

表16－5－1　止血药对血凝的促进作用的观察结果

兔号	药物	体重（kg）	血凝时间				
			用药前	用药后10′	20′	30′	40′
甲	止血敏						
乙	生理盐水						

表16－5－2　抗凝血药抗凝作用的观察结果

试管号	药物	剂量	血液量	有无凝血
1				
2				
3				

【注意事项】①能否正确快速地从兔耳静脉采出血滴是测定凝血时间的关键。因此，采血前应使兔耳静脉充分暴露。②每次挑血滴时不应从各个方向多次挑动，以免影响纤维蛋白的形成时间。③为提高载玻片法测定凝血时间的可靠性，防止因刺伤组织混入凝血活酶，可选用9、12号针头直接插入到耳静脉，让血液从针头滴出。亦可采用试管法和毛细玻管法测定凝血时间。

【讨论与分析】从实验结果分析止血药、抗凝血药的作用特点。

实验实训七　利尿药和脱水药的作用观察

【目的要求】了解利尿药、脱水药的利尿作用。

【实验材料】

1. 器材：兔手术台、哺乳动物手术器械一套、膀胱套管、记滴器、培养皿。

2. 药品与试剂：3%戊巴比妥钠、生理盐水、20%甘露醇注射液、1%速尿。

3. 实验动物：家兔。

【实验方法】

1. 家兔的麻醉：用3%戊巴比妥钠1.2ml/kg进行耳静脉注射麻醉后，将兔仰卧固定于手术台上，腹部剪毛。

2. 尿液收集方法：从耻骨联合向上沿正中线做约 4cm 长的皮肤切口，再沿腹白线切开腹壁和腹膜，将膀胱翻至体外（勿使肠管外漏，以免血压下降）。在膀胱底部找到两侧输尿管，认清两侧输尿管在膀胱的开口部位。小心地在两侧输尿管下方穿一棉线，将膀胱上翻，结扎尿道。再在膀胱顶部血管较少处做一荷包缝合，中心做一小切口，插入膀胱套管（膀胱套管里应充满生理盐水，再用止血钳夹紧），插管口需对准两输尿管出口，将线拉紧结扎固定，导管的另一端连至记滴器。松开止血钳可见尿液流出，将膀胱复位，腹部切口用止血钳轻轻夹住，并用温生理盐水纱布覆盖手术部位。

3. 观察项目：①记录正常尿量，即记录 3min 尿量的滴数。②静脉注射生理盐水 10ml/kg，观察尿量变化，记录 3min 尿量的滴数，2～3min 后开始下一步实验。③静脉注射 20%甘露醇注射液 10ml/kg，观察尿量变化，记录 3min 尿量的滴数，2～3min 后开始下一步实验。④静脉注射 1%速尿 0.5ml/kg，观察尿量变化，记录 3min 尿量的滴数。

【实验结果】将实验结果填入表 16－6。

表 16－6　利尿药与脱水药的利尿作用观察结果

项目	正常尿量	生理盐水	20%甘露醇注射液	1%速尿
尿量（滴/min）				

【注意事项】①做膀胱插管时，应避免将双侧输尿管结扎。②膀胱或输尿管的插管内应充满生理盐水。③每项实验前后，待尿量恢复后再进行下一项实验。④保护耳静脉。若耳静脉无法注射，可选择颈静脉注射。⑤实验前，家兔多喂水和蔬菜。

【讨论与分析】①试分析尿液生成的主要环节，讨论各因素影响尿液生成的机理。②临床上使用利尿药和脱水药应注意什么问题？

实验实训八　消毒防腐药的配制、作用观察

【目的要求】掌握消毒防腐药的配制方法，观察消毒防腐药的作用。

【实验材料】

1. 器材：手术刀片、镊子、试管 4 支、试管架。

2. 药品与试剂：75%酒精、0.5%洗必泰、1%利凡诺、常水、肉片（用清水浸泡 2h，以除去肉内血液及增加腐败机会）。

【实验方法】取试管 4 支，分别加入配制好的 75%酒精、0.5%洗必泰、1%利凡诺与常水各 15ml 左右，然后每管内各放入一小块肉片，置 37℃温箱内培养，24h 后观察各管内肉片有无腐败现象，依此来判定其抑菌效能。

【实验结果】将实验结果填入表 16－7。

表 16－7　消毒防腐药的作用观察结果

反应 / 药物	有无腐败现象，程度如何
酒　精	
洗必泰	
利凡诺	
常　水	

第三部分　综合实训项目

综合实训一　抗菌药物的抗菌作用试验

一、抗菌药物的体外抗菌实验

【目的要求】通过实验了解常用抗菌药物的抗菌作用及抗菌范围，并掌握抗菌药物的某些体外抗菌实验方法。

【实验材料】

1. 器材：无菌超净工作台、镊子、火柴、酒精灯、记号笔、吸管、游标卡尺、试管、试管架、灭菌平皿、铂金耳、恒温培养箱、pH 值试纸。

2. 药品与试剂：青霉素干纸片、链霉素干纸、四环素干纸片、磺胺嘧啶钠干纸片、青霉素液（8 000IU/ml）。

3. 菌种：金黄色葡萄球菌、大肠杆菌、绿脓杆菌、痢疾杆菌。

【实验方法】采用纸片法进行实验。将已制备好的高柱肉汤琼脂培养基加热熔化后，待冷却至 50℃左右时，加入肉汤培养基菌液 1ml（经过恒温 37℃培养 18h 的菌液），轻轻摇动，使之均匀，然后倒入无菌的平皿内。轻轻摇晃平皿，以使培养基均匀地平铺在平皿上，待冷却凝固后，用消毒过的镊子将青霉素干纸片、链霉素干纸片、四环素干纸片、磺胺嘧啶干纸片整齐有顺序的放入平皿内。盖上平皿盖，标好记号置 37℃恒温培养箱内培养 24h 后取出培养基，用卡尺量取抑菌圈大小并记录之，比较不同抗菌药物对金黄色葡萄球菌、大肠杆菌、绿脓杆菌、痢疾杆菌的作用强度。

【实验结果】将实验结果填入表 16－8。

表 16－8　抗菌药物的体外抗菌作用结果

菌种	药物	抑菌圈直径（mm）	判定
金葡菌	青霉素		
	链霉素		
	四环素		
	磺胺嘧啶钠		
大肠杆菌	青霉素		
	链霉素		
	四环素		
	磺胺嘧啶钠		
绿脓杆菌	青霉素		
	链霉素		
	四环素		
	磺胺嘧啶钠		

续表

菌种	药物	抑菌圈直径（mm）	判定
痢疾杆菌	青霉素		
	链霉素		
	四环素		
	磺胺嘧啶钠		

【注意事项】上述实验的整个过程应在无菌室超净工作台内进行。

【讨论与分析】从实验结果，试比较各抗菌药物对不同细菌的作用强度。

【附】①抗菌药物干纸片的制备：将直径为6mm左右的圆形定性滤纸片消毒烘干后分别浸入青霉素溶液、链霉素溶液、四环素溶液、磺胺嘧啶钠液中，使其充分浸透药液，然后用另一滤纸吸去附于纸片上的药液，再置37℃恒温箱中烘干备用（保持时间不宜过长）。②高柱肉汤琼脂培养基的制备：取牛肉膏3.0g、蛋白胨10.0g、氯化钠5.0g、加纯化水至1 000ml，琼脂18.0～22.0g（依气候决定用量。天冷时少加，气温高时多加），在电炉上加热，使上述各成分全部溶解，再补足加热过程中损失的水分，调节pH值至7.8。分装于试管内，每管20ml，高压灭菌后备用。

二、抗菌药物体内药效试验

【目的要求】了解抗菌药物对实验性肺炎小鼠的治疗作用。

【实验材料】

1. 器材：注射器、天平、试管、试管架、烧瓶、量筒、鼠笼、温箱、冰箱、酒精棉等。

2. 药品：生理盐水、青霉素G钾/钠、硫酸链霉素、磺胺嘧啶钠、碘酊等。

【实验方法】取小白鼠60只，称重，编号标记，分为5组。每只小鼠腹腔注射稀释肺炎球菌液0.2ml后，分别给予药物治疗。

一组：皮下注射青霉素G钾0.1ml/10g（10 000IU/ml）；

二组：皮下注射硫酸链霉素0.1ml/10g（4%）；

三组：皮下注射一组和二组两药（1 ∶1）混合液0.2ml/10g（分两点皮下注射）；

四组：皮下注射磺胺嘧啶钠0.1ml/10g（5%）；

五组：皮下注射灭菌生理盐水0.1ml/10g。

将鼠分别放回鼠笼，并每隔6h给药1次，共给药3次，观察发病情况，记录3日内（或对照组半数死亡时）的死亡数。统计全班各组小白鼠的死亡率，并作死亡百分率差异的显著性分析。

【实验结果】将实验结果填入表16－9。

表16－9 抗菌药物对实验性肺炎小鼠的治疗作用结果

组别	小鼠数（只）	死亡小鼠数			死亡总数
		第1天	第2天	第3天	
1	12				
2	12				
3	12				
4	12				
5	12				

【注意事项】①按微生物试验的常规方法处理感染动物等。②实验结束后，将全部接种过菌液的动物（不论死活）丢入5%石炭酸溶液缸内，以防传染疫病。

【讨论与分析】试比较各药对肺炎小白鼠的治疗效果，并阐明原因。

综合实训二 解毒药的药效观察

一、阿托品、碘解磷定解救有机磷类药物中毒的疗效观察

【目的要求】观察有机磷类药物中毒的症状，掌握阿托品和碘解磷定的解毒作用。

【实验材料】

1. 器材：兔固定箱、台秤、注射器、6号针头、酒精棉球、瞳孔量尺（或游标卡尺）。

2. 药品：10%敌百虫溶液、硫酸阿托品注射液、碘解磷定注射液。

3. 动物：家兔2只。

【实验方法】

1. 取家兔2只，称重标记，观察并记录正常活动的呼吸频率与幅度、瞳孔大小、唾液分泌量、大小便、肌肉张力及震颤、精神状态等情况。

2. 给2只家兔缓慢耳静脉注射10%敌百虫溶液0.75ml/kg，观察并记录上述指标的变化情况。如20~25min后未出现中毒症状，再追加少量。

3. 待中毒症状明显后，给甲兔耳静脉注射硫酸阿托品；乙兔先耳静脉注射硫酸阿托品，然后耳静脉注射碘解磷定，均按照2ml/kg给药。观察并记录甲、乙兔解救后各项指标的变化情况。

【实验结果】将实验结果填入表16－10。

表16－10 阿托品和碘解磷定解救有机磷作用观察结果

兔号	药物	观察指标					
		呼吸	瞳孔大小	唾液分泌	肌张力和肌震颤	大小便	精神状态
甲	用敌百虫前						
	用敌百虫后						
	用阿托品后						
乙	用敌百虫前						
	用敌百虫后						
	用阿托品＋碘解磷定后						

【注意事项】①瞳孔大小受光线影响，在整个实验过程中不要随便改变兔固定箱位置，保持光线条件一致。②解救时动作要迅速，否则动物会因抢救不及时而死亡。③敌百虫可通过皮肤吸收，接触后应立即用自来水冲洗干净，但切忌用碱性肥皂，否则可转化为毒性更强的敌敌畏。

【讨论与分析】有机磷类中毒时，阿托品和碘解磷定分别能缓解哪些症状，二者为何联用效果更好？

二、亚甲蓝解救亚硝酸盐中毒的疗效观察

【目的要求】观察亚硝酸盐中毒的临床表现及亚甲蓝的解毒效果，了解中毒与解毒原理。

【实验材料】

1. 器材：5ml 注射器、温度计、镊子、酒精棉、台秤。

2. 药品：5%亚硝酸钠溶液、0.1%亚甲蓝注射液。

3. 动物：家兔 1 只。

【实验方法】

1. 取家兔 1 只，称重。观察正常活动情况，检查呼吸、体温、口鼻部皮肤、眼结膜及耳血管颜色。

2. 按 1～1.5ml/kg 耳静脉注射 5%亚硝酸钠溶液，记录时间并观察动物的呼吸、眼结膜及耳血管的颜色变化，开始发绀时测定体温。

3. 待亚硝酸钠中毒症状明显后，耳静脉注射 0.1%亚甲蓝注射液 2ml/kg，观察并记录解毒结果。

【实验结果】将实验结果填入表 16－11。

表 16－11　亚甲蓝解救亚硝酸盐中毒的作用观察结果

观察指标	中毒前	中毒后	解毒后
呼　吸			
体　温			
眼结膜			
耳血管			
其　他			

【注意事项】解救时动作要迅速，否则动物会因抢救不及时而死亡。

【讨论与分析】根据实验结果，分析亚甲蓝解救亚硝酸盐中毒的原理及效果。

综合实训三　联合用药与药物相互作用实验

一、普鲁卡因与肾上腺素联合用药观察

【目的要求】了解肾上腺素与普鲁卡因合并用药后可延长局部麻醉持续时间的作用。

【实验材料】

1. 器材：注射器、针头、酒精棉、毛剪、碘酊棉。

2. 药品：1%盐酸普鲁卡因注射液、含 1/100 000 肾上腺素的 1%盐酸普鲁卡因注射液。

3. 动物：家兔（白毛为好）。

【实验方法】取兔 1 只，将两臀部的毛剪干净，按正规消毒后，针刺试其痛觉反射。然后两臀分别用 1%盐酸普鲁卡因注射液和含 1/100 000 肾上腺素的 1%盐酸普鲁卡因注射

液作菱形皮下注射。1min，2min，5min 后以针尖试注射部位的上、中、下、左、右 5 个点之痛觉。以后每 5min 测一次，记录阳性反应率，并比较两种药液的麻醉作用维持时间及注射之皮肤颜色有何不同。

【实验结果】将实验结果填入表 16－12。

表 16－12　肾上腺素与普鲁卡因合并用药观察结果

药物	用药前的反应	用药后的反应									
		1′	2′	5′	10′	15′	20′	25′	30′	35′	40′
盐酸普鲁卡因											
肾上腺素＋普鲁卡因											

【讨论与分析】从实验结果说明普鲁卡因与肾上腺素合用的临床意义？

二、钙镁离子对抗作用观察

【目的要求】观察和了解硫酸镁注射液经肌肉注射后兔所发生的中毒症状及解救方法。

【实验材料】

1．器材：5ml、10ml 注射器各 1 支、针头（6 号、7 号）、酒精棉、镊子、台秤。

2．药品：25％硫酸镁注射液、5％氯化钙注射液。

3．动物：家兔。

【实验方法】取家兔 1 只，称重、观察并记录其肌肉紧张度、呼吸深度及次数、耳血管的细粗及颜色。然后肌肉注射 25％硫酸镁注射液 3～ 5ml/kg，并注意观察家兔有何反应，待作用显著时（呼吸高度困难，四肢无力等），由耳静脉缓慢注入 5％氯化钙注射液 5～ 6ml/kg 观察有何变化？

【实验结果】将实验结果填入表 16－13。

表 16－13　钙镁离子对抗作用观察结果

观察项目 / 观察时机	体态	肌肉紧张力	呼 吸 次数/分　深度	耳血管
给药前				
给硫酸镁后				
给氯化钙后				

【注意事项】①氯化钙注射液切勿漏出血管外。②所注氯化钙的剂量应依中毒症状改善的程度而定。③为使硫酸镁吸收良好，可分两侧臀部注射。注射后应轻轻按摩注射部位，以促进药液吸收。④因本实验要观察用药前后耳血管的变化情况，故不要抓兔耳，以免影响结果。

【讨论与分析】①肌注硫酸镁注射液后，兔耳血管有何变化？为什么？②通过本次实验观察，说明硫酸镁注射液的作用、作用机制、临床应用及应用注意。③氯化钙注射液为何能解硫酸镁所致的中毒？

综合实训四 药物安全性评价实验

一、药物急性毒性——LD_{50}测定

【目的要求】通过本实验，掌握药物急性毒性试验的测定方法及用改进寇氏法计算 LD_{50}。

【实验材料】

1. 器材：天平、鼠笼、注射器针头。
2. 药品：2%盐酸普鲁卡因。
3. 动物：小白鼠。

【实验方法】取体重 18～22g 小白鼠 50 只，随机分为 5 组，每组 10 只，按表 16－14 的剂量分组给药。腹腔注射 2%盐酸普鲁卡因，观察并记录死亡百分率。

小鼠注射盐酸普鲁卡因后约 1～2min 出现不安症状，继而惊厥，然后转入抑制。之后有的小鼠死亡；不死者一般都在 15～20min 内恢复常态，故观察 30min 内的死亡率（P）即可。

【实验结果】将实验结果填入表 16－14。

表 16－14 盐酸普鲁卡因急性毒性实验记录结果

组别	小白鼠（只）	剂量（D）mg/kg	LogD＝x	死亡数（n）	死亡率（P）（%）
1	10	250	2.397 9		
2	10	225	2.352 2		
3	10	203			
4	10	182			
5	10	164			

按改进寇氏法公式进行计算：

$$LD_{50}=\log^{-1}[Xm-i(\sum p-0.5)]\ (mg/kg)$$

式中符号表示如下：

Xm：最大剂量对数值；P：各组动物死亡率，以小数表示；∑P：各组动物死亡率的总和；i：相邻两组剂量对数之差。

二、注射液的热原检测

【目的要求】学习应用家兔法检查注射液热原的步骤及其判定标准等。

【实验材料】

1. 器材：兔固定箱、半导体温度计、注射器及针头、镊子、酒精棉球。
2. 试剂与试剂：供试品（葡萄糖注射液或生理盐水等）、液体石蜡。
3. 动物：家兔（1.7kg 以上）。

【实验方法】

1. 将所需用具全部进行去热原处理（置于铝盒内，在 250℃烘箱中加热 30min 或 180℃加热 2h，冷却后待用）。

2. 家兔应在实验前 7d 内预测体温进行挑选；在停食 2～ 3h 后每 30min 测肛温 1 次，共测 4 次。体温在 38. 3～ 39. 6℃范围内，其差数不超过 0. 4℃，此兔为合乎要求兔。

3. 正常体温的检查：将家兔停食 2～ 3h，每 30min 测一次，共测 2～ 3 次。两次温差在 0. 2℃之内，取其平均值，兔间不得超过 1℃。

4. 取合乎要求的家兔 3 只，于测定正常体温后 15min 内自耳静脉注入预热至 37℃左右规定剂量的供试品溶液。注射速度宜慢，剂量较大者控制在 10min 左右注毕。然后每隔 1h 如前法测温 1 次，共测 3 次。从 3 次测温中所得的最高值减去正常体温，为该兔体温升高数。

5. 结果判定：在 3 只家兔中，体温升高均在 0. 6℃以下，且 3 只家兔的体温升高总数在 1. 4℃以下，应认为供试品符合规定。

若仅 1 只升高 0. 6℃或 0. 6℃以上，或 3 只升高均低于 0. 6℃，但升高总数达 1. 4℃或 1. 4℃以上，应另取 5 只家兔复试。复试中体温升高 0. 6℃或 0. 6℃以上的家兔不超过 1 只，并初、复试合并 8 只兔的体温升高总数不超过 3. 5℃，也认为供试品符合规定。

如超出上列要求者，均认为供试品不符合规定。

【实验结果】将实验结果填入表 16－15。

表 16－15　热原检测的记录结果

检查日期 检品名称		室温 理化性状、含量		检查者 批号	
兔号	1	2	3	4	5
体重					
第一次测温					
第二次测温					
平均体温					
供试品出厂日期					
第一次测温					
第二次测温					
第三次测温					
检查结论					

【注意事项】①热原检查法是一种绝对方法，没有标准品同时进行试验比较，是以规定动物发热反应的程度来判断的。影响动物体温变化的因素又较多，因此必须严格按照要求的条件进行试验。②给家兔测温或注射时动作应轻柔，以免引起动物挣扎而使体温波动。测温时，在肛门温度计的水银头上涂以液体石蜡，轻轻插入肛门 5cm 深处，测温时间至少 1. 5min，每兔各次测温最好用同一温度计，且测温时间相同，以减少误差。③本实验记述的方法主要供教学试验之用，其他事项可参阅中国兽药典。④也可以在供试品中加入适量伤寒一副伤寒菌苗，或自制的非灭菌葡萄糖液，使学生观察到阳性结果。

【讨论与分析】

1. 为什么要进行热原检查？对临床有何意义？

2. 热原检查对家兔有何要求？试验中须注意什么？

【附】进行热原检查的常用药品及注射用量见表16－16。

表16－16 热原检查的常用药品及注射用量

药　物	
注射用水	加无热原氯化钠制成0.9%溶液，静注10ml/kg
氯化钠注射液	直接静注10ml/kg
葡萄糖氯化钠注射液	直接静注10ml/kg
25%或50%葡萄糖注射液	直接静注10ml/kg
枸橼酸钠注射液	以注射用水稀释成0.5%浓度，按10ml/kg缓慢静注
肝素注射液	以氯化钠注射液溶解成100μ/ml溶液，静注5ml/kg
注射用盐酸土霉素	以氯化钠注射液溶解成5 000IU/ml溶液，静注1ml/kg

三、药物刺激试验

【目的要求】了解药物刺激性试验的意义，掌握检查供肌肉注射用制剂的刺激性的实验方法。

【实验材料】

1. 器材：注射器及针头、滴管，解剖器械1套、酒精棉球。

2. 药品与试剂：供试品（10%葡萄糖酸钙或5%氯化钙等）、灭菌生理盐水等。

3. 动物：家兔2只。

【实验方法】取健康家兔2只，于左侧后肢股四头肌处注射供试品2ml，右侧后肢股四头肌处注射等容积灭菌生理盐水作为对照。48h后放血处死家兔，解剖观察注射部位肌肉组织的反应。

肌肉组织的反应分为6级，供判断结果参考。

0级（－）：注射供试品部位的肌肉组织与对照部位肌肉组织无任何差异。

1级（＋）：注射供试品部位的肌肉组织有充血，直径在0.5cm以下。

2级（＋＋）：注射供试品部位的肌肉组织红肿充血，直径在1cm左右。

3级（＋＋＋）：注射供试品部位的肌肉组织红肿、发紫、光泽消失，可见坏死点。

4级（＋＋＋＋）：注射供试品部位的肌肉组织红肿、发紫、光泽消失，坏死范围直径达0.5cm左右。

5级（＋＋＋＋＋）：注射供试品部位的肌肉各项反应更严重，有大片坏死。

记录及判断：凡2只家兔的平均反应级数在2级以下者，可供肌肉注射用；平均反应级数超过3级者，不能供肌肉注射用；若在2～3级之间者，可进行复试或结合其他项目考虑临床试用问题。

凡刺激性试验不能肌肉注射的制剂，也不宜供皮下注射或黏膜给药和创面给药。

【实验结果】参考肌肉组织反应分级标准，判定供试品的刺激性。

【讨论与分析】刺激性试验有什么临床意义？肌肉注射用制剂的刺激性实验结果的评价标准是什么？

四、药物溶血性试验

【目的要求】认识溶血现象，掌握药物溶血性试验的基本操作过程。

【实验材料】

1. 器材：试管及试管架、移液管（1ml 和 5ml），恒温水浴锅。

2. 药品与试剂：2%红细胞悬液、生理盐水、供试品（1 :1 桔梗液或远志）。

【实验方法】取试管 14 支，编号，按表 16－17 加入各种溶液。轻轻摇匀后置于 37℃水浴中保温，1h 后观察结果。

表 16－17　溶血试验各种溶液的加入量

试　管	1	2	3	4	5	6	7
供试品溶液 1 种或 2 种（ml）	0.1	0.2	0.3	0.4	0.5	—	—
生理盐水（ml）	2.4	2.3	2.2	2.1	2.0	2.5	纯化水 2.5
2%红细胞悬液（ml）	2.5	2.5	2.5	2.5	2.5	2.5	2.5

注：6 号管为阴性对照，7 号管为阳性对照。

判断标准为：①全溶血：溶液透明，红色，管底无红细胞残留。②部分溶血：溶液透明，红色或棕色，底部有少量红细胞残留。镜检红细胞稀少或变形。③不溶血：红细胞全部下沉，上层液体无色澄明。镜检红细胞不凝集。④凝集：虽不溶血，但出现红细胞凝集，经振摇后不能分散，或出现药物性沉淀。

一般认为凡 1h 后第三管以及第三管以前各管出现溶血、部分溶血或凝集反应的制剂，均不宜供静脉注射用。

【讨论与分析】试分析溶血性药物静脉注射可以带来的危害及其溶血性试验的临床意义?

第四部分 实验实训参考附录

附录一 常用动物与人间按体表面积折算的等效剂量比率表

	小鼠 20g	大鼠 200g	豚鼠 400g	兔 1.5kg	猫 2.0kg	猴 4.0kg	犬 12.0kg	人 70.0kg
小鼠 20g	1.0	7.0	12.25	27.8	29.7	64.1	124.2	387.9
大鼠 200g	0.14	1.0	1.74	3.9	4.2	9.2	17.8	56.0
豚鼠 400g	0.08	0.57	1.0	2.25	2.4	5.2	10.2	31.5
兔 1.5kg	0.04	0.25	0.44	1.0	1.08	2.4	4.5	14.8
猫 2.0kg	0.03	0.23	0.41	0.92	1.0	2.2	4.1	13.0
猴 4.0kg	0.016	0.11	0.19	0.42	0.45	1.0	1.9	6.1
犬 12.0kg	0.008	0.06	0.10	0.22	0.23	0.52	1.0	3.1
人 70.0kg	0.002 6	0.018	0.031	0.07	0.078	0.16	0.32	1.0

例：某利尿药大鼠给药的剂量为250mg/kg（体重），试粗略估计犬灌胃给药时可以试用的剂量。

解：查表知，12kg犬的体表面积为200g大鼠的17.8倍。

该药大白鼠的剂量为250mg/kg，200g的大白鼠常给药250×0.2=50mg。

犬的适当试用剂量为50×17.8/12=74.17mg/kg。

附录二 不同给药途径用药剂量比例关系表

途径	内服（po）	直肠给药	皮下注射（SC）	肌肉注射（im）	静脉注射（iv）	气管注射
比例	1	1.5～2	1/3～1/2	1/3～1/2	1/4～1/3	1/4～1/3

注：以上用药量的比例，仅供实际应用时参考，使用时可斟酌具体情况，如品种、性别、体重、生理状态、病理过程等。

附录三 实验动物用注射针头的大小及注射药容量

动物	项目	灌胃	皮下注射	肌肉注射	腹腔注射	静脉注射
小白鼠	针头号	9（钝头）	5.05	5.05	5.05	4
	最大注射量（给药量）	1ml	0.5ml	0.4ml	1ml	0.8ml
大白鼠	针头号	特制玻璃灌胃	6	6	6	5.05
	最大注射量（给药量）	2ml	1ml	0.4ml	2ml	4ml

（续附录三）

动物	项目	灌胃	皮下注射	肌肉注射	腹腔注射	静脉注射
豚鼠	针头号	细导尿管	6	6	6	5.05
	最大注射量（给药量）	2～3ml	1ml	0.5ml	2～4ml	5ml
兔	针头号	9号导尿管	6.05	6.05	7	6
	最大注射量（给药量）	20ml	2ml	2ml	5ml	10ml
猫	针头号	9号导尿管	7	7	7	7
	最大注射量（给药量）	5～10ml	2ml	2ml	5ml	10ml

附录四　不同浓度乙醇配制表（15℃）

浓度	10%	20%	30%	40%	50%	70%	75%	90%	95%
无水乙醇	100	200	300	400	500	700	750	900	950
蒸馏水	900	800	700	600	500	300	250	100	50

注：按体积百分比浓度计算，每1 000ml乙醇溶液中各种成分的比例。（单位：ml）

附录五　常用实验动物性别鉴定表

动物	雄性	雌性
小白鼠与大白鼠	生殖器与肛门的距离较远，用手指轻捏外生殖器，可见阴茎凸出，天热可见下垂的阴囊	生殖器与肛门距离较近，可见成对分布乳头明显
家兔	左手抓住颈部皮肤，右手拉住尾巴，将尾巴夹在中指与环指之间，用拇指及食指将靠近生殖器的皮毛扒开，可见阴茎露出	仅呈椭圆形间隙有阴道
豚鼠	无尾，一手抓住颈部，另一手扒开靠生殖器的突起，可见阴茎露出	呈三角形间隙
青蛙与蟾蜍	用右手指捏住腰部将其提起时，前肢作环抱状，并鸣叫，前肢拇指与环指间趾蹼上有棕黑色小突起（即所谓婚痣）	前肢呈伸直状不鸣叫，无突起之特征

附录六　常用实验动物的正常生理指标

指标		小鼠	大鼠	豚鼠	家兔	猫	犬
适用体重(kg)		0.018～0.025	0.12～0.20	0.2～0.5	1.5～2.5	2～3	5～15
寿命（年）		1.5～2.0	2.0～3.5	6～8	4～9	8～10	10～15
性成熟年龄（月）		1.2～1.7	2～8	4～6	5～6	6～8	8～10
性周期（d）		4～5	4～5	15～18	刺激排卵	春、秋各1次	1～2月和6～8月
妊娠期（d）		18～21（19）	22～24（23）	62～68（66）	28～33（30）	52～60（56）	58～65
产仔数（只）		4～15（10）	8～15（10）	1～6（4）	4～10（7）	3～6	4～10
哺乳期（周）		3	3	3	4～6	4～6	4～6
平均体温（℃）		37.4	38.0	39.0	39.0	38.5	38.5
呼吸（次/min）		136～216	100～150	100～150	50～90	30～50	20～30
心率（次/min）		400～600	250～400	180～250	150～220	120～180	100～200
血压（kPa，mmHg）		12.7～16.7（95～125）	13.3～16.0（100～120）	10.0～12.0（75～90）	10.0～14.0（75～105）	10.0～17.3（75～130）	9.3～16.7（25～70）
血量(ml/100g)		7.8	6.0	5.8	7.2	7.2	7.8
红细胞(10^x/L)		(7.7～12.5)$\times10^{12}$	(7.2～9.6)$\times10^{12}$	(4.5～7.0)$\times10^{12}$	(4.5～7.0)$\times10^{12}$	(6.5～9.5)$\times10^{12}$	(4.5～7.0)$\times10^{12}$
血红蛋白 g/L		100～190	120～170	110～165	80～150	70～155	110～180
血小板(10^x/L)		(60～110)$\times10^9$	(50～100)$\times10^9$	(68～87)$\times10^9$	(38～52)$\times10^9$	(10～50)$\times10^9$	(10～60)$\times10^9$
白细胞总数(10^x/L)		(6.0～10.0)$\times10^9$	(6.0～15.0)$\times10^9$	(8.0～12.0)$\times10^9$	(7.0～11.3)$\times10^9$	(14.0～18.0)$\times10^9$	(9.0～13.0)$\times10^9$
白细胞分类（%）	嗜中性	0.12～0.44	0.09～0.34	0.22～0.50	0.26～0.52	0.44～0.82	0.62～0.80
	嗜酸性	0～0.05	0.01～0.06	0.05～0.12	0.01～0.04	0.02～0.11	0.02～0.24
	嗜碱性	0～0.01	0～0.015	0～0.02	0.01～0.03	0～0.005	0～0.02
	淋　巴	0.54～0.85	0.65～0.84	0.36～0.64	0.30～0.82	0.15～0.44	0.10～0.28
	大单核	0～0.15	0～0.05	0.03～0.13	0.01～0.04	0.005～0.007	0.03～0.09

附录七　实验动物非挥发性麻醉药的剂量与用法（mg/kg 体重）

药物	小白鼠	大白鼠	豚鼠	家兔	猫	犬	持续时间与特点
戊巴比妥钠（1~ 4）	40~ 50（IP）	25~ 30（IV） 40~ 50（IP）	40~ 50（IP）	25~ 30（IV） 30~ 40（IP）	30~ 40（IP）	30~ 40（IP）	2~ 4h。注射后作用迅速，中途补充 5mg/ml 可再维持 1h。最常用，肌肉松弛不够完全
硫喷妥钠（2~ 4）	50~ 80（IV）		20~ 30（IV）	30~ 50（IP）	20~ 30（IV）		1/2h，用于手术动物，静注宜慢，持续用药有积蓄作用
苯巴比妥钠（10）	100~ 110（SC）		100~ 150（IP、IV）	140~ 160（IP）	90~ 12（IP、IV）		8~ 12h，需经 15~ 20min 才进入麻醉，麻醉较稳定
乌拉坦（25%）	1 000~ 1 500（IP）	1 000~ 1 500（IP）	1 000（IV）	1 000~ 1 200（IV） 1 000~ 1 500（IP）	1 000~ 1 200（IV） 1 000~ 1 500（IP）		2~ 4h，对呼吸和神经影响小，但可降低血压
氯醛糖	50~ 80（IP）	50~ 80（IP、IV）		50~ 80（IM、IP）	60（PO）		5~ 6h，对血管及神经反射影响小，安全，肌肉松弛不够完全
氯醛糖：乌拉坦（1：7）		氯 60＋乌 420（IP）		氯 60＋乌 420（IP、IV）	氯 60＋乌 420（IP）		5~ 6h，对心血管及神经反射影响较小

注：戊巴比妥钠和氯醛糖溶液要新鲜配制，久置低温下易析出晶体，用时需先加热。

附录八　常用生理溶液的成分和配制

成分	生理盐水	任氏液（Ringer 氏液）			乐氏液（Locke）	任一乐氏液	台氏液（Tyrode）	克氏液（krebs）	肠虫液	Dejalon 氏液
	哺乳类	蛙心	蛙类脏器	哺乳类脏器	哺乳类心脏等	哺乳类心肌等	哺乳类肠肌	哺乳类及鸟类组织	蛔虫	大鼠子宫
NaCl	9.0	6.76	6.5	9.5	9.0	9.0	8.0	6.6	8.0	9.0
KCl		0.09	0.14	0.12	0.42	0.20	0.2	0.35	0.2	0.42
$CaCl_2$（无水）		0.117	0.12	0.20	0.24	0.20	0.2	0.28	0.2	0.06
$NaHCO_3$		0.225	0.20	0.15	0.1～0.3	0.3	1.0	2.10		0.50
NaH_2PO_3			0.01				0.05		0.06	
KH_2PO_3								0.16		
$MgCl_2$							0.10			0.005
$MgSO_4 \cdot 7H_2O$								0.294	0.1	
CO_2										
葡萄糖			或1.0	或1.0	1～2.5	1.0	1.0	2.0		0.5
O_2					含氧	含氧	含氧	含氧		含氧
蒸馏水加至	1 000	1 000	1 000	1 000	1 000	1 000	1 000	1 000		1 000

注：①表中各溶液的成分含量和用途各家说法不一，但均大同小异。②表中单位：固体为克（g），液体为毫升（ml）。③葡萄糖应在临用时加入，以免腐败变质。④凡溶液中含有 $NaHCO_3$ 或 NaH_2PO_4 或 $CaCl_2$ 者均先分别溶解，然后加入其他已充分溶解稀释的成分中，否则可产生沉淀。

（谢淑玲　李继昌　何书海　梁立　刘红　王成森）